書系緣起

早在二千多年前，中國的道家大師莊子已看穿知識的奧祕。
莊子在《齊物論》中道出態度的大道理：莫若以明。

**莫若以明是對知識的態度，而小小的態度往往成就天淵之別
的結果。**

「樞始得其環中，以應無窮。是亦一無窮，非亦一無窮也。
故曰：莫若以明。」

是誰或是什麼誤導我們中國人的教育傳統成為閉塞一族。答
案已不重要，現在，大家只需著眼未來。

共勉之。

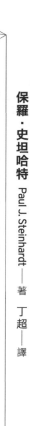

第二種　不可能

天然準晶的非凡探索

保羅·史坦哈特
Paul J. Steinhardt——著

丁超——譯

THE SECOND KIND OF
IMPOSSIBLE

目錄

酌古準晶

——國立清華大學生命科學系助理教授、

泛科學專欄作者 黃貞祥

女友說求婚時，我絕對不能用鑽戒。因為一來太沒新意，實在是老哏；二來在戒指上的鑽石似乎沒啥用處（難不成用來割玻璃？）；三來鑽石其實不算稀有，只是被商人炒作而炒高價格；四來，很多鑽石的開採和收購很不人道，沒聽過「血鑽石」嗎？

鑽石，不過是幾乎純的碳元素而已，和石墨、煤炭最大的區別是，鑽石中的碳組成了晶體！晶體中每個碳原子都與另外四個相鄰的碳原子形成共價鍵，構成了正四面體，是目前已知最硬的天然物質。鑽石除了可以被商人炒作，在工業上可以製作鑽探用的探頭和磨削工具。我碩士班時也常使用鑽石刀來製作在電子顯微鏡下觀察的細胞切片。

既然不能用鑽戒，那我該用什麼真正名貴的寶石戒指來求婚呢？讀了這本精采到不行的科普好書，我恍然大悟，如果能弄到一顆天然的準晶鑲在戒指上，那保證絕對舉世無雙、獨一無二！

準晶是介於晶體和非晶體之間的固體，人工製造的準晶是三十五年前才在實驗室中被發現的，而天然準晶，也要到十年前才被發現。想到這裡，我心裡也不禁有點小小的激動！但是，更令人激動

的是，這麼天才的創意，是「不可能」的！只是不知是否是作者保羅·史坦哈特說的「第二種不可能」？那是根據某些假設才被判定的「不可能」。

為何說不可能呢？因為史坦哈特為了尋找天然準晶的故事，跌宕起伏、峰迴路轉、柳暗花明！不需要任何對物理、化學、材料科學的愛好和了解，都能在讀這本科普好書時，就像讀了本精采絕倫的科技驚悚小說一樣，令人廢寢忘食！

史坦哈特和他的伙伴，早在第一個人工製造的準晶意外被發現前，就提出了準週期的特殊原子排列模型。當以色列科學家丹·謝特曼（Dan Shechtman）發現了傳統的晶體局限定埋無法解釋的五重對稱繞射圖案時，他們的理論能夠很好的解釋那個「禁忌」的現象，即使遭到德高望重的諾貝爾獎得主鮑林（Linus Pauling, 1901-1994）等科學界大佬的一再質疑和挑戰，他們仍愈戰愈勇。

後來中央研究院院士蔡安邦教授（1958-2019）在日本東北大學發現了急速冷卻製成的樣品經過適當的熱處理可得到完美的準晶，在最先製作出鋁—銅—鐵準晶後，他也陸續製作出更多樣的準晶。準晶在工業上也開始開發出各種新用途，例如製作耐用的不沾鍋。準晶的發現，讓謝特曼榮獲了諾貝爾化學獎。史坦哈特對此僅是輕輕帶過，所以不知他是否有與諾貝爾獎失之交臂的感覺。

然而，科學研究生涯被科學怪才費曼（Richard P. Feynman, 1918-1988）啟發的史坦哈特對準晶的痴迷，在書中一覽無遺。史坦哈特在宇宙學上早就卓有成就，在普林斯頓大學是地位崇高的愛因斯坦講座教授，這讓他的準晶研究似乎顯得有點「不務正業」。

他和長期合作者陸述義（Peter J. Lu）的不務正業，甚至讓後者在旅行時，意外地發現了伊斯蘭的細密鑲嵌也可能有類似的準

週期結構，後來他們在伊朗的伊斯法罕（Isfahan）達布伊瑪目聖殿（Darb-i Imam）的吉里赫磁磚組成的密鋪發現了完美的準週期性，這個發現讓他們在頂尖的《科學》期刊（*Science*）上發表了論文。

在好奇心的不斷驅使下，他們開始想像自然界中是否也有可能存在天然的準晶。他和義大利礦物學家盧卡‧賓迪（Luca Bindi）開始在博物館的收藏中瘋狂尋找天然準晶，在屢戰屢敗下仍屢敗屢戰，結果意外發現一個可能性，儘管仍有些同僚不認同，他們還是誠惶誠恐地發表了該發現。

為了更好地解釋那顆準晶的出處，他們四處打聽，過程也頗為離奇曲折，精采程度媲美優異的間碟電影。為了尋找更多天然準晶，史坦哈特決定踏上征途！這可不是比喻哦，是道道地地的征途！好不容易得到了匿名贊助者的慷慨資助，他在成功率微乎其微的情況下，組了一個探險長征隊，帶領多位頂尖科學家，遠離他在普林斯頓舒適的辦公室到人煙罕至的野外探險。他們打通了各種關係遠至俄國管制森嚴的偏遠堪察加半島，飽受堪察加棕熊、蚊蟲、苔原泥沼、天寒地凍的威脅辛勤工作。

史坦哈特等人那次有驚無險的長征，居然意外地讓他們發現了許多天文學的祕密！這一切的一切，像是那麼不可能的巧合，可是他們不懈的努力和熱情，又讓一切變得是那種非常不像是真的，可是萬一有種看似合理的方法來實現的話，卻非常值得追求的事情！

相信他們里程碑式的工作，會讓更多天然準晶被發現的，揭發更多我們連想都不曾想過的大自然奧祕。

不過我還是醒醒吧，先別找到一顆天然準晶才求婚……

獻給那些甘冒譏諷與失敗風險，
挑戰傳統以追求夢想的好奇與無畏之士

序幕

堪察加半島上某處窮山惡水，二〇一一年七月二十二日：

藍色巨獸從險峻陡坡顛簸而下，我屏住了呼吸。那是我第一天坐進這部發狂的機械怪物，這輛模樣古怪的交通工具，底盤像是俄國陸軍坦克，上半身則如同報廢的搬家卡車。

我們的駕駛維克多讓我傻眼，他就這樣一路開下山嶺，沒有翻車。他踩剎車了，我們的卡車震顫著，踉踉蹌蹌地停在一處河床邊。他將引擎熄火，然後咕噥了幾句俄語。

「維克多說，這是個停車的好地方，」我們的翻譯告訴大家。

我從前車窗看出去，可是外頭一點也不像我這輩子見過的任何好地方。

我爬出座艙，站在巨大坦克的踏板上，想看得更清楚些。那是個沁涼夏夜，已近午夜時分。然而天際仍然放亮，這讓我想起自己離家很遠很遠。在如此接近北極圈的地方，夏日的天色永遠不會太暗。空氣瀰漫著腐敗植物及土壤的刺鼻味，這是堪察加苔原的招牌氣味。

我跳下坦克踏板，踩進有如海綿般厚厚的爛土中，正打算伸直

雙腿，忽然間，我遭到來自四面八方的攻擊。成千上百萬隻餓壞的蚊子聞到我呼出的二氧化碳，一股腦兒地從爛土裡湧出。我抓狂地揮舞雙臂，身體轉來轉去，想要擺脫牠們。但一點用也沒有。有人警告過我關於苔原上的種種情況與風險。苔原上有熊、成群的蟲子、突如其來的風暴、走不完的溼漉土丘和泥坑。這些都不再是傳聞了。此刻的遭遇如假包換。

我的批評者說得沒錯，我已醒悟。我根本不必帶隊進行這場探險。我既不是地質學家，也不是戶外運動高手。我是理論物理學家，本應待在老家普林斯頓。我應該手拿筆記本，專心致志地計算，而不是帶著一支成員來自俄國、義大利和美國的科學家團隊，踏上一趟看來毫無把握的征程，試圖找尋一種在太空中漫遊了數十億年的稀有物質。

這究竟是怎麼發生的呢？我自問，一邊奮力對抗愈聚愈大群的蚊子。說來活該，我曉得答案：進行這場愚蠢的探險是我的主意，為的是實現縈懷我心中近三十年的一樁科學幻想。早在一九八〇年代初，便已栽下這場因果關係的種子，當時我和我的學生發展出一項理論，闡釋如何創造長久以來公認「不可能」的新型物質，它所呈現的原子排列是神聖的科學基本原理嚴格禁止的。

很早以前我便理解，每當一個想法被駁斥為「不可能」時，都要小心看待。大多時候，科學家認為不可能的事物，像是違反能量守恆定律，或者製造一部永恆運動機，確實真的不可能。但偶爾，有的想法是根據某些假設才被判定為「不可能」，然而人們卻從未想過，在某些特定情況下，那些假設可能並不成立。我稱這類想法為第二種不可能。

當你放大檢視隱藏在背後的假設，找到一個長期被人忽略的漏

洞，這時，第二種不可能便成了一座潛在金礦，可以帶給科學家難得機遇，或許也是此生僅有的機會，開創突破傳統的發現。

一九八〇年代初，我和我的學生從一條公認最無懈可擊的科學定律中找出一個科學漏洞，透過它，我們意識到創造新形態物質是可能的。巧合來得極為驚人，就在我們為此建立理論的同時，附近的一間實驗室意外發現這種物質的一個實例。不久，一個新的科學領域誕生了。

可是，有個問題一直困擾著我：**為什麼長久以來一直沒人率先發現呢**？毫無疑問，在我們為此作夢之前，大自然早在數千年前、或數百萬年前，甚或數十億年前，就已創造出這些形態的物質。我忍不住想知道我們這些物質的天然形態都蘊藏在哪裡，而其中又可能有著怎樣的奧祕。

當時我並不曉得這個問題會把我帶到通往堪察加的路上，這是一個長達近三十年的推理故事，一路走來發生了一連串令人昏頭轉向、難以置信的迂迴波折。我們不得不克服許多看似難以逾越的障礙，卻不時從中感覺有股看不見的力量，牽引著我和我的團隊一步步走向這片奇異的土地。我們的整個調查工作，都相當地⋯⋯不可能。

如今我們身處窮山惡水，截至目前我們取得的所有成果岌岌可危。成功與否將取決於我們是否走運，能不能巧妙克服我們即將面對、意想不到的種種難關，而其中有些將令人顫慄。

第一部

讓不可能變可能

第一章

不可能！

一九八五年，加州，帕薩迪納市：

不可能！

這個字眼在整個大講堂內此起彼落響起。我才剛講完我和我的研究生多夫・列文（Dov Levine）所發明的一種新型物質的革命性概念。

加州理工學院的課堂裡擠滿來自各校區各專業領域的科學家。會後討論進行得十分順利。但是，就在最後一批人離場時，傳來了如雷貫耳的熟悉聲音，還有那個字眼：「不可能！」

我閉著眼睛都能聽出那獨特而沙啞的明顯紐約口音。站在我面前的是我的科學偶像，傳奇物理學家理查・費曼（Richard Feynman），他蓬亂的灰白髮絲及肩，穿著他的正字標記白襯衫，臉上掛著和藹可親的淘氣笑容。

費曼因為發展出電磁學量子理論這項開創性的研究，榮獲諾貝爾獎。在科學界，他已被視為二十世紀最了不起的理論物理學家之一。同時，由於他一手主導找出挑戰者號太空梭失事災難的原因，再加上他的兩本暢銷書《別鬧了，費曼先生》（*Surely You're Joking,*

Mr.Feynman!）以及《你管別人怎麼想》（*What Do You Care What Other People Think?*），總有一天，他會在社會大眾心目中樹立不朽地位。

他有種極為逗趣的幽默感，而他精巧設計的整人遊戲更是眾所周知。可是一旦談起科學，費曼永遠表現出毫不妥協的坦率，並且批判嚴厲，這使得出席科學研討會的他特別嚇人。你可以想見當他聽到在他看來不真切、不準確的話語時，會立刻打斷演講，並在眾目睽睽之下挑戰主講者。

因此，我在開始演講前已機警地留意到費曼出席，看著他走進講堂，坐到他習慣坐的前排座位。在整個講演過程中，我始終透過眼角餘光小心翼翼地盯著他，提防他突然間爆發。但是費曼一直沒有打斷我，也沒提出異議。

他在演講後走向前來挑戰我，這種事恐怕會嚇壞不少科學家。不過，這並不是我與他第一次交鋒。大約十年前，我還是加州理工學院的大學生時，曾有幸跟在費曼身旁工作，我對他的感受，除了仰慕與敬愛，別無其他。費曼的文章、教學，以及對我的個別指導，改變了我的人生。

我在一九七〇年以大學新鮮人身分初次踏入校園時，本來打算主修生物或數學。高中時，我從未對物理特別感興趣。但我曉得，加州理工學院的每個大學部學生都必須選修這門學科兩年。

我很快就發現大一物理實在非常難念，這在很大程度上要拜那本教科書《費曼物理講學，卷一》（*The Feynman Lectures on Physics, Volume 1*）之賜。這並不是一本傳統的教科書，而是根據一九六〇年代費曼發表的一系列著名的大學新生物理講座所編成的精采文章集。

《費曼物理講學》跟我看過的其他任何物理課本都不同，它絕不拘泥在教人如何解答任何一道題目，可是裡面的家庭作業卻難得要命，做起來挑戰十足而且很花時間。然而，這些文章確實傳授給學生更加寶貴的學問──深入洞悉費曼對於科學的初始思維方式。往後有好幾代人都從《費曼物理講學》中獲益匪淺。對我而言，這段經歷絕對是最佳的啟迪。

　　幾週下來，我赫然有種醍醐灌頂的感覺，腦子豁然開朗。我開始像個物理學家般地思考，而我也喜歡這樣。如同其他許多跟我同輩的科學家，我把費曼當成自己心目中的英雄，並深深引以為榮。我放棄了原本的生物及數學學業計畫，決定死心塌地投入物理。

　　我記得在念大一時，有幾次我好不容易鼓起勇氣在研討會開始前跟費曼打聲招呼。在當時，最多也就是那樣了，其他的事想都不敢想。但是當我念到大三，我和室友也不知從哪借來的膽，竟然前去敲他辦公室的門，問他能否考慮教一門非正式課程，每星期和我們大學部的學生會面一次，然後回答我們可能提出的任何問題。我們跟他說，這門課一切隨意。沒有家庭作業、沒有考試、不打成績，也不給學分。我們知道他厭惡陳規陋習，對官僚體制缺乏耐心，因此希望這種拋開結構的作法能夠讓他心動。

　　差不多十年前，費曼也曾開過類似課程，但那是專為新生所設，而且每年只上一季。這回我們央請他再次出馬，而且是開整年度同樣的課，並開放給所有大學部學生報名，尤其是像我們這種可能比較會深入提問的大三、大四生。我們建議這門新課程的名稱比照他之前曾教過的，就叫作「X物理」，以便讓大家都明白這門課完全無關學業成績。

　　費曼想了一會兒，隨即便讓我們驚喜交加，他回答：「好

啊！」就這樣，在接下來的兩年間，每個星期，我與室友連同另外幾十名幸運的學生都會和迪克‧費曼（譯注：Dick是英文名Richard的暱稱）共同度過一個既有趣又難忘的下午。

每堂X物理課都隨著他走進講堂，然後詢問有沒有人有任何問題而展開。有時，有學生會問一個費門專精的主題。自然，這類問題他回答起來如同家常便飯。不過，也有其他問題，顯然是費曼從未想過的。但我卻發現那總是令我特別著迷的時刻，因為如此我便有機會看著他如何絞盡腦汁琢磨，並思索一個初次遇見的主題。

至今我仍記憶猶新，我曾問過一個連我自己都覺得不著邊際的問題，甚至擔心他會認為這個問題無聊透頂。「陰影是什麼顏色？」我想知道。

只見費曼在教室前來回踱步了一分鐘，接著立刻抓住問題，興高采烈地發揮起來。他開始談起陰影中微妙的層次與變化，然後是光的本質，再來是色彩的感知，然後又是月球上的陰影，隨後談到地球反照（earthshine），接著是月球的形成，然後又是這個、又是那個的，沒完沒了。我當場被他徹底打敗。

我大四時，費曼答應指導我做一系列的專題研究。於是，我有機會更仔細地看到他如何直搗問題核心。每當我沒能達到他期望的高標準時，也領教到他口舌之鋒利。他會因為我出錯，而大喊「愚蠢」、「傻瓜」、「可笑」、「好笨」之類的字眼。

這些刺耳的話剛開始聽來很傷人，讓我懷疑自己夠不夠格鑽研理論物理。但我又不由得地注意到，費曼似乎並不像我這樣認真地把那些嚴厲的批評當一回事。過了須臾片刻，他總會鼓勵我換個方法試試，並要我在有所進展時回來找他。

費曼所曾教過我最重要的一點，是讓我領悟到在日常現象當中

便能發現最令人興奮的科學奇事。而你需要做的，不過是花點時間小心觀察，然後再問自己一些好問題。同時，他也潛移默化了我的信念，那就是絕對沒有理由能讓你屈服於外界壓力，被迫變成許多科學家那樣，只能從事單一領域的科學研究。費曼自身的例子啟發我，假如你的好奇心引導你探索眾多不同領域，其實合情合理。

我在加州理工學院最後一學期與費曼的一場交流，讓我印象特別深刻。那次我正在解釋我建立的一套數學模型，可用來推算一顆超級彈力球的行為；那是一種彈力超強的玩具球，當時非常流行。

這個問題的難度頗高，因為超級彈力球的每一次反彈都會改變方向。我打算再多加一層複雜度，從中推敲超級彈力球如何沿著一系列擺設成不同角度的曲面彈跳。比方說，我計算出它從地板反彈到桌子底部，再彈觸到一個斜面，然後從牆壁彈下的軌跡。根據物理定律，這些看似隨機的運動其實完全可以預測。

我給費曼看了我的其中一道運算。裡面推測，我拋出超級彈力球後，經過一連串複雜的彈跳，它會不偏不倚地回到我手上。我把計算稿遞給他，他瞄了一眼我的方程式。

「這不可能！」他說。

不可能？聽到這話，我愣了一下。這一次他的回應挺新鮮的。不是我常能猜到的「愚蠢」或「好笨」。

「為什麼你認為不可能呢？」我怯生生地問他。

費曼提出他的觀點。按照我的公式，假如有人從一定高度使出輕微旋轉力道投下超級彈力球，球彈起後，大概會歪向一側與地面呈小角度跳開。

「所以保羅，很顯然這不可能。」他說道。

我低頭檢視我的方程式，看到他指出的地方，沒錯，我的推算

的確顯示球反彈時會以低角度飛起。不過我不太確定是不是真的不可能，哪怕看來違反直覺。

那時的我已夠老練，於是展開反擊。「那好，這樣吧，」我說，「我還沒試做過這個實驗，就讓我們在你辦公室裡當場試一次。」

我從口袋掏出一顆超級彈力球，費曼看著我按事先約定的旋轉方式扔球。毫無懸念，球完全照著我的方程式預測的方向飛起，然後與地面呈小角度側向飛行，而這正是費曼認為不可能的飛法。

轉眼間，他已推導出自己錯在何處。他沒考慮到超級彈力球表面的高度黏性，干擾了旋轉扔球對運行軌跡所應造成的影響。

「真的好笨！」費曼大聲說道，語調和他平時批評我的口吻一模一樣。

終於，在和他一起工作兩年後，我明白了長期以來始終猜不透的一件事：「好笨」是費曼對每個人都會脫口而出的措辭，當中也包含他自己，這麼說只是為了加深犯錯的印象，以告誡自己或他人千萬別再犯相同的錯。

我也領悟到當費曼說「不可能」時，並不盡然意味「無法實現」或「荒唐可笑」。有時它也代表：「哇！這裡有件驚人的事，跟我們平常料想的完全不同。值得理解！」

所以，十一年後的此刻，當費曼在我演講結束時帶著調皮微笑走到我面前，開玩笑似地聲稱我的理論「不可能！」時，我很肯定他指的是什麼意思。我演講的主題是一種嶄新形態的物質，稱為「準晶體」（quasicrystals），但這違反他所認可的真理。因此，令他覺得有趣，也值得理解。

費曼走到桌邊，桌上是我為了證明我的概念所設置的實驗。他

指著實驗裝置，要求「再給我看一次！」。

　　我打開裝置開始進行演示，費曼佇立著一動也不動。他正親眼目睹這場演示正在顛覆某條最具盛名的科學原則。那是非常基礎的原則，連他都曾在《費曼物理講學》裡加以敘述。事實上，自從一名笨手笨腳的法國修士碰巧發現它以來，這些原則已被傳授給每一位年輕科學家近兩百年了……。

一七八一年，法國，巴黎：

　　勒內・茹斯特・阿羽依（René-Just Haüy）面如死灰，因為一小塊方解石（calcareous spar）樣本剛從他手中滑落，在地上摔得四分五裂。不過，當他彎身收拾碎片，他的窘迫感頓然消失，取而代之的是好奇心。阿羽依看到從樣本分離出來的碎片表面平滑，角度細緻，不像原本那塊樣本表面那般粗糙凌亂。他還注意到，這些小碎片的切面全都呈現同樣準確的角度。

　　這當然不是頭一回有人砸碎石頭。但現在可是歷史上的罕見時刻，有人從一件每天發生的小事推演出一項科學突破，原因是此人擁有天生直覺，並觀察入微，足以察覺剛才這件事情背後的意義。

　　阿羽依出生在法國小村莊，家境貧寒。年幼時，當地一所修道院的修士們發現他聰明伶俐，於是協助他接受高等教育。最後他加入他們成為天主教神職人員，並接下巴黎大學教職，講授拉丁文。

　　但是唯有展開神職生涯以後，他才發現內心對自然科學的熱情。後來有位同僚帶他涉獵了植物學，轉機隨之出現。阿羽依非常著迷於植物所具備的對稱性與明確表徵。儘管植物的種類多得難以計數，卻可按照它們的顏色、外形和紋理清楚地分門別類。時年三

十八歲的阿羽依修士很快便成了精於此道的專家，經常跑到巴黎的皇家植物園磨練他的鑑識技巧。

後來，就在他三番兩次造訪植物園的一次旅程中，阿羽依遇上另一門科學領域，不久便將成為他的真正志業。偉大的博物學家道本頓（Louis-Jean-Marie Daubenton）應邀前來提供一場關於礦物的公開講學。阿羽依在聽講當中，了解到礦物也像植物那般，有著許多不同的顏色、外形及紋理。然而處在那個歷史時點，人們對礦物的學術研究要比植物學原始得多。當時既不存在各種礦物的科學分類，也沒人清楚各種礦物彼此之間可能有些什麼連帶關係。

雖然科學家已經知道，像是石英、鹽、鑽石及黃金這樣的礦物，都是由單一的純物質組成。假如你把它們敲成碎粒，每顆碎粒的組成物質完全相同。他們也知道，許多礦物會形成多面晶體。

可是礦物又跟植物不同，兩塊同類礦物的顏色、外形與紋理可能會很不一樣。而這一切取決於它們形成時的狀態，以及該礦物後來的遭遇。換句話說，礦物似乎有悖於阿羽依所欣賞的植物學中井然有序的分類方式。

這場講學使他大受啟發，他馬上去找他認識的一位有錢金主，住在克瓦樹（Croisset）的雅克·德·法蘭西（Jacques de France），並詢對方能否觀賞一下他的私人礦物收藏。阿羽依在這次造訪中十分開心，直到冥冥中注定他失手摔落方解石樣本的那一刻。

阿羽依為其造成的損失道歉，這位金主大方地接受了。同時，他也注意到這位客人對摔破的碎塊十分著迷，便慷慨地讓他帶幾塊回家好好研究。

阿羽依回到房間，迫不及待地取出一小塊形狀不規則的碎塊，小心切割它的表面，一點一點削掉碎屑，直到整個碎塊上每個

琢面都變得光滑平坦。他發現這些琢面構成了一個小小的菱面體（rhombohedron），那是把相對簡單的立方體推歪一個角度所形成的造型。

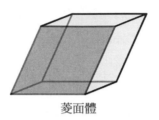

菱面體

阿羽依再拿出另一塊凹凸不平的方解石碎塊，重複同樣動作。不久手中又出現一個菱面體。這次的這塊稍微大一些，但它呈現的各個角度跟剛才所試的那塊一模一樣。阿羽依反覆操作這項試驗多次，用光了他帶回來大大小小的所有碎塊。在此之後，他又對來自世界各地的其他許多方解石樣本進行同樣試驗。每一次，他都得到同樣結果：琢面間夾角一致的菱面體。

阿羽依所能想到的最簡單解釋，就是方解石乃是由一種外形有如菱面體的基本「元件」（building block）組成，但他無法解釋為何造型會是菱面體。

接下來，阿羽依擴展實驗，將範圍涵蓋其他種類的礦物。每一次實驗，他都發現切削礦物樣本，可將其縮小至某種具備精確幾何形狀的元件。有時它是個菱面體，就像方解石一樣。有時是一塊琢面夾角不同的菱面體。也有些時候出現了完全迥異的造型。他與法國的博物學家們分享他的一些發現，隨即受到科學界廣泛認可，這使得他能在往後二十年間持續對礦物進行條理分明的研究工作，即便在法國大革命期間也未曾間斷。

一八〇一年，阿羽依終於發表他的曠世鉅著《礦物學概論》

（*Traité de Minéralogie*）。這是一本金碧輝煌的插圖集錦，彙整他的研究成果，並展現他在搜集資料過程中發現的「晶體構成定律」（laws of crystal forms）。

這本書出版後立刻成為經典之作，他也因而奠立了科學界的學術地位、博得同僚們的欽佩，並在歷史上以「現代晶體學之父」之名享有一席之地。由於眾人一致認同阿羽依的科學貢獻極為重大，所以建築師古斯塔夫·艾菲爾（Gustav Eiffel）將他選入七十二位法國科學家、工程師和數學家的名單之中，並在艾菲爾鐵塔的第一層刻上這些人士的名字。

阿羽依的這番努力背後蘊含一個深意：礦物乃是由某種被他稱作「組成分子」（la molécule intégrante）的基本元件組成，這種組成分子週而復始地不斷重複排列，形成了礦物。同類的礦物是由相同的元件組成，即便它們可能產自世界各地。

幾年後，阿羽依的發現激發出一個甚至更為大膽的想法。英國科學家約翰·道爾頓（John Dalton）提出，所有物質，而不僅僅是礦物，都是由一種稱為「原子」的不可分割、不可破壞的單位所構成。根據這個想法，阿羽依的基本元件對應到擁有一個或多個原子的原子團簇，而其原子類別與空間排列決定了該礦物的種類。

古希臘哲學家路西帕斯（Leucippus）和德謨克利特（Democritus）常因他們在西元前五世紀提出原子的觀念而受到讚揚。但其實他們的想法全然局限在哲學層面，道爾頓才真正致力於將原子的假設轉化為禁得起檢驗的科學理論。

道爾頓從他研究氣體的經驗中推斷，原子的形狀是球形。同時他還提出，原子的種類不同，則其尺寸也不同。可是原子實在太過微小，即使切開礦物或使用任何其他十九世紀存在的技術，肉眼還

是看不見。所以足足經歷一個多世紀的激烈爭論，並等到新技術與新的實驗方式發展出來後，原子理論才被完全接受。

其實不論阿羽依還是道爾頓，縱然他們成就不凡，卻都無法解釋阿羽依最重要的其中一項發現。無論他研究的是哪種礦物，他得到的基本元件（即「組成分子」）要麼是個四面體或三角柱，不然就是個平行四面體——平行四面體是一個範圍更廣的類別，其中也包括最早發現的菱面體。而原因何在呢？

四面體　　　　　　　三角柱　　　　　　　平行四面體

為尋求此一問題的解答，科學家努力了數十年，最終引領一門新興、關鍵的科學領域誕生，即人們所知道的「晶體學」（crystallography）。晶體學有嚴謹的數學原理為基礎，最終還為其他科學學科帶來重大影響，其中包括物理、化學、生物學和工程學。

事實顯示，晶體學定律著實威力強大，在當時足以解釋所有已知的可能物質形態，並能推測它們的許多物理性質，諸如硬度、加熱或冷卻的反應、導電性，以及彈性。晶體學能夠成功解釋如此眾多不同學科相關物質的各式不同特性，一直都被視為十九世紀的偉大科學成就。

然而，到了一九八〇年代，我和我的學生列文所挑戰的，正是這些大名鼎鼎的晶體學定律。

我們已知道如何打造出前所未有的元件，以便用來拼湊出照理說不可能的排列。我們在一道公認理所當然的基礎科學原理中有了新的發現，而正是這項事實，讓我在演講過程中引起費曼注意。

　　為了能夠充分理解他為何會感到驚訝，有必要在此簡短介紹晶體學的三條簡單基本原理：

　　原理一，所有純物質，例如礦物，都會形成晶體，前提是要有足夠時間讓原子與分子移動為某種有序排列。

　　原理二，所有晶體都是原子的週期性排列，意思是說，它們的結構完全由阿羽依的其中一種基本元件組成，即單一原子團簇沿著任何方向，維持固定間距一遍又一遍不斷重複排列。

　　原理三，每一種週期性原子排列都可依照其對稱性來分類，而且可能的對稱種類是有限的。

　　在這三條原理中，以第三條講得最為模糊，不過倒是能輕易透過日常所見的地磚來說明。想像一下你打算使用相同形狀的地磚來覆蓋地板，地磚與地磚之間維持固定間距，如下圖所示。如此這般鋪出來的圖案在數學上稱為「週期密鋪」（periodic tiling）。在這裡，二維的地磚就相當於阿羽依的三維基本元件，因為整個圖

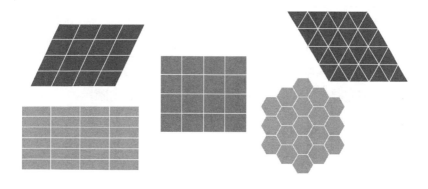

案是由不斷重複的相同單位元素組成。週期密鋪常被用在廚房、院子、浴室，和進門的走道上。而它們用到的圖案通常是五種基本形狀裡的一種：長方形、平行四邊形、三角形、正方形，或六邊形。

那麼，還有哪些簡單的形狀可能堪用呢？稍安勿躁，仔細想想。還有哪些基本形狀可用來鋪滿你的地板？正五邊形如何？它有五條長度相等的邊，五個大小一樣的角。

答案或許讓你很意外。根據晶體學的第三條原理，答案是不能。絕對不行。五邊形是行不通的。說實話，也沒有任何其他可能了。每一種二維週期圖案，一定會對應到上面所示的五種圖案其中一種。

也許你看到有的地板上鋪的圖案不大一樣，好像打破了這個規則。其實那只是耍了點小小把戲。假如你看得更仔細點，就會發現它們鋪出來的永遠離不開同樣那五種圖案，只是變了點花樣而已。比方說，你可以把地磚的每條直邊改成一致的弧邊，鋪出看來比較複雜的圖案。你也可以切開或分割每塊地磚（譬如將一個正方形沿斜角對切），讓它們變成另一種幾何圖形來拼圖案。或者你可選一幅畫像或圖樣設計，然後嵌進每塊地磚正中央。但不管怎樣，站在晶體學家的立場，這些招數全都改變不了鐵一般的事實，你鋪出來的結構照樣還是上述五種可能圖案之一。再也沒別的基本圖案了。

假如你要求承包商使用正五邊形來覆蓋你的淋浴間，那你是自找麻煩，積水將會嚴重侵蝕你的地板。不管鋪磚工人多賣力地把五邊形地磚兜攏在一塊兒，總是會留下空隙（見右上圖示）。而且多得不得了！同樣地，你用正七邊形、正八邊形，或正九邊形來試，也是白費心機。這份禁忌形狀的名單還可繼續追加，沒完沒了。

五種週期性圖案是了解物質基本結構的關鍵。此外，科學

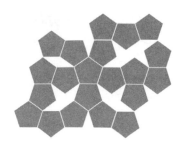

家在分類物質的時候，還會參照它們的「旋轉對稱」（rotational
symmetry）性質，這名詞聽來複雜，實則為一種直截了當的概念。
旋轉對稱的定義，乃是一個物體可在三百六十度圓周內旋轉某個角
度後看來仍然不變的次數。

比方說，看到下圖最左邊的正方形密鋪。假設你朋友趁著你一
轉身，偷偷把正方形密鋪給旋轉個四十五度，如同中間的圖示。當
你回過頭來看這張密鋪，便會發覺它看來已跟原來不同，方向明顯
變了。因此，旋轉四十五度並不構成正方形的一種「對稱」。

不過，我們重頭開始，萬一你的朋友把密鋪旋轉九十度（下面
最右邊的圖示），那麼你就無法察覺任何變化了。這時密鋪看來
就跟原來一模一樣。於是，旋轉九十度乃正方形的一種旋轉「對
稱」。事實上，九十度是建立正方形圖案對稱的最小角度。任何小

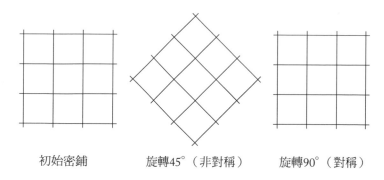

初始密鋪　　　　　旋轉45°（非對稱）　　　旋轉90°（對稱）

於九十度的正方形旋轉，都會明顯呈現方向變化。

　　所以現在清楚了，兩次九十度旋轉，共旋轉一百八十度，也是一種對稱。同理，旋轉三次（二百七十度）及四次（三百六十度）也都是。因為這裡總共需要四次旋轉來完成一個三百六十度圓周，所以正方形密鋪被稱為具備四重對稱。

　　現在給你朋友一幅每行每列的長方形個數相等的密鋪，其中長邊貼向水平方位。將它旋轉九十度後，看來就變了個樣，這是因為現在長邊豎立呈垂直走向。但如果將此密鋪旋轉一百八十度，那麼看來又跟最初一樣了。所以在長方形的情況下，一百八十度是達成對稱的最小旋轉度數。再旋轉一次便轉完了三百六十度。因此，長方形密鋪具備二重對稱。

　　同樣地，平行四邊形密鋪只有在旋轉一百八十度之後，才能看來不變。所以說，平行四邊形密鋪同樣具備二重對稱。

　　依此類推，一個等邊三角形可被視為具備三重對稱。六邊形則具備六重對稱。

　　最後，還有另一種可能的旋轉對稱，可經由五種圖案中的任何一種產生。例如，當我們將其中任何一種形狀的邊緣弄得參差不齊，那麼讓圖案看來不變的唯一旋轉方式將是三百六十度的完全旋轉，或稱為一重對稱。

　　以上便是所有的可能性。二維的週期圖案只能允許一重、二重、三重、四重，和六重旋轉對稱，這是人類已確認長達數千年的事實。譬如說，古埃及工匠便曾利用旋轉對稱製作出華麗的馬賽克拼花。然而一直要到十九世紀，那許多經過反覆摸索創造的工法才終能透過嚴謹的數學得到充分解釋。

　　但我們還是再回到你那淋浴間問題吧。你的承包商無法在不留

下一大堆縫隙，並造成水漬損壞的條件下，純粹以正五邊形地磚鋪出週期圖案，這項事實鮮明呈現出，在晶體學的定律下，五重對稱不可能存在。同樣道理也適用於七重、八重，或任何更多重的對稱。

還記得阿羽依曾發現晶體內部的原子排列具週期性，就如同你的地板鋪磚。那麼以此推論，地板鋪磚受到的各種限制，也同樣適用於三維晶體。唯有特定的形狀才能不留間隙地拼湊在一起。

儘管三維晶體與二維密鋪相似，但它遠比在地板上鋪磚複雜許多，因為從不同方向觀測晶體時，可能隨之出現不同的旋轉對稱。對稱性的變化取決於你的觀察視角。話雖如此，但不管你選擇何種視角，對於在三維空間中具備規律性重複結構與週期性的晶體，只可能有一重、二重、三重、四重，和六重旋轉對稱，這和二維密鋪的限制相同。同時，無論你選擇哪個視角，**五重對稱都不被允許**，另外連同七重、八重，以及任何更多重的旋轉對稱也同樣行不通。

那麼從一切可能視角看去，週期性晶體究竟可能有多少種獨特的對稱組合呢？想解開這道謎題，將是一場艱鉅的數學挑戰。

答案最終在一八四八年揭曉，解題人是法國物理學家奧古斯特・布拉菲（Auguste Bravais），他證明恰好存在著十四種不同的可能組合。他所提出的這些可能組合，在今天稱作「布拉菲晶格」（Bravais lattices）。

不過，這場解開晶體對稱之謎的挑戰並未就此結束。之後又有人發展出更加完整的數學分類，將旋轉對稱結合到一些甚至更加複雜的對稱，其中包括所謂的「鏡射」（reflections）、「反轉」（inversions）和「滑移」（glides）。當加入了所有這些額外的可能性進行複合操作，可能的對稱總數從十四種一路增加到了二百三十

種。但是，在所有這些可能性當中，五重對稱依然不被允許，不管沿任何方向都不例外。

然而，這些發現將數學之優美與自然世界之秀麗以最驚人的方式相互結合。二百三十種可能的三維晶體樣式，全是由純數學推演出來。而其中每一種樣式也都能從大自然劈開的礦石裡找到。

抽象的數學晶體樣式與大自然中發現的真實晶體令人動容地相互輝映，即便過程曲折，卻也是不容爭辯的明證，即物質乃由原子所組成。但這些原子究竟是如何排列？透過切割雖可顯現這些元件的形狀，若要判斷內部的原子如何排列，使用切割的工具就太過粗陋了。

一九一二年，慕尼黑大學的德國物理學家馬克斯・馮・勞厄（Max von Laue）發明了一種能夠取得這些資訊的精密儀器。他發現只要用一束X射線穿透一小片材料樣本，就能精確判定一塊物質中隱含的對稱性。

X射線是波長非常短的光波，因此可輕易穿過晶體中規律間隔的原子列之間的空間通道。馮・勞厄證明，當X射線穿過晶體投射到一張感光紙上，光波會互相干擾，產生一種輪廓分明的針點圖案，稱為「X光繞射圖」（X-ray diffraction pattern）。

當X光束瞄準一條旋轉對稱的路線穿過晶體，所產生的針點繞射圖案具備與該旋轉對稱完全一致的對稱性。以X光束沿各個方向照射穿過晶體，能分毫不差地完全展現晶體原子結構中的所有對稱性。另外，透過這項資訊，還能辨識出晶體的布拉菲晶格及其結構單元的形狀。

就在馮・勞厄的發現之後不久，英國的父子檔物理學家威廉・亨利・布拉格（William Henry Bragg）與威廉・勞倫斯・布拉格

（William Lawrence Bragg），又向前邁進了一大步。他們證明，經由小心調控X光的波長與方向，則不但可用針點繞射圖來展現晶體對稱性，更可還原整個晶體中的詳細原子排列。這些針點後來被稱為「布拉格峰」（Bragg's peaks）。

　　這兩項突破立即成為探究物質時不可或缺的工具。接下來數十年間，人們從全球各地的各種天然或合成材料中，取得成千上萬的繞射圖案。到了晚近若干年，科學家使用電子、中子，或在所謂同步加速器這種強大粒子加速器中，透過磁鐵將相對論速度運行下的帶電粒子束彎折某個角度所產生的高能輻射來取代X射線，從而獲得甚至更加精確的資訊。但無論採用哪種方法，從阿羽依和布拉菲的心血演繹而來的初始對稱法則始終受到遵循。

　　在數學論證和實驗經驗積累的加乘效應之下，這些法則在科學家的腦海中已根深柢固。看來已是無庸置疑，或至少也如同任何科學原理那般肯定，物質只能具有大家長久以來習以為常的其中一種對稱性。再沒別的可能了。兩百多年來，五重對稱始終是個禁忌。

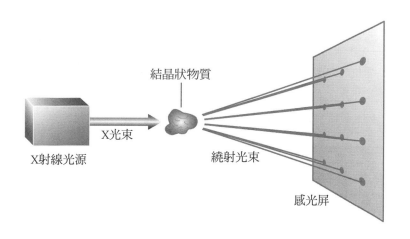

結晶狀物質

X光束

X射線光源

繞射光束

感光屏

一九八五年，帕薩迪納市：

可是現在，我正站在費曼面前，解釋這些歷久彌堅的法則是錯的。

晶體並非唯一具備有序原子排列和針點繞射圖案的物質形態。如今已出現另一個更加寬廣的新世界，有它自己一套規則和滿坑滿谷的可能性，我們稱之為準晶（quasicrystal）。

我們如此命名，乃是為了清楚表達這種新物質如何有別於一般晶體。兩種物質同樣都是由無數原子團在整個結構中不斷重複排列所形成。

晶體中的原子團按照固定的間隔重複排列，正如同那五種已知圖案。然而，在準晶中，不同的原子團各自按照不同的間隔重複。我們的靈感來自一個名叫「潘洛斯密鋪」（Penrose tiling）的二維圖案，這個不尋常的圖案中含有兩種不同形狀，分別按照兩種互不相稱的間隔重複排列。數學家稱之為「準週期」（quasiperiodic）圖案。因此，我們將自己的理論發現稱為「準週期晶體」，或簡稱「準晶」。

我為費曼準備的小小演示，乃是使用雷射和一張上面有準週期圖案照片的投影片來證明我的論點。在費曼要求下，我開啟雷射，瞄準光束使它穿過投影片，投射在遠處的牆壁上。雷射光產生的效果，與X射線穿過原子間通道一樣：它製造出一幅繞射圖案，如下圖所示。

我關掉天花板上的燈光，好讓費曼清楚看見牆壁上針點圖案中的雪花特徵。它和費曼從前見過的任何繞射圖案都不同。

我比照剛才演講中那般向他指出，最亮的光點形成十個同心

圓。這是前所未聞的。你還能看見其中有多組針點形成五邊形，顯露出一種被認為是自然界中絕不允許的對稱。靠近一點看，針點之間還有針點。而這些針點之間又是點中有點。它們看來不斷重複，直到占滿無垠。

　　費曼想更仔細看看那張投影片。我重新打開室內燈光，從架上抽出投影片遞給他。投影片上是縮成很小的影像，很難看清楚細節，所以我也給了他一張放大的密鋪圖案，他把它放在雷射前的桌上。

　　接下來是一小段靜默時刻。我開始感覺自己好像又變回了學生，等著費曼對我最新冒出的荒謬想法作出回應。他盯著桌上那張放大圖，把投影片再插進投影架，然後自己打開雷射。他的目光來回游移於桌上那張放大印刷圖和雷射打在牆壁上的圖案之間，最後又低頭凝視那張放大圖。

　　「不可能！」終於，費曼開口了。我露出微笑向他點頭示意，

因為我曉得這是他的一種最高讚賞。

　　他再度抬頭望向牆壁，搖著頭。「完全不可能！這是我所見過最驚人的事之一。」

　　接著，迪克・費曼二話不說，愉快地看著我，臉上掛著大大的淘氣笑容。

第二章

潘洛斯之謎

一九八一年十月，美國賓州，費城：

在我那次見到費曼的四年前，從來沒人聽說過準晶。也包括我在內。

當時我剛加入賓州大學物理系，並應邀在物理研討會上發表演說，那是每週舉辦一次，物理系全員到齊的講座。賓州大學根據我在哈佛大學的基本粒子物理研究成果，延攬我成為教職員，而我在哈佛的工作內容是關於理解物質的基本組成，以及它們之間的相互作用力。此外，我新近的研究工作也已受到熱烈矚目。我與我的第一位研究生安迪・艾爾伯萊希（Andy Albrecht）正如火如荼地建立有關宇宙形成的全新概念，這些想法最終將協助奠定現在所謂宇宙膨脹理論的基礎。

但是我卻決定不在賓州大學的首次講座中討論這個主題。我反倒選擇談一個幾乎無人知曉我一直都在進行的專案，而且它的重要性當時還不明確。我不知道這場演講將會引起在座一位年輕研究生的共鳴，也沒想到它將很快促成一段成果豐碩的夥伴關係，以及一種新形態物質的發現。

這場演講的大部分內容，是敘述過去一年半來，我與兩位搭擋共同探研的一個專案，他們兩人分別是哈佛大學理論物理學家大衛‧尼爾森（David Nelson），以及在紐約州約克鎮高地的IBM湯馬士‧華生研究中心（Thomas J. Watson Research Center）工作的博士後研究員馬可‧隆凱蒂（Marco Ronchetti）。

我們的專案是研究當液體快速冷卻固化時，液體中的原子如何自行重新排列。科學家都相當清楚，當液體慢慢地冷卻凝結時，它的原子通常會從液態時的隨機排列重新轉換為有序、週期性的晶體排列（就像水結成冰那樣）。

在所有原子皆同的最單純情況下，受到簡單的原子間力（interatomic force）交互作用，原子的排列就會像水果攤陳列的柳橙那樣，原子與原子層層疊疊地堆積起來。這種結構——技術上稱為面心立方體（face-centered cubic）——和立方體有著一樣的對稱性，符合所有已知的晶體學法則。

我們三人想研究的，則是當液體冷卻得太快，讓原子還沒機會重新排列變成完美晶體前便已固化的時候，會出現什麼狀況。當時的一般科學假設認為，這時的原子排列就和液態時的快照一樣。換言之，它將是完全隨機，沒有明顯次序。

尼爾森與他的一位學生約翰‧透納（John Toner）曾經猜測，這時發生的事很可能更耐人尋味。快速固化或會導致一種隨機與有序的混合。他們提出的論點為，原子將隨機散置於空間之中，但大體上原子之間的鍵結會沿著立方體邊緣排列。原子的排列規則將介於有序和無序之間。他們稱之為「立方狀」（cubatic）。

要理解這個概念的意義，首先必須懂得一些基本知識。物質的物理屬性，以及如何加以應用，嚴格取決於它的原子與分子的結

構。以石墨及鑽石這兩種晶體為例。依照此二者的物理性質，很難想像它們具有任何共通性。石墨柔軟、光滑、不透光，擁有黑暗的金屬外觀。鑽石則質地超硬、透明，帶有光澤。然而，兩者都是由完全相同類型的原子組成，都是百分之百的碳原子結構。兩種物質之間的唯一區別，在於碳原子的排列方式，如下圖所示。

在鑽石中，每個碳原子在相互連接的三維網絡中鍵結到另外四個碳原子。在石墨中，每個碳原子在一張二維薄片上只會鍵結其他三個碳原子。接著這些碳片一張張地堆疊起來，就像一疊紙一樣。

鑽石的結構網絡很扎實，難以拆解。相反地，一堆碳片就像紙張一般，很容易一張張地滑開。這便是鑽石遠比石墨堅硬的基本原因，而這項差異也直接關係到它們的實務應用。鑽石是已知最堅硬的材料之一，被用來做鑽頭，而柔軟的石墨則被用來製成鉛筆。隨著鉛筆在紙上劃過，碳片也跟著剝落。

這個例子說明，一旦我們得知材料中原子的對稱性，將能如何幫助我們了解並推測它的屬性，進而找出它的最佳用途。這個道理同樣適用於快速冷卻的固體，科學家稱之為玻璃狀或非晶體

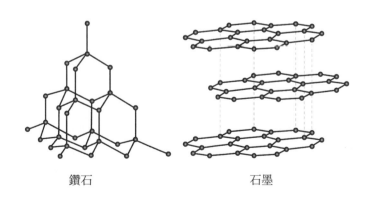

鑽石　　　　　　　　　　石墨

（amorphous）。它們是除了緩慢冷卻的晶體以外的另一種寶貴物質，因為它們已被發現具有不同的電子、導熱、彈性，以及振動屬性。舉例來說，緩慢冷卻形成的晶矽已被廣泛運用在整個電子產業。但是非晶矽的剛性要比緩慢冷卻的材料來得低，這讓它特別適合用在某些類型的太陽能電池。

我和尼爾森、隆凱蒂研究的主題，旨在釐清一些快速冷卻的固體是否具有某種未曾被發現的微妙次序，果真如此的話，則意味著它們可能擁有更多的優點和用途。

我曾花了好幾年時間研究，發展出模擬快速冷卻液體的方法。我曾分別在大學時期，以及後來再度以博士後研究員的身分，先後兩次受邀到耶魯大學及IBM湯馬士・華生研究中心進行暑期研究，從事理論電腦模型的工作。當時我的主要科學興趣在其他領域，但是我充分把握暑期研究的機會，因為當時還沒人知道非晶體這種基本物質的原子排列的事實，勾起了我的好奇心。對於這一點，我其實是執意遵循我的導師費曼教給我的最重要一課：聽從你的心念發掘好的問題，無論它們把你帶往何方，都是明智的，哪怕不是你以為自己該走的方向。

一九七三年，我在加州理工學院升大四前的那年夏天，開發了第一套用電腦運算產生的玻璃與非晶矽的連續隨機網絡（continuous random network，CRN）模型。這個模型被廣泛用來預測這些材料的結構與電子屬性。在往後幾年與隆凱蒂共事期間，我編寫出功能更複雜的程式來模擬快速冷卻及固化的過程。

一九八〇年，我與尼爾森在哈佛大學的一次偶然對話，為我花在非晶物質上的一切心血開啟了新的出路。我的電腦運算模型經過調整後，可用來檢驗尼爾森與透納對於立方狀物質的推測。

好了，我已向賓州大學的聽眾講完整個故事的來龍去脈，現在我要直接切入這場演講的高潮：假設有關立方相（cubatic phase）的臆測正確無誤，那麼我這套新的電腦模擬所呈現的原子鍵不應該是隨機定向的。總的來看，這些鍵應該傾向於「立方定向」（cubic orientation），意思是優先沿著一個立方體的邊緣排列。

我們為此驗證建立了一個仔細的數學檢測，檢查原子鍵的平均定向是否呈現我們所期待的立方對稱，我們也按照立方排列的強度設定數值計分。

接下來的結果呢……是場徹底的失敗。我們沒有找到原子鍵優先沿著立方體邊緣排列的跡象，尼爾森與透納所期待的情況絲毫不見蹤影。

但出乎意料地，我們卻發現更有意思的東西。就在我們制定一次定量數學檢測來查看具有立方體對稱性的原子鍵定向時，我們發現可以輕而易舉地調整檢測來審視其他每一種可能的旋轉對稱。於是，經過事後討論，我們決定利用這個檢測，根據原子鍵在不同方向上排列的程度，為每一種對稱性計分。

結果可真把我們嚇了一跳，某種不被允許的對稱性的得分，竟然遠遠高出其他對稱——那是一個不可能的二十面體對稱，如同顯示在次頁下方左側的圖形。

我曉得當時有些聽眾必定已經相當熟悉二十面體，因為當時正在流行的遊戲《龍與地下城》（*Dungeons and Dragons*）中，就是使用如次頁下方右圖所示的三維造型骰子。其他人或許會在生物學中認出它來，某些危害人類的病毒長得便是這副模樣。對於幾何迷來說，或會認出它是五種柏拉圖多面體（Platonic solids）的其中一種，這種三維形狀的每個面大小相同，每條邊都等長，每個角度都

一致。

　　三維的二十面體有一項重大特徵，那就是不管你朝著它的哪個角直直看去，都會看見一個具備五重對稱的五邊形。而正是這種五重對稱，不管是在二維密鋪，還是三維晶體，都不允許存在。

　　當然，單獨一塊正五邊形鋪磚一點也沒問題。你可使用任何形狀的單一鋪磚。但是用正五邊形來鋪地板絕不可能完全不留縫隙。二十面體也有同樣的問題。製作單一的三維二十面體造型骰子是可能的。但是當你使用二十面體來填滿空間，不可能不留下縫隙與漏洞，詳見對頁下方圖示。

　　二十面體有這麼多個角，而且個個呈現禁忌的五重對稱，因此在研究物質結構的科學家中可謂小有名氣，是原子排列方式中最嚴重的犯規對稱。這被視為相當基礎的事實，所以經常出現在教科書的第一章。但不知為何，二十面體對稱在我們檢驗原子鍵排列的電腦測試中獲得最高分。

　　嚴格來說，我們的測試結果並未直接違反晶體學定律。那些法則只適用於內部含有成千上萬或更多原子的大塊物質。對於相較之

下小得多的原子團，也就是我們在模擬中研究的對象，並不存在絕對的限制。

舉例而言，在僅僅帶有十三個相同黃金原子的小原子團這種極端的情境中，原子間力會很自然地牽動原子形成二十面體排列。亦即其中一個原子位在正中央，周圍環繞的十二個原子則分別位於二十面體的各個隅角。之所以會有這種現象，是因為原子間力就跟彈簧一樣，總習慣把原子緊緊拉到一塊兒，形成緊密的對稱排列。二十面體會出現在十三個原子間，因為這是原子間力所能實現的最緊密對稱結構。然而，隨著愈來愈多的原子加入，二十面體對稱就變得不那麼合適了。就像前頁右圖的《龍與地下城》骰子那樣，二十面體不能整齊俐落地兜在一起，無論是面貼面、角對角，還是其他任何方式，都無法堆在一起而不留下許多大縫隙。

我們的運算令人震驚之處在於，原子鍵定向呈現的二十面體對稱，竟然幾乎一路延伸到數千個原子的模擬情境。假如你詢問當時最資深的專家，他們會猜二十面體對稱不可能延伸超過大約五十個

原子。但我們的模擬顯示，就算以大量原子來平均，在這些原子鍵定向之間仍然存在高度的二十面體對稱。然而，晶體學定律斷定二十面體對稱絕對不能無限延伸。接下來可以想見，當我們繼續對愈來愈多的原子求取平均值，對稱性的分數會開始下降，最後降到不再具有統計學意義的程度。但即便如此，能夠發現數千個原子間高度沿著二十面體邊緣鍵結，也真是極不尋常的大事。

我在演講中提醒聽眾，在這次模擬中突發的二十面體有序性完全出自**同一種**原子。而大部分的材料則混合著尺寸不一、鍵結力各異的不同元素。由此我做了個假設，一旦增加更多不同元素，有可能會變得更容易違反已知的晶體學法則，二十面體對稱也就可能延伸至更多的原子。

我還暗示，甚至對稱性無限延伸的狀況也可能存在。果真如此的話，將形同一場革命，直接推翻阿羽依和布拉菲一個多世紀前奠定的定律。我結束演講時，拋出這個煽動性的想法。

台下響起一陣熱烈掌聲。幾位同僚問了我一些細節，以及其他有的沒的。然後我受到很多誇讚。但是竟然沒半個人批評我那違反晶體學定律的瘋狂想法。說不定與會的人只把它當成一種膨風的學術花絮。

不過，聽眾之中有一個人認真地把我的話聽進去了。他正打算將他未來的職涯全押在這個想法上。在演講隔日，一位名叫多夫．列文的物理研究生出現在我的辦公室，問我是否願意當他新的博士指導教授。列文特別有興趣和我一起研究他在我演講結束前聽到的那個瘋狂想法。

我最初的回應並不熱烈。我跟他說，這個想法太荒誕了。我絕不會向研究生推薦這種題目，我如此警告。我甚至不確定會不會把

它推薦給跟我一樣還沒拿到終身職的教授。我對於該從哪裡著手，只有一丁點模糊構想，而且成功的機率小得令人想發笑。我反覆再三不停地勸阻，想讓他打退堂鼓，但是不管我好說歹說，似乎都沒嚇著他。列文十分堅決，不論勝算如何，他都要放手一搏。

等到我請列文多講點關於他的事，他開頭便告訴我他在紐約市出生長大。其實見到他那節奏明快、信心爆棚的調調，以及灰色幽默，我心裡便已有譜。列文只要一開口，一定是三句不離搞笑，或不正經的評論，而臉上必定掛著戲謔笑容。

聆聽列文放聲高談為什麼我們應該繼續針對我的瘋狂想法追根究柢時，我也同時試著別讓他看出我心裡正如何盤算。但是我內心已認同這個顯然很執拗、難以輕易動搖的人。我心想，這恰恰正是打算挑戰一個有著超高風險難題的人所需秉持的態度。另外，十足的幽默感也能派上用場，因為我們恐怕會面臨數不清的困境。

除此之外，有件事也讓我對列文頗具好感——我有個足足可追溯到我十三歲時的夢想，那時我讀了馮內果（Kurt Vonnegut）的小說《貓的搖籃》（*Cat's Cradle*）。那本小說描寫科學可能遭到濫用後的情景，說實在，就是這本奇怪的小說，啟迪了一名初出茅廬的科學家。

在這本書裡，馮內果想像出一種名叫「第九號冰」（ice-nine）的新型凍結水。當第九號冰的種晶（seed crystal）接觸到普通的水時，會讓所有H_2O分子重新自行排列變成一個固塊。即便是小小的種晶，一旦投入大海，將觸發一場連鎖反應，凝固整顆行星上所有的水。

當然，第九號冰純屬科幻創作。不過這本小說讓我意識到一個我以前從未想過的科學事實，那就是物質的屬性可藉由簡單地重新

排列其原子，而發生根本上的變化。

　　也許，就只是也許，我心想，還存在著其他形態的物質，只不過科學家還沒觀察出它們的原子排列。也許，我心裡又想，它們甚至根本沒出現在這顆行星上。

　　列文無從知悉我的這些心思，然而有了他幫忙，我終於有機會追索長期以來令我魂縈夢牽的科學幻想。我答應先試著讓他當我的研究生。我們事先講好，假如六個月後我們沒有研究進展，那麼就彼此心裡有數，他可能必須換個不同專題，並另外找個指導教授。

　　首先，我們嘗試測出我們能在一個具有二十面體對稱的緊密排列中塞進最多原子的數目。為了視覺化我們所進行的工作，我和列文（下面是他的照片）需要製備某種實體的模型。但我們立刻遇到障礙。化學家在構建這類模型時，可使用市面上所販售成套的塑膠球與塑膠棍。那些東西很好用，前提是你所研究的東西仍然呈現一般的晶狀排列。

　　但我和列文正試著搞點別的花樣。我們需要一些能夠配合二十

面體對稱性來產生鍵角和鍵距的零件。由於晶體中不可能存在這種對稱，現成的化學套件裡自然也沒有這種零件。顯然大家都知道，就連模型製造商也曉得，五重對稱不被允許。如此一來，我們只好想辦法無中生有，最後我們用保麗龍球和清潔菸斗的通條來試。沒多久，我的辦公室看起來就像個混亂失控的工藝創作專案現場。

我們先把十三顆保麗龍球組裝成一個二十面體的形狀，就像我在賓州大學演講中描述的那樣，一顆球在中間，另外十二顆球安插在二十面體的各個隅角，如下方圖示。

　　接著，我們再試著用十二個同樣的二十面體圍繞我們的第一個二十面體，構建一個更大、更複雜的結構——一個「二十面體組成的二十面體」。可是這下立刻發生問題了。這一大堆二十面體並不能很緊密地兜在一起。它們之間留下很多大空隙。於是，我們添加更多保麗龍球與菸斗通條來填滿各個二十面體之間的所有空隙，試著鞏固這個結構。這方法還算管用，我們因此構建出一個大團簇，裡頭是含有二百多顆原子的二十面體。

　　然後，我們試圖擴大戰果，這次動用了十三個前述大團簇的複製品，構建出一個更加巨大的團簇。然而，我們最後所造成的空隙卻比先前大得多，模型因此不斷崩解。

　　我們這簡單的工藝專案似乎說明，創造二十面體對稱性原子結構時的一個基本限制。由於每個二十面體無法緊密地彼此結合，當

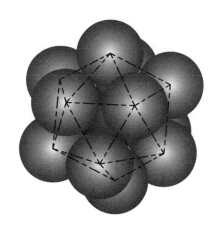

更多的原子加入結構，勢必永遠會形成需要填補的更大空隙。我們根據這個經驗做了一個推論，二十面體對稱性不可能延伸超過數百個，或者說，也許數千個原子。

列文和我誤判了我們這種從一個團簇開始，依次發展成團簇的團簇的分層構建策略，以為這是鞏固二十面體對稱的唯一作法。直到今天，我的辦公室裡還留著一個菸斗通條做的模型，用來提醒自己我們當初是如何差一點就做錯結論。

我們兩人正盤算著發表一篇論文，敘述我們所做的關於二十面體對稱不可能的結論。幸虧列文這時拿給我《科學人》雜誌（*Scientific American*）上一篇四歲小孩都懂的潘洛斯拼圖文章，我才沒誤入歧途，陷入窘境。**潘洛斯**？我當然知道這個名字。但是原因卻跟物質形態或幾何圖案完全沾不上邊。

羅傑・潘洛斯（Roger Penrose，已受封為羅傑・潘洛斯爵士）是牛津大學物理學家，他對廣義相對論的研究，並將之應用在洞悉宇宙演進而做出的許多貢獻，已經得到全世界的肯定。一九六〇年代，潘洛斯提出一套影響深遠的「奇異點」（singularity）定理，闡明在廣泛條件下，現今正在膨脹中的宇宙必定是出自一場大霹靂。在四十多年後的今天，包括我在內的一些宇宙學家，正想方設法避開這些初始條件，以避免大霹靂發生，並以「大反彈」（big bounce）取代大霹靂。

說來也算我們走運，列文之所以知道潘洛斯密鋪，是因為他起先是打算來賓州大學研究廣義相對論的。一九八〇年十二月，也就是他出席我講座的一年前，他在一場國際研討會上聽到潘洛斯談到他的密鋪圖案。

一九八〇年，馬里蘭州，巴爾的摩：

列文來此參加第十屆德州相對論天文物理研討會（Tenth Texas Symposium on Relativistic Astrophysics）。這場會議取這樣的名字很奇怪，巴爾的摩距離德州差不多有一千三百英里之遙。如此取名乃是遵循一條不成文的慣例。德州是第一屆相對論天文物理研討會的召開地點，所以往後的每一屆會議都保留這個原始名稱，即便在瑞士日內瓦召開時也一樣。

列文在科學講座的中場休息時間，信步閒晃於大廳中，碰巧看見潘洛斯正和一群學生聊天。他想知道潘洛斯最新的相對論研究工作，便趨前偷聽對話內容。

結果卻出乎列文意料，當時潘洛斯並不是在談廣義相對論或宇宙學。相反地，他正告訴學生幾年前他為了取樂而構建的一種新奇的密鋪圖案，基本上是他在塗鴉時無意發現的。潘洛斯在筆記本上隨手畫出幾塊拼圖，接著又畫了幾組拼圖，最後他拼出一種密鋪圖案，可用來解開一道有名的數學謎題。潘洛斯除了是具有無限好奇心的創意天才，也是才華洋溢的藝術家，他能徒手畫出精確的圖形。在整個職業生涯中，潘洛斯經常在研討會上利用他細膩的手繪圖像來清楚表達高度技術性的論點。

發明一種新型的密鋪看來似乎是種奇怪的娛樂方式。對潘洛斯而言，這是在「趣味數學」中的一場鍛鍊，一種需要探討某些知名數學謎團與挑戰的消遣。熱中此道者涵蓋了單純的業餘素人到有名的數學家，年齡則是從老至少都有。

當時趣味數學界的掌門級人物名叫馬丁·葛登能（Martin Gardener），他在《科學人》雜誌上撰寫每月專欄「數學遊戲」已

有二十五年。

列文拿給我看的，是葛登能在《科學人》上談到潘洛斯拼圖的一篇文章，出版日期在一九七七年，大約是潘洛斯發明他的密鋪後三年。文章中說明潘洛斯如何為趣味數學家們討論多年的一道難題，找到一個漂亮解法：是否可能找出一組地磚，可以覆蓋地板而不留縫隙，但又**只能以非週期性的方式排列**？

如果三角形被排列成螺旋狀，則可以非週期性地覆蓋地板，如下方左側插圖所示。然而，三角形又能形成週期性圖案，如下方右側插圖所示。因此，三角形不是這項挑戰的正確答案。

數學家曾一度認為，找到任何形狀或形狀組合來完成這項挑戰是不可能的。但是在一九六四年，數學家羅伯特‧伯格（Robert Berger）用了二萬零四百二十六塊不同形狀的地磚來完成一個有效的例子。多年下來，其他人紛紛投入挑戰，找到許多使用較少種地磚形狀的例子。

一九七四年，潘洛斯取得重大突破，他只用到**兩種**他稱為「風

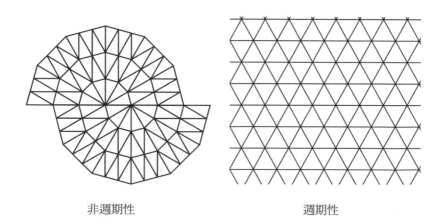

非週期性　　　　　　　　　　　　週期性

箏」與「箭頭」（見下方圖示）的地磚形狀，就為此挑戰帶來解答。每一塊地磚上都畫有圓弧線，或者稱「緞帶」。潘洛斯制定一條匹配規則，唯有當兩塊相鄰地磚邊上的緞帶線條能夠相連，這兩塊地磚才能邊貼邊地對接。照著這條「匹配規則」可以避免地磚連接成任何規律性重複的圖案。下圖的密鋪圖中顯示，當許多風箏與箭頭按照潘洛斯的匹配規則組合後，上面浮現繁瑣的緞帶花樣。

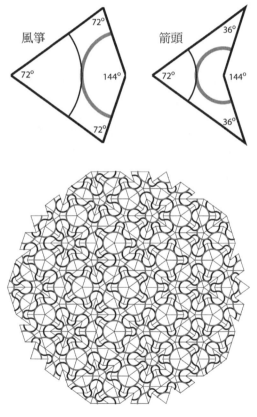

仔細觀察，從圖中找出風箏與箭頭

一九八一年，十月，費城：

葛登能的那篇文章描述了潘洛斯所發明的第一幅密鋪中許多令人驚奇的特點，也提到潘洛斯的朋友，劍橋大學數學家約翰·康威（John Conway）後續發現的更多特性。

康威在舉凡數論、群論、扭結理論、賽局理論，以及其他基礎數學領域中的貢獻，可說不計其數。舉例來說，康威發明了「生命遊戲」（*Game of Life*），這是個著名的抽象數學模型，被稱為「細胞自動機」（cellular machine），模擬自我複製機器和生物演化的各種層面。

潘洛斯把新發現的密鋪介紹給康威時，康威簡直興奮得抓狂。康威立刻開始切割出一片片的紙片與硬紙板，拼湊它們，然後鋪在他公寓的桌上和所有平面，弄得到處都是他剪出來的形狀，以便他研究它們的特性。葛登能在《科學人》的文章裡搜羅康威許多寶貴的深入見解，有助於我和列文充分領悟潘洛斯密鋪中某些乍看之下不易察覺的性質。

我們從其他文章中了解到，只要那些地磚以相當於風箏與箭頭的方式組合，地磚的精確外形其實並不重要。另外還有個由一胖、一瘦的菱形組成的版本，我和列文分析起來更加容易，這個由四邊形構建的密鋪圖案顯示在對頁上方圖示。

你可能光用胖菱形便能排列出週期圖案，也可能只用瘦菱形來排列出週期圖案，或者以許多不同的方式搭配這兩種菱形，來共同排列出各種其他週期圖案。

但是故事的重點並不在菱形。為了排除一切產生週期排列的可能，並**迫使**一個非週期排列出現，勢必要憑藉某種匹配規則。一種

辦法是沿用類似潘洛斯為風箏與箭頭發明的緞帶，規定只有當兩塊相鄰地磚上的緞帶能夠沿著雙方邊上吻合，這兩塊地磚才能拼接在一塊。

另一種防止出現一般週期圖案的辦法，是仿照拼圖塊互鎖的方式，將地磚的直邊改成曲線及切口造型，就如同此頁下方的美麗圖例所示，那是用一塊塊的木片製作的。這幅用木磚建構的密鋪，就其單位排列來看，等同於用灰色及白色菱形組成的密鋪。唯一的差

別在於木磚上多了互鎖。有了互鎖，一片片的木磚就會像拼圖塊一般連在一起，也就沒辦法將它組成任何規律的重複圖案了。

假如這是你第一次看見潘洛斯密鋪，不妨花點時間研究一下你的第一印象。你會怎樣描述它？你覺得自己正在看著一種有序的，還是無序的圖案？如果你認為這些地磚按照一種有序的方式規則排列，那麼你如何一塊接一塊地預測接下來出現的地磚呢？

我和列文凝視著灰色胖菱形與白色瘦菱形組成的密鋪，我們注意到某些經常重複的樣式，譬如五塊環繞中心點構成的星形灰色地磚群集，這不是你在一個隨機圖案中能夠見到的。但我們又察覺，那些群集並不像我們對一個週期性圖案所預測的那樣，以固定間隔重複。然而，各次重複之間的距離看來又並非隨機，這一點又不符合我們認知上的隨機圖案。

我們比較一些緊鄰星形群集周邊的地磚組合，觀察到並不是所有星形周圍的圖案全都一樣。當我們進一步留意更外圍一層的地磚時，又觀察出更多差異。如果你研究一下前頁中的圖形，就會看出這些區別。事實上，假如你從一個星形中心點往外觀察得夠遠，就會發現根本沒有哪兩個星形的周邊圖案是完全相同的。

這一點意義重大，因為我和列文知道，這有悖於我們能從一個週期性圖案中發現的性質。在一幅正方形密鋪中，每一塊鋪磚的周邊圖案都完全相同，不管你從密鋪中心往外看出去多遠都一樣。

根據這個簡單的觀察，我們確認潘洛斯圖案不可能具有週期性。話雖如此，在密鋪中由看似幾乎相同且頻繁重複的群集所構成的圖案，也不能就這麼說成是隨機的。這麼一來，就冒出一個問題：什麼樣的圖案可以既非週期，也非隨機呢？

這問題沒有現成答案，但也真的讓我很好奇。在一九七四年潘

洛斯發明這些圖案之前，沒人看過任何類似事物。甚至就連潘洛斯本人，都沒充分領悟他所發明的東西。在潘洛斯最初的論文裡，他描述他的圖案為「非週期性」，這確切定義了這張密鋪不是什麼。它不具備週期性。然而，該論文並未說明這張密鋪到底是什麼。而這對我和列文來說可是重大的課題。

當我們開始研究潘洛斯密鋪，我們心想或許可以用一對元件來構建一個類似的三維造型。接著，我們打算藉由將每塊元件的形狀替代為某種原子或原子團簇，來構建出一種原子結構，實現我們對一種新型物質的夢想。

但首先，為了證明這種新原子結構確實前所未見，並弄清楚它獨特的物理性質，我們需要確認它的對稱性。僅僅將此物質描述為非週期或非隨機並不足夠。所以接下來的幾個月裡，我們聚焦專注在潘洛斯密鋪，看看能否找出它在對稱性上的數學奧祕。

我和列文確立的第一個潘洛斯密鋪驚人特性，是它具有一種難以捉摸的五重旋轉對稱，按照常理，這應該是不可能的。

想看出潘洛斯密鋪中的五重對稱，你可要多費點功夫。次頁圖再次放大呈現灰色胖菱形與白色瘦菱形組成的密鋪。

花點時間研究一下緊緊圍繞任何一個星形群集周圍的地磚。這下子，排列可就變得相當複雜。想像一下，將這層地磚連同所包圍的星形群集視為一體，轉動五分之一圈圓周，也就是七十二度。現在它的排列是否仍和原來一樣？

如果你動手做這個實驗，就會發現答案是「不一定」。有時則是「不一樣」。那就別理它們，試試別的。繼續下去，直到你遇見一個答案為「一樣」的星形群集。你不必找太久就會發現一個。

現在，研究一下圍繞在你所選中星形群集周圍向外延伸的第二

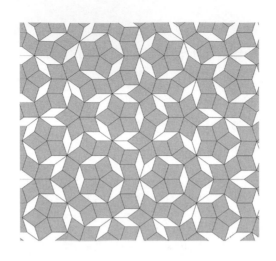

層地磚。對這個整體再做一次七十二度旋轉，也就是五分之一圈圓
周，然後試問自己，這個更大的地磚圖案（從最初的星形群集周圍
往外延伸兩層），看來是否沒變。

　　你會再一次發現，有的答案會是「不一樣」。同樣別理它們，
繼續找下去，直到發現少數幾個答案為「一樣」的星形群集中的一
個。現在，向外推進三層，繼續對這個更大的子群組進行同樣步驟
的實驗。依此類推。

　　隨著你檢查過愈來愈多層地磚，你將會排除掉愈來愈多個星形
群集，但你也會發現，總是會有一些群集維持著五重對稱。這個過
程要比驗證一個週期密鋪的對稱性麻煩多了，但儘管如此，它足以
證明潘洛斯密鋪具有五重對稱性。

　　此外，技術上而言，還有一個更加複雜的數學分析可以用來證
明，潘洛斯密鋪所具備的對稱還不只五重而已。它其實還具有十重
對稱。不過對我和列文來說，不管這幅密鋪有著五重或是十重對
稱，已沒多大差別。這兩種對稱，無論是在密鋪的數學裡，還是在

晶體學的既有定律上，都是完全犯規的。

這只可能代表，在這些基本定律中存在某種錯誤的假設，而且超過二百年來大家一直都沒發現。這裡出現了一個破綻。我和列文有此醒悟時，都激動得不能自已。我們非得找出這個破綻不可。

我們已理解匹配規則，以及利用神祕互鎖來防止地磚被拼湊成任何週期圖案的道理。匹配規則意味著只允許那些形狀被拼湊成具有禁忌五重對稱的圖案。

透過我們的球與桿子模型，我和列文開始使用元件來構築類似的三維結構，其中每塊結構代表一個或多個原子。我們在模型中，用原子鍵來替代潘洛斯的互鎖，將我們用以代表若干原子的一塊三維元件結構與其他單元連接起來。這樣原子自然就不會凝聚成任何一種具有規律週期樣式的晶體。相反地，原子將被迫形成我們所尋求具有二十面體對稱的新型物質。

我個人尤其沉醉於這條思路，因為它活像是馮內果小說想像中第九號冰的真實翻版，水分子重新排列後——第九號冰——要比普通晶狀的冰來得更穩定。我們追尋的新形態物質，假如能夠找到的話，將可能是種超級穩定的材料，而且比普通晶體更硬。然而，它的匹配規則所制定的規律為何呢？

線索之一，是潘洛斯密鋪遵循所謂的「收縮規則」。換言之，潘洛斯密鋪中每一塊或胖或瘦的菱形，都可進一步細分為更小碎塊，從而創造出另一種潘洛斯密鋪。下頁圖中，原始地磚由實線標明。每一塊經過細分，或稱「收縮規則」處理過後的胖、瘦地磚，則以虛線表示。如下頁右圖所示，虛線連接形成了一張新的潘洛斯密鋪，其中的地磚數目比原先更多。

從一個小地磚群集開始，可以隨你高興不斷重複收縮創造出由

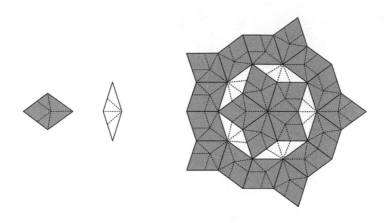

更多細碎地磚組成的潘洛斯密鋪。而它的反向操作，也就是將一組較小地磚置換為較大地磚，則稱為「膨脹規則」。收縮規則與膨脹規則讓我和列文領悟到，潘洛斯密鋪具有某種可以預測的層次架構。

我和列文確信，五重對稱、匹配規則，再加上收縮－膨脹規則，毫無疑問表明，潘洛斯的地磚排列遵循某種新穎、深奧的秩序，但這到底是哪門子的秩序呢？

挫折感如排山倒海而來。我和列文知道，倘若我們能夠回答這個問題，那我們就會從一直受到認可的對稱性法則中找到破綻，長久以來，這些法則決定什麼類型的物質才可能存在。倘若我們找到破綻，將會是一次關鍵性的重大典範轉移，也是發現一系列前所未見物質的契機。

但是天曉得這個破綻究竟可能是什麼？我們一籌莫展。

第三章

尋找破綻

一九八二～八三年，費城：

我和列文從一位傑出的業餘數學家羅伯特・安曼（Robert Ammann）未曾發表的著作裡，發掘了一條解開潘洛斯密鋪中奧妙對稱的重要線索。

他是位不尋常的隱士。一九六〇年代中期，安曼成績優異，錄取布蘭迪斯大學（Brandeis University）。但他只念了三年，而且絕大部分時間都宅在寢室不出門。最後他遭到校方退學，從此再也沒能完成任何正式學位。

安曼接下來自己學會了電腦程式設計，謀得一份低階程式設計師工作。不幸的是，他在一次全公司的大裁員中失去這份工作。他只好到郵局當分信員，那是種不需要跟人打交道的工作。他的同事都認為他沉默寡言，極為內向。

他那些郵局同事大概作夢也想不到，安曼是一位數學天才。私底下，他會參與潘洛斯及康威等學界泰斗都會出入的趣味數學圈。安曼帶著他特有的謙遜，隨意地稱呼自己為「有點數學底子的業餘玩家」。

我和列文在不太知名的期刊兩篇短文中偶然發現安曼的見解，這兩篇文章的作者是倫敦大學（University of London）晶體學家及材料科學教授艾倫‧馬凱（Alan Mackay）。馬凱和我們一樣，同樣著迷於二十面體、潘洛斯密鋪，以及具有禁忌的五重對稱物質的幻想。他這兩篇文章與其說是研究論文，不如說更像推測性敘述，是他對此問題提出的一些概念性構想。不過，其中有兩幅插圖激起我們的好奇心。

　　在第一幅插圖中，馬凱展示一對胖、瘦菱面體，如下圖。我和列文對這些三維形狀老早就不陌生了。我們知道這些三維造型可十足對應到用來創造二維潘洛斯密鋪的胖、瘦菱形。看來馬凱也走上了我們這條路。

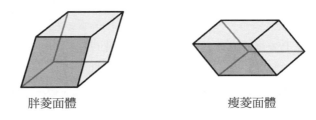

胖菱面體　　　　　　　　　　瘦菱面體

　　但是我們失望地發現，他在論文中並未提出任何**匹配規則**，以避免這些三維元件形成週期性晶體結構。對我和列文而言，找出那些特殊的匹配規則最為重要。少了這些規則，原子仍舊能夠排列成任何一種為數眾多的普通晶體結構，也就無法被迫形成我們希望發現的不可能結構。

　　馬凱的第二幅插圖（此處未納入）也引起我們的高度關注。那是用雷射光穿過一張潘洛斯密鋪影像所產生的繞射圖。在馬凱的圖像上，可明顯看出複雜的繞射圖案中包含一些角度相當精確的點，

其中有些位於十邊形的角上，有些則位於五邊形的角上。但我們不太能夠確定這些點究竟是角度確實精確的針點，還是角度略微偏離的針點，又或者它們是否沿著完美的直線排列。

對於我和列文這樣的物理學家來說，這些細節至關緊要。如果它們是沿著完美直線排列、角度確實精確的針點，而這些針點又能排成正十邊形及正五邊形，這將會是一種從來沒人見過的繞射圖案。當然，那也代表一種從來沒人見過的原子順序。

然而，如果它們是排列有失工整的偏離斑點就遠遠不夠看了。那只代表它們是原子的有序及無序混合，就像我和尼爾森所曾研究過的排列，所以也就不是一種新的物質形態了。

不用說，第一種可能性代表出現了真正的嶄新物質，那才是我和列文殷切期盼的。可是，等我們聯絡到馬凱，向他詢問照片中繞射圖案的匹配規則和確切的數學涵義，他卻沒能回答我們的問題。馬凱解釋，數學不是他的強項。因此，他不知道如何證明潘洛斯密鋪產生的繞射點間的角度究竟是完全精確，還是多少有些偏離。他也坦言相告，他就只有那麼一張照片，這讓人想嘆氣，因為每張照片總會有些地方失真。所以，他無法確定那些繞射性質。

馬凱還說，他在論文中討論的那些胖、瘦菱面體並非他所原創。它們是直接取自一位沒沒無聞的業餘人士的作品，那人名叫羅伯特・安曼。這是我們第一次聽人提起這位神祕天才，除了《科學人》雜誌的趣味數學家祖師爺葛登能之外，他極少跟其他人往來。馬凱建議我們找葛登能協助。

列文馬上寫信給葛登能，而後者又向我們介紹了布蘭科・格林鮑姆（Branko Grunbaum）及傑佛瑞・雪菲德（Geoffrey Shephard），他們正在寫的一本密鋪書即將出版，書中將納入安曼

的一些奇特發明。從他們那兒，我們發現安曼獨自發明將菱形磚套用匹配規則，以強制產生類似於潘洛斯所發現的五重對稱。也真夠難以置信，他還發明另一組地磚，透過匹配規則強制產生同樣不可能的八重對稱。

安曼不是科班出身的數學家，因而沒有對他匹配規則的有效性提出任何證明，他也從沒寫過一篇說明該效應的科學論文。他僅憑直覺就知道理當如此。

另外，葛登能提供我們安曼的一些筆記，裡面陳述他對於產生二十面體對稱的元件的想法。然而，同樣地，筆記中缺乏嚴謹的證明，也沒嘗試做出任何令人信服的申論。

幾年後，列文和我設法打聽到這位謎樣天才在波士頓一帶的下落，並成功吸引他前來費城找我們。安曼完全一如我所想像的絕頂聰明。他有著滿腹的創意性幾何構想，以及令人激賞的推斷，全都未曾發表過，但結果常是正確無誤。其中有些想法，像是最初出現在馬凱插圖中的菱面體，都是我和列文獨自孜孜矻矻，並且費盡心思才能證明的發現。然而對安曼來說，一切就是這麼顯而易見。說來傷感，安曼幾年後就過世了，我和列文再也沒機會見到他。

對我和列文來說，安曼最具影響力的發明是他採用的「安曼條紋」（Ammann bars），那是條強大的匹配規則。安曼使用具有筆直邊緣的菱形，照著如右頁上方圖中虛線段所示的那種精準格局，在每一塊胖、瘦菱形上畫出一組縱橫條紋。

安曼的匹配規則規定，只有當一塊地磚上的條紋能夠筆直地繼續從另一塊地磚任何一邊的條紋延伸下去，這兩塊地磚才能彼此連接。這樣便產生如同潘洛斯的緞帶，或是互鎖之類的制約條件。如此這般，第一眼看去，似乎沒什麼了不起。

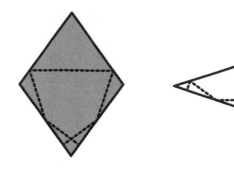

　　但是當我們再度仔細檢視，才醒悟安曼條紋其實早已扭轉乾坤。我和列文發現，安曼條紋揭開了潘洛斯密鋪中某些玄機，就連潘洛斯本人都未曾知曉。也正是**這個**發現，把我和列文帶進一個充滿不可能對稱的奇妙新世界。

　　我和列文察覺，當地磚按照匹配規則兜在一起後，一段段的安曼條紋連接成安曼線（Ammann lines），這些筆直的安曼線縱橫交錯於整幅密鋪之上。下方圖中顯示該密鋪，以及疊加於密鋪之上，形成交叉陣列的筆直安曼線。陣列中包含五組平行線，各自朝不同方向延伸。

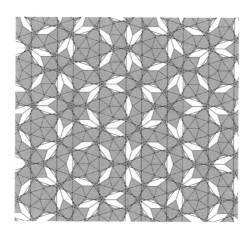

我和列文發現這五組平行線當中的每一組都完全相同，而交叉的兩組線條之間的角度，和五邊形相鄰兩邊的夾角一模一樣。這是我們所能想像，在這張密鋪上具有完美五重對稱的最簡單證明。

　　對我和列文來說，當下真是令人振奮的一刻。現在我們完全清楚明白，我們正在逐步揭露的一個發現，將直接衝撞阿羽依及布拉菲擁有數世紀口碑的教條。我們確信，安曼線具備超脫那些既定定理的線索，並能解釋潘洛斯密鋪中的神祕對稱。不過，我們還需加把勁解譯出其中涵義。

　　關鍵在於把注意力集中在五組平行線的其中一組，就如同下方插圖中以粗線條標出的一組。我們在此圖中看到，安曼線之間的通道被限制為具有兩種不同寬度，我們用W代表寬，N代表窄。就我們而言，最重要的兩點，分別是兩條通道寬度之間的比例值，以及它們在圖案中重複的頻率。我們即將揭開的兩項特徵，比例及序列，牽涉到兩個非常有名的數學概念，分別叫作「黃金比例」與「菲波那契序列」（Fibonacci sequence）。

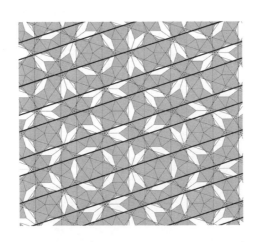

黃金比例經常出現在自然界中，自古以來一直被運用於藝術創作。咸認古埃及人便曾利用黃金比例來設計大金字塔。西元前五世紀，古希臘雕塑家暨數學家菲迪亞斯（Phidias）據信利用黃金比例創建了雅典的帕德嫩神殿（Parthenon），它被視為是古希臘文明的遺跡。黃金比例有時會用希臘字母 φ 來表示，唸為「phi」，以便向菲迪亞斯致敬。

古希臘數學家歐幾里得（Euclid）被視為幾何學之父，他透過一件簡單的物體解釋了黃金比例，並成為定義黃金比例最早的紀錄。他曾研究如何把一根棍子截成兩段，才能讓短段與長段之比等於長段與棍子總長之比。他所得出的答案，便是較長段的長度必須正好是較短段長度的 φ 倍，φ 之定義為

$$\frac{1+\sqrt{5}}{2} = 1.61803\ 39887\ 49894\ 84820\cdots$$

……是個無限不循環的小數。

無限不循環的小數叫作無理數，因為它無法以分子及分母皆為整數的分數來表示。與之對比，諸如2/3或143/548等有理數，都是整數構成的比例，若以小數來表示，分別為0.333和0.260948905109489051 09，如果相除時在小數點後計算得夠長，便可看出循環規律。

在潘洛斯密鋪的五重對稱中出現黃金比例，絲毫不令我和列文意外，因為黃金比例本身便與五邊形的幾何形狀有著直接關聯。譬如左下圖中，連接五邊形對角的上面那條線的長度，便與五邊形的任一邊長構成黃金比例。二十面體中同樣存在黃金比例（次頁右圖）；它的十二個角構成三個豎起的長方形，其中每個長方形的長

寬比皆為黃金比例。

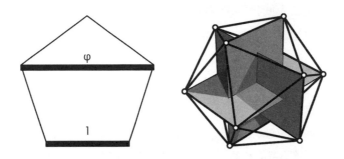

　　然而，讓我和列文吃驚的是，在前面提過的寬（W）、窄
（N）通道序列間，居然也存在著黃金比例。

　　看看對頁圖中在各通道上標出W與N所構成的序列。它永遠不
會乖乖地形成一個有規律的重複循環。假如你數一數圖中W與N的
個數，並在沿途某些地方停下，計算W對N的比數，便會發現數完
前三個通道後，比數為2:1；數完前五個通道後，比數為3:2；數完
前八個通道後，比數為5:3；依此類推。

　　這個序列可以用一個簡單的計算來生成。先看到第一個比例，
2:1。將兩者相加（2+1=3）的總和（3），比上兩者中較大的數字
（2）。於是得到新的比例3:2，也就是在這通道序列中的下一個比
例。再把下兩個數字相加（3+2=5）的總和，比上前兩個數字中較
大者，即得到5:3。

　　你可以不斷依此運算下去，得到8:5、13:8、21:13、34:21、
55:34，等等。按此比例可準確預測出安曼通道構成的序列。

　　我和列文一眼就認出這個整數序列：1、2、3、5、8、13、
21、34、55、……它們被稱為菲波那契數，是以十三世紀時住
在比薩（Pisa）的義大利數學家李奧納多・菲波那契（Leonardo

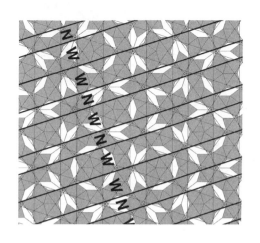

Fibonacci）來命名。

連續的菲波那契數之間的比例——2:1、3:2、5:3、⋯⋯——都是整數的比例，所以，都是有理數。但是菲波那契數有個著名特性，那就是隨著整數愈來愈大，它們的比例值也就愈趨近於黃金比例。這便是菲波那契數和黃金比例之間的關係。

事實上，想要以W與N的組合模式來展現菲波那契數，唯一的辦法就是讓W的重複頻率高於N，就像潘洛斯密鋪，便是一板一眼地以相當於黃金比例這個無理數比例，向四面八方延伸。簡言之，這就是潘洛斯密鋪的奧祕。

由兩個元素分別以不同頻率重複、而其比例為無理數所形成的序列，稱為準週期序列。一個準週期序列中，永遠不會出現一樣的重複。

舉例來說，菲波那契序列中，沒有哪兩個通道周邊的W及N的組成模式完全相同，雖然某些情況下，你得向外看得相當遠之後，才能找出差異。同理適用於潘洛斯密鋪。只要向外找得夠遠，便會

發現沒有哪兩塊地磚的周遭形狀一模一樣。

終於，我和列文能夠精準指出阿羽依及布拉菲長達數世紀法則中的破綻所在。晶體學基本定理規定：如果地磚，或者說原子排列圖案，是**週期性**的，僅呈現**單一**的重複頻率，那麼只可能存在某些特定的對稱性。尤其對具有週期性排列的原子而言，沿任何方向的五重對稱確實不可能。我們可稱之為第一種不可能，意思是絕對不可違背，就像一加一絕對不等於三。

話說回來，當科學家向一代接一代的學生們宣稱，任何形態的物質都不可能存在五重對稱，這就是第二種不可能的一個例子了──這項主張乃建立在並非總是有效的假設基礎上。在這個例子中，物理學家和材料科學家在沒有證據的情況下就做出推斷，宣稱凡是有序排列的原子都具有週期性。

而潘洛斯密鋪，就我和列文所理解，便是一個非週期性有序排列的幾何案例。它具有一種**準週期**，可透過以**兩種**不同頻率重複，而其比例為無理數的地磚或原子來精確描述。這就是我們一直在找的破綻。科學家向來假設物質中的原子排列方式要不就是週期的，要不就是隨機的。他們以前從未考慮過準週期排列。

如果真實的原子能夠透過某種方式，以具有無理數比例的兩種不同頻率重複，排列出一種圖案，結果將會是一種全新形態的物質，它將徹底粉碎阿羽依及布拉菲制定的法則。

這一切看來如此簡單，卻又如此深奧。彷彿有扇新的窗子神奇地出現在我們眼前，一扇只有我和列文才能向外探視的窗子。

我曉得，前方不遠處，有著一整片充滿潛在突破的廣袤領域。此刻，那是我們的國度，屬於我們獨自探索的疆域。

第四章

兩間實驗室的故事

　　我和列文尚未意識到，我們才剛剛陷入一場與時間的賽跑。自從發現準週期排列是創造具有禁忌對稱物質的祕密以來，我們一直都按照自己的時程來發展一種新型物質的理論。

　　我們並不擔心會有另一位理論物理學家做出跟我們一樣的成果。我們所採用的方法無比絕妙，這種從趣味數學與密鋪中得到靈感的方法可說超乎傳統，無從模仿。此外，我們的想法都還未發表，所以沒人能藉由那些想法超越我們。一個根本沒聽過我們準晶理論的實驗者，要如何跟我們競爭呢？這看來不可能。

　　可我們萬萬沒料到天有不測風雲。有時，一個簡單的實驗便能產生意料之外的結果。如果碰巧又有對的人注意到了，便永遠有可能帶來科學突破。果不其然，就在我和列文按部就班地建立我們的前衛理論的同一期間，丹・謝特曼（Dan Shechtman）這位不知名的科學家，在距離我們不到一百五十英里處的一間實驗室裡，無意間發現一個看似毫無意義的結果。

　　這是一次陰錯陽差的奇特巧合，它將成為科學史上罕見的一筆注腳。兩組人馬互不相識，不約而同挑戰著世人認可長達數世紀之久的相同嚴格原理。兩組人馬知曉對手的存在時，已經是兩年以後

的事了。到了那時，他們很快便會醒悟，雙方團隊都得仰賴彼此達成各自的目標。

一九八三～八四年，費城：

我和列文幾乎每天都聚在一塊兒完善我們的理論。我們當下正專注於找個方法，以便好好利用我們從晶體學法則中發現的破綻：準週期排列。我們的目標，是利用這個破綻來創造一個由不被允許的二十面體對稱所構成的三維結構。這目標深具野心，但若是我們能夠證明這種幾何結構存在，我們便能開始設想現實中的原子與分子或許也能夠透過相同的方式排列。

雖然這聽來有點無厘頭，但打從一開始便驅策我的正是這個想法，讓我從最初那個被馮內果所創造出的第九號冰深深打動的孩子，一路成長至多年後與尼爾森一同進行快速冷卻液體實驗的研究人員，而我正是在當時瞥見了禁忌對稱的誘人線索。

潘洛斯發現了如何設計有著特殊互鎖的形狀，創造出那華麗圖案，是極為重大的成就。而我們打算以三維立體的方式複製他的這項成果，從許多方面來說，將會更具挑戰。

就像其他所有三維物體一樣，二十面體在不同方向上具有不同的旋轉對稱性。其中，禁忌的五重對稱會從**六個**不同方向出現。若是從其他方向觀察二十面體，則能分別看見二重、三重對稱。

我和列文先從菱面體開始，菱面體相當於潘洛斯在平面構圖時所用菱形的三維版本。我們知道菱面體能透過**週期**排列堆在一起，因為阿羽依已在二百多年前於方解石的探索中率先發現此點。但後來潘洛斯為它的菱形發明了匹配互鎖，從而防止出現任何一種週期

圖案。他藉由互鎖，迫使他的胖、瘦菱形構成一種準週期排列。此刻我們需要做的，是證明在胖、瘦菱面體中，是否也同樣存在這種機制。我和列文發現，我們需要用到的元件種類，是潘洛斯的兩倍——兩種胖菱面體，和兩種瘦菱面體，而且各有各的獨特互鎖。更多形狀、更多互鎖，更加複雜。

根據經驗，我們先為抽象理論性物體建構實體模型的作法好處多多，因為這樣便可看到我們正在研究的結構。所以，我們再次把我的辦公室變成一個看來滑稽的工藝創作坊。

製作這兩類元件只算是這次任務中最簡單的部分。我們用硬紙板分別剪出胖、瘦菱面體，它們可用來摺出四種不同的元件——胖、瘦造型各兩種。我們本來打算按照事先擬定的互鎖規則用膠帶黏接這些元件，但這個過程卻成了一場黏貼噩夢。我們隨即捲起袖子，在所有剪出的硬紙板凹角處貼上磁鐵。磁鐵被安置在準確的位置，這樣它們便能發揮相當於互鎖的功能。唯有當三維互鎖規則滿足了，這一塊塊的元件才會兜在一起。我不斷對那些走進我辦公室、眼神茫然的訪客解釋，眼前組裝的物體看似混亂，實則極有條理，或是之類的話。

下一頁的圖示中，可看到我們當時所組出的結構物的照片。圖中左上角是用十個胖菱面體及十個瘦菱面體所兜成的一個接近球體的團簇。這個團簇的外層表面有個很炫的名字，叫作「菱形三十面體」（rhombic triacontahedron），希臘文的意思是「外表共有三十個面，每個面皆為菱形」。

中間的圖像，是移除一個瘦菱面體後的結果，可稍微看到它的內部。最右邊的，則是再拆掉一個胖菱面體後的結果，由此可看見更多的內部構造。

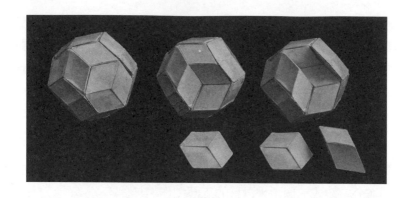

　　菱形三十面體是我們的第一步，證明我們可以肆意將胖、瘦菱面體按照準週期排列兜在一起，同時還能保有二十面體對稱性，而且想組多大就多大。而同樣重要的是，我們的菱面體元件之間沒有縫隙，而我們的新互鎖更是能夠防止它們形成任何其他類型的結構，包括晶體的有序週期性排列。

　　現在我們曉得，理論上三維準晶是可能的，但我們需要找出能按類似方式、類似匹配規則連接起來的原子團，以便讓準晶成為唯一可能的結果。

　　我們開始研究另外還有哪些從前禁止的旋轉對稱可能具備準週期排列。結果實在難以置信，答案竟是統統中獎。七重、八重、九重……基本上，凡是曾被認為禁忌的對稱，現在都過關了，換句話說，就是出現了無限多種新的可能。對頁圖是一幅美麗的七重對稱準週期密鋪的例子。

　　我和列文飛快做出大量的新發現，而同時又有如此多的新方向有待探索，以致很難決定應該何時擱下研究，開始撰寫科學論文。由於我不相信在這領域還有其他競爭者（這樣我才有理由加快腳步），我因而做了個攸關命運的決定，那就是繼續工作，推遲發表

我們的研究成果，直到取得更多進展。

　　一九八〇年代初，是我職業生涯成果最為豐碩的時期之一。與我一同工作的卓越研究生不只列文一人。我和艾爾伯萊希當時正專注於一個令人驚奇的宇宙學新構想，即宇宙膨脹理論，那是剛由麻省理工學院物理學家艾倫・古斯（Alan Guth）所提出的觀點。

　　很少有科學理論在一開始提出時便已完備，膨脹理論也不例外。古斯認為他所提出的膨脹，也就是大霹靂之後頃刻間迅速擴張的一段假想期間，可望在一定程度上解釋為什麼今日宇宙中的物質與能量分布得如此均勻。然而，要能達到這般境地，他必須假設膨脹會在短時間內停止。但他遇上了瓶頸。古斯無法琢磨出讓膨脹停下來的任何構思。我和艾爾伯萊希，以及一位在蘇聯獨立研究的理論家安德雷・林德（Andrei Linde）解開了這道關鍵問題。

　　我們的「新膨脹理論」迅速主宰潮流。它帶來破天荒效應，激發宇宙學、天體物理學，及粒子物理學一段百家爭鳴的創新時期，且一直延續至今。這和我與列文研究新形態物質的工作不同，探索

新膨脹理論的學界人聲鼎沸,競爭者中高手如雲。許許多多重要的後續專案讓我很難掉以輕心。

話雖如此,在這段期間,我也低調地試探外界對我們新準晶理論的反應。我那時已開始與知名的凝態物理學家和材料科學家非正式地討論這個主題。沒想到清一色全是令人沮喪的回應,令我相當錯愕:

> 您與列文對某種新形態物質抱持一種出於想像的理念,這種物質或許在數學上堪稱可能,但相較於單純的週期性晶體,它似乎太過複雜,乃至無法存在於現實世界。

我想我理解他們的心態。畢竟,我和列文單憑抽象密鋪的研究成果便提出一種新狀態的物質,進而挑戰長達數世紀的科學智慧。我們需要的,是以實驗證明一些原子組合的存在,而它們能排列成真正的準晶。少了證據,我們的構想不過是另一個不切實際的科學幻想。

我對批評的反應要比列文敏感,他迫不及待地想發表我們的基本構想,而我則想等到我們發展出更扎實的提案之後再發表。同時,我希望能夠釐定一項可驗證的預測,這是任何科學理論都必不可少的一部分,用以闡述如何從實驗中辨識出新形態物質。缺乏可驗證的預測,我們所有的努力恐怕都將付諸流水,我如此下了結論。所以,此時發表只是枉費功夫。

一九八三年,我和列文達成一項協議。我們同意提出一份專利構想揭露書以保護我們的智慧投資,當時我們向賓州大學的技術許可辦事處(Technology Licensing office)呈遞了這項申請。透過這項

申請，我們得以描述我們的構想，並正式確立優先地位。然而，在取得更多進展之前，我們不會將我們的構想公諸於一般科學大眾。

下方是這份專利構想揭露書的部分影印內容，裡面敘述我們的菱面體元件，以及匹配規則。這份文件解釋一些經過設計的連接，如何強制元件形成一種具有二十面體對稱的非結晶狀圖案。它還說明這個構想將如何有望引導出一種新的物相（phase of matter），具有既非液體、也非晶體的性質。我和列文在這份一九八三年的專利構想揭露書中，稱呼我們這項理論性發明為「類晶體」（crystalloid），但後來改名為「準晶體」。

到底這只是個如同批評者所言的抽象揣測，還是說它其實是站

UNIVERSITY OF PENNSYLVANIA
Philadelphia, Pennsylvania 19104   INVENTION DISCLOSURE
Instructions: See Reverse Side. PRINT OR TYPE all information   No. UP   -

Inventor(s) Full Name	Office Address & Extension	Home Address	Citizenship
Paul Joseph Steinhardt	2N9D, David Rittenhouse Lab, El X5949	109 Valley Forge Terrace, Wayne, Pa. 19087	USA
Dov Irving Levine	2W1N, David Rittenhouse Lab, El X6214	919 Lombard St. Phila., Pa.	USA

Title of Invention (short & descriptive):

CRYSTALLOIDS

Description of Invention: (if more space is needed, use plain white paper. Sign, date, and have each sheet witnessed.)

The crystalloid was invented as a result of a recent investigation by D. Nelson, M. Ronchetti and one of us (PJS).[1] Our computer simulation studies indicate that the bonds that join atoms in simple supercooled liquids and glasses are, on average, oriented along the axes of an icosahedron, even though the bonds are randomly spaced. The crystalloid was invented by Dov Levine and Paul Steinhardt as an idealization of such a structure. A real material with atoms placed at the vertices of a crystalloid would represent a new phase of matter with properties different from either liquids or crystals. We are continuing to study the physical properties of such a new phase and plan to publish our findings in a journal article and in Dov Levine's thesis.

Inventor Signature (date)	Inventor Signature (date)	Inventor Signature (date)

Disclosed to and understood by:

A.F. GARITO

Witness Signature (date)	Witness Signature (date)	Witness Signature (date)
A.F. 6.. 9-23-83		
0176 WANG		

得住腳的科學理論，分明禁得起驗證？萬一我們真的走運找到它了，又該如何識別其為準晶呢？我和列文為此花了幾個月時間兢兢業業地計算之後，發現答案相當簡單。只要透過普通的X光或電子繞射圖案，便能顯現準晶原子排列的準週期性與禁忌的對稱性。

比起晶體，準晶的繞射圖案有著更加華麗、更為龐雜的結構，部分原因出於組成準晶的原子以不同的頻率重複排列，而這些頻率牽涉到一個無理數，好比說，黃金比例。

假如X射線或電子奇蹟般地只穿透準晶中的一種原子繞射出來，便會產生真正的針點，即所謂布拉格峰的繞射圖，其波峰間距完全相等。但在真實情況下，X射線及電子會穿透準晶中的所有原子繞射出來。不同原子群各自有著不同的針點繞射圖，和不同的原子間距。二十面體擁有多重對稱性，更是增加了複雜度。

我們預測得到的繞射圖案，依X射線或電子是沿著五重、三重，或二重旋轉對稱軸線照射而定，分別有著不同樣式。下方的影像顯示我們按照光束沿著「不可能」的五重對稱軸瞄準進行運算，

所得到的預測圖形。

我們已破解藏在祕密對稱之後的數學公式，有能力做一個大膽的定量預測，並可透過實驗加以驗證：準晶的繞射圖案將是由排列成雪花般圖案的絕對完美針點組成。

左頁的檔案照片乃有史以來第一幅由電腦運算出來的這類圖案。我們的電腦程式碼在每一個預測到的針點上畫了個圓。每個圓的半徑分別按照與所預測的X射線繞射強度成正比的方式取值。我們所製成的圖形，是我們預期在真實準晶繞射圖中會看到的明暗相間小點的首次視覺呈現。

如果我們看著漸漸暗沉的小點，就會發現每對小點之間還有更多小點。再看到這些小點，它們的每一對間甚至還有更暗的點，就這樣如此反覆下去。假如我和列文替每一個預測到的點位都畫出一個圓圈，整個圖案將變得無比擁擠，而這些圓圈將融聚成一團模糊的白色雲朵。我們知道實驗中所能偵測到的，都是最亮的點。所以我們推算，我們的圖像將近似於準晶的特徵繞射圖案。

製備出這個圖像，我和列文便完成了一項預測，能夠用來驗證抑或推翻我們的理論。所以我們現在又邁向另一個里程碑。**是該發表的時候了嗎**？我再一次退縮。我明白，如果想要人們認真看待這項激進的新理論，那我們還需要更進一步做些別的事情。我們必須證明，我們建立理論模型所使用的菱面體元件，有可能以真實物質來取代。

到了一九八四年夏天，我在新膨脹理論方面沉重的工作負擔終於告一段落，因此能騰出大量時間專注在最後階段的準晶研究。我向賓州大學申請了研究輪休，再度前往IBM的湯馬士・華生研究中心，早年我曾在那兒做過不少非晶態金屬原子結構的研究工作。

我的計畫是與晶體專家們合作，嘗試創造世上第一種人工合成的準晶。然而我還不曉得，這件事已經有人做過了，而且遠比我想像的容易許多。事實上，那個發現純屬意外。

一九八二～八四年，馬里蘭州蓋瑟斯堡（Gaithersburg）：

「沒有這種東西！」據說，當謝特曼看見他電子顯微鏡下的那件奇怪樣本時，心頭冒出了這句話。這位四十一歲的以色列籍科學家就這樣湊巧碰上一件材料，這件材料擁有我和列文所預期的一切不可能特性，可偏偏謝特曼對我們的任何概念一無所悉，或者說，他對自己發現的東西根本毫無頭緒。不過謝特曼看得出自己親眼直擊了某種了不起的事物。最後，這件了不起的事物將為他贏得二〇一一年諾貝爾化學獎。

謝特曼正在美國國家標準局（National Bureau of Standards）約翰・卡恩（John Cahn）的團隊中擔任客座電子顯微鏡技師，之前他是在以色列的科技最高學府以色列科技大學（Technion）當研究生時遇到了卡恩。人們公認卡恩是凝態物質物理學界的大師，尤其以他在高溫液態金屬冷卻及凝固時的處理工序而著稱。

在卡恩的邀請下，謝特曼向以色列科技大學請假兩年，前來參與一項由美國國家科學基金會（National Science Foundation）及國防高等研究計劃署（Defense Advanced Research Projects Agency，簡稱DARPA）出資執行的大型專案。該專案的目標是透過快速冷卻鋁和其他金屬的液態混合物，盡可能地大量合成並分類出不同的鋁合金。謝特曼則會負責用電子顯微鏡對樣本進行分析、鑑定和分類。他的這項服務對這群材料科學家來說十分重要，因為鋁合金可用在

許多應用領域。不過，這也是件相當沉悶無趣的任務。

實驗室有一位冶金專家叫羅伯特‧舍菲爾（Robert Schaefer），他對創造由鋁和錳組成的合金特別感興趣，因為與純鋁相比，它的強度更高。舍菲爾和他的同事法蘭克‧比安卡涅洛（Frank Biancaniello）製備了一系列鋁分別與不同等分的錳混合的樣本，這一件件的樣本便按照分工送到謝特曼手裡進行分析。

一九八二年四月八日，謝特曼研究一件快速退火後產生的鋁錳合金（Al_6Mn，每個錳原子鍵結到六個鋁原子所構成之合金的化學式）樣本，上面浮現微小的羽毛狀顆粒，大致呈現五邊形。後來蔡安邦（譯注：一九五八～二〇一九，台灣物理學者，中央研究院院士。一九九四年因準晶相關研究獲日本IBM科學獎）在日本東北大學與他的團隊合成製出一件較大的樣本，有著漂亮的花朵造型，並且得到完美的五重對稱，如下方圖示。

當謝特曼射出一道電子束穿過這些顆粒，取得繞射圖案時，他發現了不敢相信的事。起先，圖案上看到的是相當銳利的亮點，就如你對晶體的預期一樣。但接著謝特曼嚇了一跳，因為這些亮點清晰顯現出十重對稱，世界上每一位科學家，包括他本人在內，都曉

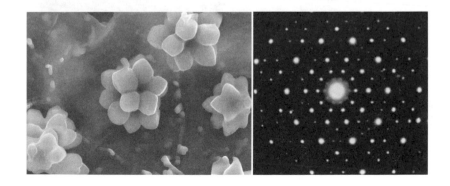

得這是不可能的。

　　謝特曼攤開筆記本，在頁面一邊用手描繪圖案。在頁面另一邊，他列出部分繞射波峰值，並寫著「十重？？？」。

　　當謝特曼把他的實驗結果給同事們看時，他們卻覺得沒什麼大不了。他們也都被教導過，不可能有真正的十重對稱。大家都認為這奇怪的繞射圖案可用一種叫作「複孿晶」（multiple twinning）的現象來解釋。

　　孿晶（crystal twin）是兩顆晶粒分別從不同角度生長，然後共生而成的晶體。而複孿晶則是由三顆或更多顆從不同角度發展出來的晶粒共構而成。下方圖示中的影像可看到兩個例子。其中，左圖是「三重孿晶」的例子。我們可用肉眼輕易看出該複合晶體分別從三個角度形成。

　　右邊的影像就比較不容易分辨。它是黃金的複孿晶案例。這件樣本由五片獨立的楔形組成，圖中特別畫出線條方便辨認。每片楔形裡的白色模糊亮點顯示其原子。乍看之下，它的整體造型就像是具備五重對稱的準晶。但這次的判斷可就錯了。它不是準晶。

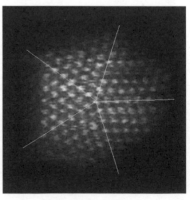

在顯微鏡下可明顯看出，五片楔形的每一片都是由原子有規則地重複排列出來的六邊形所組成。因此，其中的每一片楔形都是遵循晶體學所有法則的一塊晶體。它們合在一起，便成了複孿晶的一個例子。它只是湊巧有五塊楔形晶體聚攏在一塊兒，構成五邊形的造型。凡是由多片楔形晶體聚合而成的固體永遠都被定義為晶體，不管它包含多少楔形，或如何排列。

複孿晶是大家平常司空見慣的東西。難怪謝特曼的同事，連同卡恩，都十足認定這件鋁錳合金樣本只是同樣的現象又一次出現而已。在對鋁錳合金進行枯燥的例行查核中，沒人會期待發現不尋常的事物。實驗室排除謝特曼發現任何驚人事物的看法。

然而，謝特曼並不同意。他不肯讓步，而且繼續向資深科學家提出他的案例。他堅稱這是種全新的東西。卡恩也沒被他說服，卡恩告訴他有種測試可以了結這起糾紛。卡恩要求謝特曼把電子束聚焦在樣本上一處極為狹窄的區域。要是這件樣本就像其他實驗室同仁所講的是複孿晶，那麼十重繞射圖中的許多亮點將消失不見，而剩下的亮點則會形成眾人熟知的某種晶體對稱。反過來說，假如這件樣本真能違反長期以來的基本原理，並始終如一地呈現十重對稱，那麼不管電子束聚焦在樣本何處，展現出十重對稱的所有亮點就該一直出現。

謝特曼回去操作他的顯微鏡，進行這項關鍵試驗。不管他從哪個方位檢視這件鋁錳合金樣本，他始終看見不可能的十重對稱。這令人震驚的結果推翻了複孿晶此一慣常解釋。然而，歷史並未清楚交代，他在美國待滿兩年返回以色列之前，到底有沒有給卡恩或任何實驗室同仁看過試驗結果。

不過，我們都知道，謝特曼從沒放棄。他已了解他的發現實在

太過驚人，除非能夠提出一番令人信服的道理，否則永遠沒人會認真當回事。然而，他是個電子顯微鏡技師，不是受過數學訓練的理論家。所以後來他和以色列的材料科學家伊蘭‧布雷契（Ilan Blech）合作，希望對方能幫忙發展出一套說得通的理論。

在謝特曼大力鼓舞下，布雷契根據一系列假設提出一個模型。首先，他假設鋁和錳的原子在某種情況下會聚集形成相同的二十面體團簇。接著他又假設，當鋁錳混合的熔融液冷卻並固化時，這些二十面體團簇可按隨機方式排在一起。然後他再假設，所有這些團簇能夠自行以相同定向排列在整個固體之中。這個想法，無異於假設你把好幾十顆《龍與地下城》遊戲裡的二十面體造型骰子隨意投入碗中，然後它們能夠奇蹟般地落下，同時所有骰子的尖端都朝同一個方向對齊。這個模型構築在眾多假設之上，其中有些似乎不大會發生在真實的物質中。

右頁圖示說明他的這個想法。頂端的圖形顯示一對相鄰的二十面體，它們的尖端校準成一致的方向。底下的圖形大致說明隨機的結構將如何出現。

該圖揭示，假如許多二十面體按照布雷契的構想匯聚，它們之間將會出現大量空隙。我和列文嘗試使用保麗龍球與菸斗通條來構建團簇時，也曾遇過同樣的問題。所以我們曉得留下的空隙問題很大，這些空隙撐不了多久。因為當熔融液冷卻時，你無法阻止原子鑽進空隙並將它填滿。而一旦這種情形發生，這些原子將對二十面體團簇施加巨大壓力，並破壞它們緻密的排列。這也是為什麼我和列文最後放棄採用二十面體作為元件。我們的準晶模型採用菱面體，它們可以毫無縫隙地組合在一起。

接下來，布雷契還做了另一項有欠周密的類推。由於他無從得

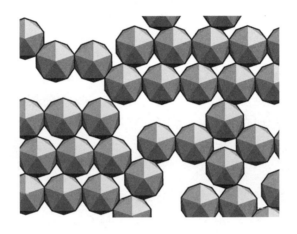

知原子將如何填補那些空隙，他只好大致推估那些組成二十面體團簇的原子所將產生的近似繞射圖案。他缺乏實際判斷基礎，因而並未納入任何填補空隙的原子所帶來的影響。這張繞射圖在定性方面相似於謝特曼在電子顯微鏡下觀察到的鋁錳合金，謝特曼與布雷契對此感到欣喜。

此外，他的計算當中也存在一個問題。不像我們的準晶理論，謝特曼－布雷契的模型並不具備準週期性。他們是假設二十面體團簇的排列屬於隨機。然而，隨便抓一群二十面體團簇不可能產生真正的針點繞射圖。我們也不清楚謝特曼當時觀察到的鋁錳合金晶粒，究竟是否展現過真正的針點繞射圖。總之，謝特曼和布雷契決

定不理會這些問題。

相反地，他們寫了篇論文描述謝特曼的實驗結果，並附上他們的解釋，也就是謝特曼－布雷契模型，並於一九八四年春季投稿至《應用物理期刊》（*Journal of Applied Physics*）。

他們馬上就被退稿。期刊編輯認為，無論是實驗結果或其理論都難以令人信服，也就沒有進行交由其他科學家傳閱並提供意見的下一輪評審。

我和列文還沒發表任何論文。因此，謝特曼與布雷契對我們的成果完全不知情。他們還不曉得我和列文已經發展出完整理論，能夠規避他們在模型中的一切缺失，或者說，我們的成果有辦法解釋那件奇怪的鋁錳合金樣本。相對來說，由於謝特曼與布雷契的論文還沒交付同僚評審便被退件，所以我和列文也就不知道謝特曼實驗記錄的內容。

如果我們兩個團隊曾經做過任何交流，很可能會同心合力，一起提出理論與實驗結果。

然而，潮生潮滅，潮汐之間，未盡人意。

第五章

給你看點勁爆的

大多數的科學突破都是慢慢地才受到認可，就像看著隱身於濃霧中的一條船緩緩現身一樣。然而，發現準晶真有其物而非僅是推斷性概念的過程，彷彿發生在一瞬之間。我有幸當時人在現場，那是我永遠忘不了的經驗。

一九八四年十月十日，紐約約克鎮高地：

故事就從一個毫不起眼的秋日說起。我向賓州大學請了假，到IBM的湯馬士・華生研究中心待上幾個月，地點就位於紐約市以北不遠處。我當時希望能和實驗室其他科學家合作，創造世界上第一件合成準晶。

那天下午，我的前搭擋，哈佛大學物理學家尼爾森，要到研究中心做專題討論會，他打算順便來我辦公室簡短聊聊。列文也會到場，因為我們想嚇嚇尼爾森。我萬分急切地想跟他分享我們在新型物質瘋狂構想上的工作成果，因為這個構想正是我們早期一起做快速冷卻熔融液體實驗時冒出來的。

我和尼爾森已經好幾年沒見，我倆熱情地問候彼此。他看來依

然如我印象中那般整潔清爽，有點孩子氣，戴著一副金屬框眼鏡。我非常期待這次會面，因為我知道他看到我和列文準備給他看的東西，肯定會非常興奮。

我和列文去年剛為我們的構想申請了專利，不過還沒跟其他科學家提過。不久前，賓州大學的律師做出結論，儘管我們的構想「是個重大發現……新穎且難以察覺……但這項發現的實際應用仍屬臆測。」出於類似原因，我們還沒將我們的準晶理論遞交給任何科學期刊。顯然，在我們發表構想之前，需要依靠實驗佐證來支持我們的「臆測」性主張。也因此，當尼爾森進到辦公室坐下來聊天時，仍對我們的成果一無所知。

一打開話匣子，我便跟他說我和列文要給他看點勁爆的東西。可是我還沒來得及繼續講下去就被尼爾森打斷，他說他要**給我**看點勁爆的東西。我們都笑了，接著同意讓客人優先。

尼爾森伸手從公事包裡掏出一份「預印本」，這是當科學論文投稿給一家專業期刊後，在接受出版前需先進行嚴謹的同僚評審才準備的打字版本。和現在一樣，在出版前先行分享並討論預印本，在當時也是慣常作法。只是在網際網路出現以前，傳閱方式的效率遠低於今日。

這篇論文是由謝特曼、布雷契、丹尼斯・格拉提亞斯（Denis Gratias）、卡恩四人聯名投稿。

論文標題立刻讓我目瞪口呆：「一種長程定向有序且不具平移對稱性的金屬相（Metallic Phase with Long-Range Orientational Order and No Translational Symmetry）。」慢點！我心想。**不具平移對稱性**？這暗示他們材料中的原子是隨機分布的。**定向有序**？這又暗示原子間鍵結是對齊的。

按照如此標題，再加上眼下尼爾森又拿給我看，讓我覺得這篇論文一定牽扯到三年前我們用來檢驗他的「立方狀」想法時，所操作過的電腦模擬。

這肯定就是他給我看預印本的原因，我心想。它看來像是對我們早先的發現所做的實驗驗證。

我快速掃過總結摘要，想看看我剛剛猜的對不對，突然間我心裡開始發毛。科學家們研究一件奇怪的新鋁錳合金時發現……**我的老天啊**……「清晰的繞射點排列出二十面體對稱。」

我感覺心跳加速。這鐵定不是我和尼爾森曾做過的事。反而比較像我和列文發明但未公開的準週期晶體概念。

難道我們的研究成果被這另一組人馬剽竊了？我默默想著。

我匆匆讀完摘要中剩餘內容，確定答案是否定的之後，鬆了口氣。我事後了解，論文中並未包含理論模型，那是因為謝特曼－布雷契的模型被認為無法令人信服。這篇論文僅在宣告實驗數據，沒打算提出理論上的解釋。我和列文辛勞多年的成果並未遭到抄襲。

隨著我劍拔弩張的心情緩和下來，我開始翻閱預印本的其他部分，想多了解些細節。讀到第八頁時，我有點喘不過氣，因為我赫然發現自己正盯著一張再眼熟不過的繞射圖案。它簡直就是我和列文所預測的準晶圖案，擁有驚人的二十面體對稱性。**不可能！**

我感覺胸膛開始砰砰作響，煙火在我腦袋裡炸開。我馬上就看出這意味著什麼。

準晶存在！這就是證據，證明了我和列文探尋的瘋狂想法其實並不太瘋狂！

我知道這一刻絕無僅有。無論為時多麼短暫，我是唯一同時看過實驗圖案和理論圖案的人。此刻，地球上只有我曉得準晶業已成

為科學事實的真相。

　　我竭盡全力不動聲色，想保有這個難得時刻，並且多花點時間獨享當下這份感受。又過了好一會兒，我從座椅上猛然起身，仍舊不發一語，信步穿過辦公室到我桌上拿起我為這次會面準備好的一張紙。我繼續強忍著不笑出來，慢慢走回尼爾森與列文的座位旁。

　　「尼爾森，你瞧，」我盡可能地保持氣定神閒，「這就是我們要**給你**看的勁爆東西。」

　　我右手拿的是剛從桌上取來的紙張，上面是我和列文預測的準晶繞射波峰圖案。我的左手則拿著那份預印本，翻到了印著實驗測得的繞射圖案那一頁。

　　兩個圖案完全一致。

　　列文早已熟知我們的研究，馬上便有反應。「我的天哪！」

　　我不確定尼爾森當時是怎麼想的。不過我和列文毫不懷疑眼前發生了何事。兩組科研人員對彼此的研究毫無所悉，在相隔不過一百五十英里的兩間實驗室裡，各自憑著一己之力，卻創造出全然相

輔相成的突破。

　　我和列文發明了一項準晶理論，但欠缺實驗證明。謝特曼的論文敘述了一項實驗，卻沒能以理論說明。我們兩組人馬手中掌握著破解相同拼圖的不同碎片。拼在一起，便締造出一樁關乎大自然根本的重大發現。

　　尼爾森開始問我們是如何預測出那雪花狀的繞射圖案。我和列文盡力回答他的提問，並詳加解釋我們的研究。但說實話，此刻的我們真是無法自已，我們兩人在剩下的整個會談時間裡，根本再也壓抑不住內心的激動。

　　我和列文興奮極了，因為我們的理論正可解釋那看似不可能的實驗結果。然而幸也不幸，這同時代表我們已沒時間歡慶。我告訴列文，現在必須馬上放下其他所有事情，加足馬力把我們過去三年來的一切成果整理成案。我們必須從中挑出最重大的一些要點，然後寫篇簡短宣告遞交給《物理評論快訊》（*Physics Review Letters*）。接著，我們需要準備將全部成果洋洋灑灑地寫成一篇論文。

　　我知道這一切工作都能迅速完成，因為我們早已得出數量極為可觀的研究資料。現在我們要做的，只是排列這些素材的優先順序，選出準備發表的部分，以及定出呈現次序。

　　我們首先在呈送《物理評論快訊》的論文中介紹準晶的概念。我們如此解釋，它們是新型物質，其原子呈現一種準週期排列，具備長久以來被視為不可能的一種對稱性。我們證明具備這種性質的固體，它的電子繞射圖案完全由清晰的布拉格波峰組成。它們不會有模糊的波峰，之間也不會有雲狀紋路。我們闡述我們用來模擬原子的菱面體元件，同時說明如何透過我們發明的匹配規則加以制

約，使得原子以一種準週期模式結合在一起。此外，我們還呈交了我們所預測的繞射圖案插圖，也就是我們三年來孜孜不倦從事理論研究的成果。

接下來，我們把注意力轉向謝特曼團隊的成果。由於他們的論文尚未通過評審或發表，他們的合金最後仍有可能被發現並非準晶。因此，我和列文並未宣稱我們的結果與謝特曼團隊的完全一致，而是語帶保留：

　　我們聲明最近所觀察到的一種鋁錳合金的電子繞射圖案，與二十面體準晶極為接近。

在與尼爾森那場意義重大的會面之後不到三週，我和列文便遞出論文，提出我們對這件怪異的新形態物質的理論性解釋。我們透過論文標題，正式向科學界人士介紹它的名字：「準晶：一種新類型的有序結構體。」

此刻，我和列文已經準備好面對另一邊的實驗團隊，向他們報告我們的勁爆新聞。不過就如後續發展那般，尼爾森此前已寫信給國家標準局的卡恩，告知他我和列文已發展出可能有所關聯的理論，所以我也不必為自己多作介紹。我們很快就喬定邀請卡恩與他的同事暨聯名作者，法國晶體學家格拉提亞斯，到約克鎮高地與我和列文會面。

卡恩人高馬大，面容和善。我們從未見過彼此，然而他並不知道，我和我認為是他所從事最重要的一些工作之間，有很強的專業關聯。卡恩在我們會議開始時先介紹自己的背景，並特別提到他工作中一項鮮為人知的「離相分解」（spinodal decomposition）程

序，這道程序可能發生在金屬熔融液凝固的過程中。

卡恩以近乎漫不經心的口吻，提到他聽說有位宇宙學家正利用這類想法來發展一種關於早期宇宙的新理論。我是個宇宙學家。我曾否聽說過這件事？他問道。

「是的，」我說，「我知道的確有某位宇宙學家正利用你的實驗發現來輔助建立他的理論。事實上，」我笑著說道，「很湊巧那個人就是我。」卡恩的離相分解理論確實是我在發展新宇宙膨脹理論時的主要靈感來源，我從而提出所謂的「優雅退場」（graceful exit）論點，來取代最初的爆炸性膨脹過程。「很榮幸終於見到你了，」我對他說。

我們簡短聊了彼此在宇宙學方面的連結，然後言歸正傳，在接下來的五個鐘頭裡興奮地比對雙方有關準晶的筆記。兩組人馬各自說明雙方的研究歷程，就這樣，一組人做著實驗，另一組人發展理論，最後卻跌破眾人眼鏡，殊途同歸得到命中注定相同的結果。

卡恩陳述他的門生謝特曼如何於一九八二年從國家標準局製備的一件合金中，首先發現一個十重對稱的繞射圖案。當謝特曼給他看那圖案時，卡恩曾交代他要做一系列測試，以便排除最常見的情況，也就是判別那件合金是否只是一件普通的複孿晶。

卡恩告訴我們，直到兩年後，也就是一九八四年，他才又聽謝特曼提起這件事。謝特曼再次回到實驗室，隨身帶著驗證那份合金是否為複孿晶的測試結果，以及一份他與布雷契打算用以解釋那件奇怪新合金的模型的敘述文件。謝特曼對他說，他們的論文已經被《應用物理期刊》退件了。

卡恩看了謝特曼修整過的資料深感興趣，尤其是測試結果顯示那不是複孿晶。但是，他對謝特曼－布雷契模型就不是那麼欣賞

了，他認為那模型不但粗糙，而且存在漏洞。

所以，卡恩勸告謝特曼別再碰理論，而是該把重心放在報導實驗結果。他建議不妨寫篇簡短論文投到頗有聲望的《物理評論快訊》。謝特曼聽從此一建議，並邀請卡恩加入成為共同作者，幫自己改寫論文。而卡恩則找來法國晶體學家格拉提亞斯加入團隊，並請他再次驗證這項分析。最後的產物，便是尼爾森帶給我看的預印本，由謝特曼、布雷契、格拉提亞斯，及卡恩聯名提請出版。

卡恩告訴我們，他已在嘗試複製那件令人費解的實驗結果。他的實驗室團隊已進一步展開研究，以鞏固他們對那件不尋常合金做出的結論，同時也在尋找可能具有類似繞射圖案的其他材料。

接著輪到我和列文發言。我和列文鉅細靡遺地敘述我們是如何推導出我們的構想，並細數過去三年來我們做過的所有研究。最重要的，是我們向對方展現我們對於一種具備二十面體對稱的準晶所預測得出的繞射圖案。在場所有人都注意到它和預印本所報導，從鋁錳合金觀測到的繞射圖案十分一致。

這是一場令人陶醉、筋疲力竭，又極度亢奮的會議。

幾個星期後，我在一個對我而言意義非凡的場合中，第一次公開發表準晶理論。我在賓州大學物質結構研究實驗室（Laboratory for Research on the Structure of Matter）特別為我安排的一場研討會上進行發表。演講廳裡人山人海。對我來說，這就像凱旋返鄉似的，我們的成果發表受到熱烈讚賞。我內心由衷感激實驗室全體組長與組員，因為他們在過去三年中堅定地給予我們鼓勵，並提供財務支援，即便我們的準晶構想的科學價值仍有待質疑時也不例外。

卡恩花了兩個多鐘頭從馬里蘭州蓋瑟斯堡趕來出席我的演講，真是給足面子。演講結束時，他更是再一次地給予我莫大榮耀，他

起立為我們的理論公開背書。卡恩宣布，在他看來，我們的準晶模型毫無疑問足以解釋他們團隊的新材料。

等到我們提交論文，並完成首次公開發表之後，我終於有時間回顧一下我們剛剛取得的成就。我從高中時期便祕密滋養著的這樁科學幻想，在大學的課堂中又因一時的奇想浮現心頭，如今已成為科學事實。這個新事實所牽引出看似合理的一層新義，深深震撼了我：**倘若如實驗證明顯示，準晶是真實存在的一種基礎性新形態物質，那麼可想而知它們必定存在於大自然。**

搞不好它們就藏在我們鼻子底下，我心想。我們只需弄清楚上哪兒去找出它們就行了。搞不好甚至有博物館正在展示準晶，只不過被人當成晶體罷了。

這些想法讓我興奮莫名。接下來的幾個月，我鎖定幾家博物館的礦物館藏進行調查，其中包括費城的富蘭克林研究院（Franklin Institute）、紐約的美國自然史博物館，和華盛頓特區的美國國立史密森尼自然歷史博物館。我一個展示櫃接一個展示櫃地尋找著被人誤認為晶體的準晶。這個想法十分荒唐，我在博物館裡也沒敢跟任何人提起，最後空手而返。也許，對於天然準晶存在的可能性，我的眼光並不是那麼準確。

謝特曼團隊發表實驗結果的論文，於十一月十二日刊登於《物理評論快訊》。十二月二十四日，我們呼應其實驗結果的理論性闡釋論文也登上同樣刊物，那是一九八四年歲末前倒數第二期。

時機恰到好處，搭配也恰到好處，我心裡如是想。

這兩篇論文吸引全世界科學家及新聞媒體關注，並得到強烈而正面的回應。許多科學期刊與大眾媒體紛紛出現相關報導，包括

THE NEW YORK TIMES, TUESDAY, JANUARY 8, 1985
新物質理論已被提出
Theory of New Matter Proposed

TUESDAY, JULY 30, 1985 **Science Times**
Copyright © 1985 The New York Times

The New York Times

1nm

謎樣晶體讓科學家們陷入混沌
Puzzling Crystals Plunge Scientists Into Uncertainty

《今日物理》（*Physics Today*）、《自然》、《新科學人》（*New Scientists*）和《紐約時報》。其中，《紐時》有篇文章標題為「新物質理論已被提出」（Theory of New Matter Proposed），敘述我們如何「設想出一種新的準晶狀態物質，解答了近日在國家標準局所產生的一項令人納悶的試驗結果。」

隨著這項科學突破的消息傳遍世界各地，我和列文才驚覺世界上別的地方也有科學家曾經發展出相關構想。其中有些特別關注潘洛斯密鋪背後的數學；有的人則對準晶特別感興趣；甚至還有人正在鑽研具備二十面體對稱性的材料。在網際網路尚不存在的當時，要進行資訊分享真的很不容易。所以，我和列文之前沒能發現這些論文，因為它們並未發表在物理學家所熟悉的期刊上。不過現在，這些作者們正與我們取得聯繫，而我們則狼吞虎嚥般地吸收他們寫的所有文章。

荷蘭數學家尼可拉斯·德布魯因（Nicloass de Bruijn）的研究成果尤其讓我們大為驚嘆，他在一九八一年寫過一系列精采論文，使用一種「多重網格」（multigrid）法來生成潘洛斯密鋪圖案，完全不依賴任何尋常的匹配或細分規則。這時另一位優秀的賓州大學年輕研究生約書亞·索科拉爾（Joshua Socolar）加入了我和列文的團隊，我們將共同合作進一步構建這些理論。協同三人之力，我們得以對德布魯因的多重網格法做了廣義應用，能夠在**任意多重**的維度上，創造**任意多重**的準週期圖案，包括超出三維的純數學構想。

我們的廣義多重網格法透過一種簡單而直接的方式，表達我和列文此前以更抽象、間接的數學方法所證明的某項論點：準晶模式中可拼出**無限**多種違反晶體模式的不同對稱性。現在，任何人都能很容易地了解到，物質的可能形態數量，已從嚴格的有限轉變為無限。這是一項重大的典範轉移。

「投影法」（projection method）是另一個重要構想，乃由許多理論家組成的若干獨立團體所建立。按其論點，潘洛斯密鋪與其他準週期圖案，是取自「超立方體」（hypercubes）這種更高維度的週期性團簇的投影或「陰影」，這些超立方體類似三維立方體，但

存在於四維或是更多維空間的幾何想像當中。未受過進階訓練的大眾無法想像這種方法如何運作，但數學家及物理學家發現，在用於分析準晶原子結構並計算它們的繞射特性時，這個概念非常有用。

　　廣義多重網格和投影法，是用來產生二維菱形磚或三維菱面體圖案的強大數學工具。不過它們有個重大限制：它們缺乏匹配規則的相關資訊。比方說，具有十一重對稱（參見彩色插頁中圖一）和十七重對稱（見下圖）的圖案，乃藉由多重網格法產生。

　　這些華麗緻密的圖案由簡單的菱形組成：一些胖菱形、一些瘦菱形，以及一些胖瘦適中的菱形。但是它們沒有凹口或互鎖用以防止這些磚形排列成晶體圖案。

　　所以說，如果給你一堆有著這些形狀的地磚，要你用它們來覆蓋地板，在缺乏完工圖可供參考的情況下，最後你可能會鋪成一種普通晶體的圖案，因為那樣建構起來容易許多。也許你能夠隨機排出某種圖案。然而，你能鋪出某種準晶圖案的機率可說微乎其微。除非你能仰賴匹配規則全程引導，如此你中途出錯時才能察覺。

試想一下將對頁圖中的每塊不同地磚都替換成一團原子。儘管精確有序的準晶排列是可能的，但假如原子間少了可扮演匹配規則角色的交互作用來加以防範的話，那直覺上液體似乎更傾向固化成晶體或某種隨機排列。此種排列的數量要比準晶的多得多，而且它們所需的原子互動細膩度也比準晶來得低。

　　這就是為什麼當初我和列文竭心盡力地證明我們有辦法為我們的胖、瘦菱面體打造互鎖，以充當匹配規則，來防止出現晶體與隨機排列，同時強制形成準晶排列。

　　但匹配規則是否足以解釋為何準晶得以形成呢？我左思右想。搞不好準晶還需具備更多特質，才能使原子自然地組織形成理想的準週期排列。

一九八五年一月，普林斯頓：

　　索科拉爾自告奮勇要和我一起面對這個挑戰。他在我們先前廣義應用多重網格作法來推演出任意對稱時，已經證明他的天分，因此我很高興他願意承擔一個更大的專案。索科拉爾身材瘦高，總給人耐心與體貼的感覺，這種性格在這麼年輕的孩子當中並不多見。我覺得我倒常常成了那個容易激動的人，而索科拉爾則能讓討論保有一絲冷靜。此外，他對幾何學有種過人直覺，在我們往後的所有合作中都將證明其難能可貴，且至今仍使得我們收穫良多。

　　我和索科拉爾決定回過頭來到潘洛斯密鋪中尋找線索。

　　我們注意到，二維潘洛斯圖案的匹配規則中還包含另外兩種特性，卻在我和列文研究的胖、瘦三維菱面體結構中消失了。第一個失蹤的元素是安曼線，也就是當每塊菱形畫上條紋，然後連接在一

起形成潘洛斯密鋪時，浮現在圖案之上的寬、窄通道。我和索科拉爾決定在我們的幾何構造中採用一種類似於安曼線的三維版本，我們稱之為「安曼面」。第二個消失的特性是收縮－膨脹規則，也就是將潘洛斯密鋪中兩片菱形細分為更小碎片的規則。

我和索科拉爾假想有一組具備匹配規則（互鎖）、安曼面、收縮－膨脹規則等全部三種特性的元件，或許便是能解開真實原子如何在液態時聚集形成準晶的謎底。安曼面和收縮－膨脹規則，或許在解釋原子如何從隨機排列開始組織成精確的準週期排列上相當重要，而我和列文創造的互鎖規則，則可能在解釋這些原子如何繼續維持這種結構不變的原因上至關緊要。

我們精心推敲出來的思路如下：假如元件能比照沿著以準週期間隔的安曼面來堆疊構建，那麼便可想像液態的原子固化成準晶的過程，首先是從一些原子的子團簇展開，接著是更多的原子一層一層地附著其上堆疊起來。每一層原子就好比是一個安曼面。

這種層層疊疊的生長方式和許多週期晶體的形成方式相仿，因此可以合理想像準晶形成時也會發生某種類似的情況。

三維的收縮－膨脹規則，似乎暗示著準晶另一種可能的生長方式。首先，液態時的原子可能會形成許多小團簇；然後這些團簇可能會聚集成較大的團簇；接著這些較大團簇還可能再聚集成更大的團簇；如此反覆下去。這種較小微粒堆砌積累成較大微粒的現象，或許便可對應到較小塊的地磚依循收縮－膨脹規則組合成較大塊地磚的方式。

我們也曾設想，某些準晶或許是藉由一種綜合層層疊疊與堆砌積累的方式固化而成。

我和列文利用硬紙板切塊搭建的胖、瘦菱面體具備互鎖規則，

但完全沒有如同安曼面或收縮－膨脹規則的機制。這是我和索科拉爾需要解決的難題，我們得想辦法弄出另一套具備所有三種特性的元件。要在三維二十面體對稱的複雜情況下實行這項任務，將是一項偉大的數學壯舉，足可媲美潘洛斯在二維平面上的設計。然而一旦成功了，我們便可對眾人說明，在液體中形成準晶能夠像形成普通晶體一樣簡單而自然。

可是，具有全部三種特性的元件到底存不存在？

我和索科拉爾準備找出答案。一九八四年底，就在第一篇準晶論文發表後不久，我們已開始根據從潘洛斯密鋪中的學習心得，緊鑼密鼓地研究一種新的數學方法來產生準晶。

在作法上，我們採用手工演算代數，加上實體三維幾何構建的奇怪組合。我們必須透過代數方程式求解的方式，才能精準預測安曼面在三維空間中的位置，這是我負責的工作。索科拉爾則要找出安曼面相互交錯的位置，並使用我們的廣義多重網格法來判斷元件的外形，以及安曼面將如何穿過它們。

實際上，我們倆當時還各自在不同地點展開工作，使得這項專案變得更加艱鉅。索科拉爾人在費城賓州大學那兒，而我的研究輪休還沒結束，這時正擔任普林斯頓大學高等研究所的客座教授，地點在紐澤西州。我們沒有Skype可用，那可是差不多二十年後的發明。所以我和索科拉爾只能靠著電話溝通，沒法傳送任何影像。

我透過電話，向索科拉爾描述我的代數計算結果如何推導出安曼面應該如何排列。他則會對我描述我的計算結果所意味的元件造型。索科拉爾有辦法整合我們兩人各自的想法，用透明、彩色的塑膠片構築出一些著實壯觀的具體模型，直到今天我還釘在我的辦公室書架上。幾週後，我終於看到那些模型時，我為我們兩人的計算

能夠配合得如此天衣無縫而興奮透頂。我們將我們的論文投稿至一九八五年九月號的《物理評論B刊》（譯注：*Physical Review B*，B刊專門收集凝聚體物理、材料物理等領域的稿件）。毫無疑問，我們已解開這道難題。

現在我們胸有成竹，相信絕對可能找到具備互鎖匹配規則、安曼線、收縮－膨脹規則等特性，以構建出三維二十面體對稱的元件。它們擁有二維潘洛斯密鋪的所有相同特質，外加更為複雜的對稱性。它們的功用直接關係到能否具體說明擁有二十面體對稱的真實準晶。

我和索科拉爾最後找到一家製造商，他們有能力生產我們發明的四種用來解決問題的元件。他們生產出來的塑膠元件有著類似樂高積木的特殊連結設計，可用來替代並執行我們的所有匹配規則。

造型之一跟原先我和列文用過的胖菱面體一樣，請參見彩色插頁（影像二）中的白色元件。其餘三種元件造型則跟我和列文最初研究過的任何元件都不同。它們分別依照琢面的數目，以複雜的希臘文來命名，所有琢面都是形狀、大小完全相同的菱形。其實名稱並不重要，不過，如果你有興趣練習一下希臘文，那麼它們的名字如下，按其尺寸由小到大列出：菱形十二面體（rhombic dodecahedron，十二個菱形構面，藍色）、菱形二十面體（rhombic icosahedron，二十個菱形構面，黃色）、菱形三十面體（rhombic triacontahedron，三十個菱形構面，紅色）。

我得承認我對這些製造出來的元件愛不釋手。它們不僅清楚展現新的元件是如何組合，更代表從我和列文的工藝實驗起步以來的一項巨大進步，想當初我們先後用過保麗龍球與菸斗通條，以及硬紙板勞作與磁鐵。

彩色插頁（影像二）上的幾層結構顯示這四種三維造型如何兜在一起。

這項數學壯舉讓我感到放心許多，現在已沒有任何理論障礙能阻止我們把準晶概念從二維潘洛斯密鋪的抽象世界，拓展到真實世界中的三維物質。

我們這項構建可說正逢其時，因為截至一九八五年，準晶的發現已開創了一個熱門的新研究領域。似乎每星期都有新的消息從世界各地傳來，都是有關新的實驗、新的潛在準晶合金，還有各種不同團隊的新理論構想。興高采烈的氛圍促發一連串的會議、研討會、特邀講座，也包括我在加州理工學院遇見費曼、結局十分圓滿的那場演講。

也就在此同一時期，謝特曼邀請我造訪他位於以色列海法（Haifa）的以色列科技大學實驗室。我們先前曾在一場會議中見過彼此，不過當時沒時間深入交流。我這次來到海法，是我們頭一次有機會多花點時間聚在一起交換意見。

謝特曼做了一回殷勤的主人。他為自己的成就和祖國感到驕傲。他讓我參觀他的實驗室，給我看了最新資料，然後帶我遊覽海法地區，並一路來到戈蘭高地（Golan Heights）。

我很欣賞謝特曼的勇氣與獨立思考的精神，這些特質引領他成就了偉大發現。然而，我不太滿意我們的這次科學對話。謝特曼的專業領域在電子顯微鏡及繞射，他對理論興趣缺缺。不久我便明白，他仍然執迷於布雷契最初為解釋他的鋁錳合金所提出的想法，也就是那塊材料是由二十面體團簇組成，然而這些團簇的定向，出於某種難以想像的原因，全部按照同樣的方式對齊，儘管事實顯示它們在空間中是隨機錯置的。謝特曼似乎以為布雷契的想法與我們

的準晶理論相同。

　　我嘗試向他澄清兩者間的主要差異：布雷契模型並不完整，因為它沒考慮團簇間存在巨大空隙的問題；它不是穩定的結構；換言之，它無法代表一種新的物相；它的繞射圖案也不是由沿著直線排列的銳利針點所組成。

　　但我看得出來，謝特曼對這些差異不感興趣。顯然他認為由隨機錯置的二十面體團簇組成的謝特曼－布雷契模型比較容易理解，看樣子他並不考慮了解我所指出的重要差異。我心裡很不愉快，因為我沒能說服他改變觀點。事實上，在接下來的許多年裡，他做簡報時仍然繼續使用謝特曼－布雷契模型圖，而不是準晶模型。

　　謝特曼並非唯一反對準晶圖的人。就在短短幾個月內，對這件奇特鋁錳合金的其他似是而非的解釋便開始浮出檯面。更讓人心情沉重的是，有個與準晶概念糾纏不清的大麻煩也即將現形。

　　兩種交替出現的理論。概念性的問題。各種風風雨雨讓我心情沉悶，很快地科學界便逐漸形成共識，也就是那句我曾不斷聽到的老話，準晶不可能。

第六章

完美地不可能

一九八七年，費城：

　　打從我和列文發表論文提出準晶概念以來，已經過了兩年多。在這段期間，科學界對此概念的態度，宛如洗三溫暖般歷經一連串的波折起伏。

　　我們發表論文後的頭一年，準晶理論備受推崇，儼然是對剛剛問世、具備二十面體對稱合金唯一合理的科學解釋。事實上，準晶概念就像風暴般席捲了整個科學界，從而引發一系列無比耀眼的新發現。

　　科學家們除了初始實驗中的錳之外，還開始採用其他元素與鋁混合，甚且發現更多種具備二十面體對稱的準晶合金。他們在實驗過程中又發現了具有八重對稱、十重對稱，以及十二重對稱的材料，由此充分肯定普天之下還存在其他具有一度被認為不可能對稱性的物質。

　　我相當欽佩其他所有科學家的成就。截至當下，一切都一如預期地順應我們提出的準晶理論。然而，好景不常。命運的鐘擺開始朝另一邊蕩去，學界中冒出了與我們針鋒相對的論點，此外更出現

嚴厲的批評聲浪。

第一個跳出來、同時也批判得最大聲的，是兩度諾貝爾獎得主李納斯‧鮑林（Linus Pauling）。鮑林在科學圈裡是位一言九鼎的人物。他是量子化學與分子生物學的創始人之一，也普遍被視為二十世紀最重要的化學家之一。

「沒有準晶這種東西，」鮑林總愛辛辣譏諷地如此嘲笑。「只有準科學家。」

鮑林聲稱，大家發現的所有奇特合金全部是複孿晶的複雜個案，他的說法就和國家標準局資深科學家最初說的差不多。不過鮑林可不是隨便講講而已，他腦海中有個很不一樣、非常明確的原子排列，而且他聲稱可用它來解釋我們的繞射圖案。

假如鮑林所說為真的話，任何新發現的材料將瞬間全部失去創新價值。而我們所做的一切努力都將是徒勞一場，成為歷史花絮。另外，對於像謝特曼及其同事等材料科學及化學領域中的研究者，鮑林的撻伐力道更是讓人膽寒，實可謂已到達嚴辭恐嚇的地步。鮑林在他後來的整個科學生涯裡，為捍衛傳統理念而持續提出挑戰，並不斷取勝。你絕不想招惹到像他這樣的聰明對手。

我倒是一點也不理會他們這些激烈的關注，原因很簡單。我始終堅信鮑林提出的替代論點是錯誤的。首先，鮑林對鋁錳合金提出的二十面體複孿晶模型，遠比我們對準晶的闡釋複雜許多。在科學領域，最簡單明瞭的解釋往往也是最卓越的。

我和索科拉爾已經確定，準晶結構需要四種不同元件（參見彩色插頁中影像二），各自由幾十個排成準週期序列的原子組成。反之，鮑林認為這種材料是許多晶體朝不同角度交互共生的結果，類似卡恩最初向謝特曼提到的複孿晶。根據鮑林的理論，每個晶體中

每一個重複的組成單元中，都包含超過八百個原子。要說它比我們的理論更複雜，真的都還太客氣了。

其實，我更在意的是另一個競爭構想，它在鮑林對外發表想法的同時，開始嶄露頭角——「二十面體玻璃模型」（icosahedral glass model），是紐約州立大學石溪分校的彼得‧史蒂芬斯（Peter Stephens）和布魯克海文國家實驗室（Brookhaven National Laboratory）的艾倫‧戈德曼（Alan Goldman）發展出來的學說。這是謝特曼－布雷契模型的重大改良版。

這個新的二十面體玻璃模型，提出一種在空間中由無序排列的二十面體原子團簇所組成的原子結構。「玻璃」一詞剛好解釋了該理論的特徵，因為「玻璃」指的便是具有隨機原子排列的材料。在此一模型中，每個二十面體形狀團簇的角都是相互對齊，所以它們在空間中指向同一方向。這項特點與謝特曼－布雷契模型類似，但是做了顯著改善。史蒂芬斯與戈德曼的理論中有一則解釋，說明如何以一種導致更小間隙及裂縫的方式，讓團簇連接在一起。這兩種模型，二十面體玻璃和我們的準晶理論，基本上可根據所預測的繞射圖中光斑的銳利度和排列來區分。完美的準晶會產生由真正精確針點排列的交錯直線圖案。以二十面體玻璃模型預測得到的繞射圖案雖然十分相似，但是斑點模糊，而且沒有完全對齊。

不巧的是，由於測試材料的性質使然，以致最初的測試數據看來模稜兩可。簡單說，謝特曼最初那件鋁錳合金樣本的品質並不理想。這件合金存在先天上的缺陷。一直嘗試自行複製該樣本的若干團體，也曾遇到相同問題。

當初從原始樣本觀察到的繞射點模糊、位置偏差等問題，並未在發表的照片中立即被人察覺。這類影像往往會過度曝光，因而遮

掩了瑕疵。但是賓州大學物質結構研究實驗室的保羅·海尼（Paul Heiney）與彼得·班塞爾（Peter Bancel）後來製作的更精確X光繞射圖，就讓瑜再不能掩瑕。

他們進行X光繞射的實驗室，就位於我賓州大學辦公室對街，所以實驗結束時，我便前去查看實驗結果。作為堅信自己理論的人，說實話，我發現新的繞射圖案令我錯愕。它們清晰呈現出X光繞射點不但模糊，而且排列不夠完美，不符合我們預測的圖案。這個結果反而像是對應到競爭對手的玻璃模型。

看來麻煩不小。但即便如此，我仍然認為X光繞射結果不如預期，不見得代表我們的理論已響起喪鐘。對於繞射峰模糊以及小小失準的現象，或許能找出一個簡單解釋。如果用來製造準晶的元素最初的液態混合物冷卻速度過快，自然就會產生這種現象。快速冷卻過程傾向讓原子凍結在隨機錯置的缺陷之中，妨礙原子形成理想排列。

事實證明，當時所有二十面體鋁錳合金樣本都是採用快速冷卻程序合成。而且非得如此。因為只要物質的冷卻速度稍微慢了一點，就生不出準晶了。而且這麼一來，鋁、錳原子將完全重新排成某種傳統晶體排列。

我和索科拉爾以及有名的凝態物質理論家湯姆·魯本斯基（Tom Lubensky）合作分析目前情況。我們三人發展出一則詳細理論，其中描述由於快速冷卻過程中引發的缺陷，導致準晶繞射圖案中可預見的各種畸變。我們發現，我們可以用預測來產生人們對鋁錳合金進行X光試驗時，所觀察到繞射峰呈現模糊及位移的同樣現象。這意味我們的理論能夠根據冷卻過程的不同，分別預測出銳利或模糊的針點。所以我們並未出局。

然而，二十面體玻璃模型也還在此賽局中，因為它預測出模糊的針點。更棘手的是，它的測試數據同時也為鮑林某版本的複孿晶構想提供了發揮餘地，當然首先，你得贊同它的每一個重複組成單元中至少都包含了八百個原子。

　　所以，目前的情況是，看來這三種模型全都能夠解釋謝特曼的測試數據。

　　原則上，還有另一種測試或許能排解紛爭，這是一種涉及加熱而非冷卻的測試。如果有人能用小火長時間慢慢加熱這件樣本，並控制溫度別將它熔化，那麼可能會發生三種結果。它要麼就會如同我和列文所預測，成為波峰更銳利的完美準晶，要麼就按照鮑林的理論生成更完美的複孿晶，再不然，就是按照史蒂芬斯－戈德曼模型，繼續維持一種有著模糊波峰的無序二十面體玻璃。

　　但很不幸，謝特曼這件鋁錳合金極容易分解成晶體相，所以根本無法進行加熱試驗。即便僅對這合金加熱很短的時間，也會徹底破壞它的二十面體對稱性，也就自然不可能判斷誰的理論才正確。

　　實際上，自發現謝特曼這件鋁錳合金材料以來，已過了三十多年，大家仍舊無法以實驗來確切判定它究竟是真正的準晶、二十面體玻璃，又或者是鮑林所謂的某種複孿晶。

　　大致上，如此尷尬的局面部分解釋了為什麼科學界花了這麼長的時間，才認可準晶為一種新形態物質。

　　至於準晶遲遲未被接納的第二個原因，基本上側重於在理論面對潘洛斯密鋪的深入研究。為二十面體玻璃護航的批評者認為，真正的準晶是種無法達到的境界，因為世上沒有可行的方法來「生成」準晶。

　　對晶體學家而言，所謂「生成」在字面上意味著從液態的原子

混合物中慢慢形成晶體。你可以製作糖晶體，也就是我們熟知的冰糖，方法是將大量的糖溶於水中，然後等個幾天讓糖晶體形成。不論在大自然或實驗室中，類似的過程都在不斷發生。以微觀尺度來看，晶體是先從液體中一些小小的原子團簇展開，愈來愈多的原子附著在一起，直到「生長」成肉眼能見的大小。要做到這一點，關鍵在於原子的每一次附著都必須保持一種規律的週期順序。由於液體中的原子隨機接近一個原子團簇時，只會與該原子團簇中離自己最近的原子相互作用，所以勢必有種簡單動力，或者說某種簡單規則，來決定原子該附著在哪兒、不該附著在哪兒。

構建潘洛斯密鋪的共通經驗告訴我們，準晶中並不存在諸如此類的簡單「生成規則」。假想，你決定以一堆胖、瘦菱形地磚排出潘洛斯密鋪，來覆蓋一個廣大表面。你知道匹配規則，所以你得確保你添加的任何地磚，都會遵循潘洛斯制定的匹配互鎖連接。你的目標是覆蓋整個表面，不留下任何空隙。

你可能會猜這做起來一點也不難。畢竟，潘洛斯曾經證明，用他那帶有互鎖的地磚可完全覆蓋整個表面，甚至還可能覆蓋一個無限大的表面。

這麼想的話，你可就大錯特錯了。潘洛斯密鋪就像一個極為艱難的拼圖遊戲，你只有兩種形狀的拼圖片可用。沒錯，這道難題是有一個正確答案，可讓所有拼圖片相互連接。但是你要有耐心，要不斷在錯誤中嘗試，才能找出精準解答。

如果你開始一塊接一塊地拼湊地磚，那麼很可能拼了區區十幾塊地磚後就遇上麻煩，哪怕你每次添加地磚時都嚴格遵守所有互鎖規則。最後，你會碰上一處不管胖菱形還是瘦菱形都塞不下的地方。你當然可以從頭再來過，換種不同排法試試。但你的下場，很

可能還是走不了太遠。

問題在於，潘洛斯互鎖規則只能確保添加的地磚與其緊鄰的地磚正確對齊。這些規則無法確保添加的地磚與密鋪中的其餘地磚正確對稱。所以，除非你運氣夠好，否則必然會與某些已添加在密鋪中較遠位置的地磚發生衝突。而這種衝突，只有當你突然發現拼不下去時才會顯現。科學家把這種死胡同稱為缺陷。

假如你執意繼續添加地磚，很快就會發現自己又製造了另一個缺陷。然後是另一個、又另一個，就這樣一而再、再而三地不停製造缺陷。等到你拼湊了好幾百塊地磚時，製造的缺陷已多得離譜，這時你根本認不出結果是不是潘洛斯密鋪。

沒錯，潘洛斯的確證明了有可能用這些地磚排出一幅天衣無縫的圖案。但他可從沒告訴過你可以按任意順序拼他的地磚，構建出他的密鋪。事實上，他很清楚，想找出適切的排法簡直不可能。

批評者指出，既然這問題會出現在具有匹配規則的潘洛斯密鋪中，那麼在原了一顆接一顆附著到原子團簇以形成準晶的過程中，一定也有同樣麻煩：在生成過程中產生的缺陷如此之多，以致幾乎不可能形成任何類似於真正準晶的物體。懷疑論者的結論是，以務實的角度來看，一件完美的準晶是一種無法達到的物質狀態。

此刻是準晶故事的真正低潮。看樣子，現在有兩大難題無法克服。對鋁錳合金所做的最佳實驗都是透過快速冷卻程序進行，這種冷卻過程所產生的X光繞射圖上總是模糊的斑點，不是我們所預測的銳利針點。而眼下，似乎又出現一種強大的概念主張，認為準晶根本是種不可能的物質狀態。

後來，我們憑著兩項重大突破結束了這場較量。其一是理論性的，另一則出自實驗。

一九八七年七月，約克鎮高地：

理論性的突破是發現了潘洛斯互鎖規則的替代品，我們稱之為「生成規則」（growth rules）。它能讓我們在不犯任何錯誤或產生任何缺陷的情況下，一塊接一塊地添加地磚到密鋪中。生成規則的靈感來自又一次造訪位於紐約約克鎮高地的IBM湯馬士·華生研究中心。這一次，我受邀在暑期來此繼續我的準晶研究。

某日，我在研究中心工作時，有位名叫喬治·小野田（George Onoda）的研究員邀我和他的同事大衛·迪文琴佐（David DiVincenzo）共進午餐。他想討論一個關於如何避免在潘洛斯密鋪中發生缺陷的新點子。我認識小野田好幾年了。我們是在一九八四年我第一次來IBM研究輪休時認識的，也差不多就在那時我和列文發表了我們第一篇有關準晶的論文。至於迪文琴佐，他還在賓州大學念研究所時，我就認識他了。

我們坐下一邊吃午餐，一邊聽小野田說著，他很清楚如果按照潘洛斯的互鎖規則來排，就會不斷產生缺陷的問題。他曾絞盡腦汁苦思，然後發現他可藉著制定額外規則，確保缺陷出現得少一些。這點子聽來滿有意思。於是我們草草吃完午餐，移駕到旁邊某個會議區，大家圍坐在一張圓形大咖啡桌旁。小野田拿出滿滿一盒他用紙剪出的潘洛斯地磚，開始示範他的新規則。

果然，小野田的方法真的帶來改善。雖然我們最後依然陷入困境，無法填補一塊空隙，不過在這發生之前，我們已能把二十多塊地磚拼湊起來。我們了解小野田的新規則如何運作之後，發覺還能再加一條規則，讓過程更圓滿。我們試著運用這條規則後，又發現了另一條規則，可帶來更多改善。在接下來的兩個小時裡，我們每

人輪流新增規則，直到突然間，我們發現我們已能用小野田的地磚覆蓋整張桌面，而沒犯任何錯誤或增加更多規則。

三個科學家彎著腰圍著桌子專心拼湊一組自製拼圖，想必看來有些奇怪。如果碰巧有人對我們表示異議，我們一定也沒注意到。我們花愈多時間研究，就愈覺得欲罷不能。我們三人都從沒料到會找出這些規則，讓我們能毫無缺陷地拼出由這麼多片地磚所組成的潘洛斯密鋪。

美中不足的是，我們非得搞出一長串宛如咒語的規則後才能成功，比如「假如出現如此這般的組合，要在它這特定的邊上添加一塊胖磚。」但是，當我事後更仔細地研究這張規則清單時，我注意到，如果改用對所謂的「開放頂點」（open vertex）添加地磚的說法來表達，便可簡潔到位地重新敘述這些規則。

一個密鋪中的頂點，乃多塊地磚隔角相交的任何一點。一個開放的頂點，則是一個尚未完成的頂點，所以仍然留有一個楔形空間讓你添加更多的地磚。

我們所制定的一長串規則，可以簡單歸納成一句話：唯有在一個能產生「合法頂點」的唯一選擇存在時，才向頂點位置添加地磚，所謂「合法頂點」是可在一個完美潘洛斯密鋪中找到的頂點；否則，隨機選擇另一個頂點重試。

如此簡單的規則真行得通嗎？從數學上證明，可是個得費時數月的挑戰。我再度找上索科拉爾，他現在已是世界級的密鋪專家。幾年前，我們兩人利用匹配互鎖規則、安曼線、和收縮－膨脹規則，首度將準晶可能形成的原因理論化。現在，透過電腦程式與索科拉爾所設計的數學推理巧妙結合，我們可以證明所有三種特性對於證明新頂點規則的有效性不可或缺，只需小小技術微調，在一開

始作為種子的地磚集合中，加上一種潘洛斯密鋪玩家們所謂的「十腳」（decapod）結構。

基本上，我們的新「生成規則」與潘洛斯最初制訂的匹配規則不同。潘洛斯的規則制約**兩塊地磚**沿著一條邊對接時的條件。而「生成規則」制約**一組地磚**環繞一個**頂點**相交時的條件。不過，就像匹配規則一樣，生成規則也可能起因於真實世界中的原子相互作用，在這種情況下，原子間力僅能延伸至數條原子鍵的長度。

我們的生成規則讓科學界感到新奇，其中最為驚訝的也包括潘洛斯本人。我第一次見到潘洛斯是在一九八五年，當時我邀請他來賓州大學與我的整個理論團隊，以及我那些正忙於準晶實驗的同事見面。我迫不及待讓他看到從他那天才發明中得到啟迪而衍生的所有研究成果。潘洛斯是典型的謙和優雅之人。他用清脆的英國腔很客氣地問了我們幾百個問題，也慷慨與我們分享他的見解。我們之間很快就發展出持續至今的惺惺相惜關係，因為我們同樣都對準晶和宇宙學懷抱熱情。

然而，時值一九八七年，潘洛斯心中仍然堅信懷疑論者陣營的說法。根據在構建潘洛斯密鋪時遭遇的種種問題，他認為尋常的原子間力不可能讓原子形成高度完美的準晶。但是，幾年之後他改變了想法。一九九六年，我受邀前去參加牛津大學向潘洛斯致敬而為他舉辦的六十五歲生日慶典，以表彰他的許多歷史性貢獻。這次盛會讓我有機會向潘洛斯演示我們生成規則的數學證明。另外，我送他一套我們那難得的三維元件（見彩色插頁中）作為紀念，他很感激地接受了。

我們還得再花上將近三十年的時間，才能完全證明三維生成規則。雖然同樣原理可透過二維潘洛斯密鋪加以類推，但要導出一個

證明卻困難得多。而且要將三度空間元件視覺化更是難上加難，也需要考慮到更多層次架構。於是我和索科拉爾決定暫且擱下問題，直到二〇一六年，我們才決定重新回顧這個問題，這次我們採用先進的視覺呈現技術。索科拉爾這時已是杜克大學教授，他有一位能幹的大學部學生康納・韓恩（Connor Hann）也加入我們的行列。我們三人齊心合力，終於完成了這個證明。

其實從二維潘洛斯密鋪中找出的生成規則，就已經足以打敗懷疑論者所稱完美準晶是種不可能達成的狀態的概念性論點。**但是，有沒有可能在實驗室裡找到能夠形成完美準晶的元素組合呢？**

一九八七年，日本，仙台市：

甚至就連我們的生成規則論文都還沒發表，便有一位遠在四分之一個地球外的科學家回答了這個問題。

蔡安邦和他在日本東北大學的合作團隊宣布，他們發現了一種由鋁、銅及鐵組成的美麗新型二十面體準晶。與先前合成的準晶不同，蔡先生的樣本不需快速冷卻。因此，它可以退火，也就是說，可以慢慢地對它加熱幾天，過程中不會轉變成傳統晶體。退火的準晶幾乎毫無缺陷，它有著堅實、琢面優美的造型，清楚呈現渾然天成的五重對稱。影像如下頁圖所示，第一眼看上去或許平凡無奇，就像琢面鑽石或石英晶體一樣。但它可是大有來頭。相較於謝特曼鋁錳合金所產生的混亂羽毛狀結構，蔡先生做出了有史以來第一件絕對完美的五邊形琢面結構體，實可謂重大的科學進展。

在發現準晶以前，大多數科學家都會宣稱具有五重對稱的琢面結構不可能存在，因為它違反了阿羽依和布拉菲所制定長達數世紀

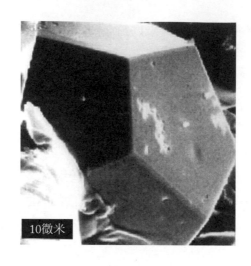

10微米

之久的法則。然而眼前便是無可辯駁的證據，證明它們確實存在。

　　海尼和他的學生班塞爾為了確認該結果，花了點時間。但最後終能比照他們曾對謝特曼鋁錳合金做過的測試，對這件新的鋁、銅及鐵合金樣本進行X光繞射圖分析。這一回，海尼與班塞爾發現了令人耳目一新的差異。蔡先生樣本中的布拉格波峰銳利而精確，不再模糊，而且這些波峰的位置筆直對齊排成直線，符合我們對二十面體準晶模型的預測。

　　終於，世上有了第一件毫不含糊、真實明確的二十面體準晶實例。擁護二十面體玻璃模型的對手們公開認輸，而準晶也終於被認可為一種真實的物質形態。接下來幾年間，陸續又有更多的完美準晶實例被人發現，其中許多都是蔡先生及其合作團隊的傑作。多年後，我終於有機會在日本見到蔡先生時，我很高興能當面向他表達我心裡是多麼地感謝與欽佩他的歷史性貢獻。

　　話說回來，儘管有了新的實驗證明，仍有少數人心中存疑，其

中包括令人敬畏的鮑林，他依然堅持他的複孿晶想法。

一九八九年，費城：

我邀請鮑林前來賓州大學會面，以便審視海尼與班塞爾對蔡先生樣本做出的決定性測量數據。那真是令人難忘的一幕，鮑林鍥而不捨花了好幾個小時仔細檢查數據，讓我印象無比深刻。他在查核數據過程中詳盡詢問許多問題，仔細研究新X光繞射測試結果，試圖從雞蛋中挑骨頭。

在當天工作結束時，鮑林同意，即便是每個重複組成單元都有八百個原子的模型，也就是他聲稱可解釋謝特曼鋁錳合金數據的模型，也無法解釋這件新的準晶。但是，這可不代表他就此讓步服輸。這只意味著他回去後，會大幅增加他理論中每個組成單元的原子數目，直到能對新測試數據達到自圓其說的地步，哪怕這會讓他的理論變得更加錯綜龐雜。

鮑林告訴我們，他準備寫篇新的文章刊在《美國國家科學院院刊》（*Proceedings of the National Academy of Sciences*），文中他會描述針對蔡安邦的完美準晶所提出的修正複孿晶模型。為了展現專業上的公道，他邀請我們寫個姊妹篇，說明為何用準晶模型來解釋該實驗結果比較簡單。有了鮑林支持，在當年接近尾聲時，兩篇文章頭尾相連地一起登上了同一期院刊。

多年下來，我和鮑林一直保持著聯繫，然而在此期間，各地實驗室中也不斷發現愈來愈多種元素組合而成的完美準晶。隨著歲月流逝，他變得愈來愈熟悉準晶樣式，似乎也承認其優勢。我相信他知道準晶理論終將取勝，但是他還沒準備好放棄他摯愛的想法。這

我能理解。我很樂於和他持續進行友好的辯論，當我在一九九四年讀到他高齡九十三歲辭世的消息時，我非常難過。

時至當下，態勢已然明朗，在實驗室裡合成完美、穩定的準晶再也沒有任何阻礙。如今這個課題已廣受認可，乃至現在已經有了準晶的年度國際會議，數以百計來自廣泛領域的實驗家、理論家和純數學家一同參與，並提出創造性貢獻。

我很自豪能夠成為其中一員。但我也感覺，對我來說此一研究領域已經人滿為患，太過成熟。為了維持我繼續研究準晶的熱情，我需要追尋一個別人從沒想過的問題。

我提醒自己，目前已證明在實驗室裡生成完美準晶要比任何人想像的都容易。

完美準晶可不可能在沒有任何人類干預的情況下自行生成呢？

這個想法讓我又回到一九八四年時曾經短暫探討過的問題，當時我和列文剛剛發表我們的第一篇論文：假如人工合成準晶是可能的，而且製造起來又很容易，那麼天然準晶呢？

目前為止，準晶只曾在實驗室精心控制的條件下合成，然而這些條件過於完善，根本無法在大自然中複製。所以我敢說，其他科學家都會認為天然準晶是個愚蠢到家的想法。別人認為它不可能，於是給了我夠好的理由去探索這個想法。

第二部
探索展開

第七章

人算不如天算？

一九九九年，普林斯頓：

「有沒有人曾發現過天然準晶？」

我才剛講完，便有個一頭白髮的傢伙興致勃勃地跑到講台前問我這個問題。前不久我加入了普林斯頓大學物理系的教學團隊，並決定以準晶的歷史作為我就職後第一場講座的主題。自我和列文第一次提出這個概念至今，已經過了十五年。

我不認識眼前發問的男人，也從沒在任何教務會議中見過他，不過很快我就明白為什麼了。他說他名叫肯‧德菲斯（Ken Deffeyes），是地球科學系的人。我很吃驚他會跑來聽這場演講。通常只有物理學家和天文物理學家才會出席我們的每週例行講座。

我對德菲斯的提問感到很高興，因為這代表他聽懂了我演講中的重點。我在演說中提出一系列新的學理論述，指出準晶可以跟晶體一樣穩定而順利地生長。所以，身為地質學家的他，自然而然會想知道它們是否存在於自然界。

「沒有，」我回答，「我先前曾毫無頭緒地在博物館收藏中尋找，但沒找到，不過，」我笑著補充說，「我有個對它們進行系統

化搜尋的主意。」德菲斯的眼睛睜得斗大，要求我談談這個主意。

我告訴他，這牽涉到在一個包含數萬張繞射圖案的電腦資料庫中進行自動搜尋。其中有些圖案來自人工合成物質，但也有將近一萬張來自天然礦物。幾年前，我曾聘請一位大學部學生逐一比對資料庫中的圖案，以找尋疑似準晶的繞射圖。但是才開始沒多久，就把他給累壞了。後來，我領悟到整個比對篩選過程都有辦法做到全自動。你可以先用電腦程式縮小搜尋範圍，找出一些最有可能的樣本，然後再送到實驗室檢測。

德菲斯覺得這個主意真是太棒了，並說他正好知道有誰能夠勝任這份工作，一位傑出的大學部學生陸述義（Peter Lu）。陸述義念高中時，曾經一連四次在美國科學奧林匹亞錦標賽（National Science Olympiad tournaments）中贏得「岩石、礦物及化石組」競賽的全國金牌。德菲斯解釋，目前他正就讀物理系三年級，也就是說明年即將升入四的他，正需要尋找一個論文題目。陸述義也使用過電子顯微鏡，等到我們在搜尋過程中找到任何疑似準晶的物質時，他的這項經驗也會大大加分。

德菲斯建議我聯絡姚楠（Nan Yao），他是普林斯頓大學影像分析中心主任，也是位電子顯微鏡專家。德菲斯說姚楠是位天才型的老師，一手栽培了陸述義。此外，姚楠從不尋常物質中取得繞射圖案的本事極為高強。

隔天，德菲斯就把陸述義介紹給我，陸述義看來的確是這項專案的不二人選。他是個充滿幹勁、企圖心很強的學生，正在尋求挑戰。雖然他個頭不大，看來年紀輕輕，但說起話來自信滿滿，甚至有點老氣橫秋。他沒出席我的演講，但覺得德菲斯所告訴他的一切已夠充分，因此積極果斷地討論這項專案，毫不懷疑自己的資格。

緊接著，陸述義與德菲斯拉著我一起到影像中心找姚楠，順便參觀一下中心的設備。中心裡除了有電子顯微鏡，還有許多貴重儀器，用於研究各種材料。這些設備開放使用的對象包括大學各系所的科學家與學生，以及大學附近業界實驗室的專家。姚楠對我們的專案極有熱忱，希望能盡一切可能提供協助，包括為我們預留使用中心電子顯微鏡的時段。他向我們導覽中心的設備時，我留意到他的沉著謹慎與專業學養。我相信他將會是我們團隊的重要成員。

隨著德菲斯、陸述義，與姚楠的加入，這時我發現最適切的人力、知識與技術組合已經全部到位，足以有系統地展開一場天然準晶追尋之旅。於是，我期待許久的探索就此正式啟動。

雖然陸述義的專長主要在礦物學與實驗物理學，但他很快便吸收了準晶相關的基礎數學。我們開始發展一套電腦演算法，以便能夠參考國際繞射資料中心（International Centre for Diffraction Data，ICDD）收錄的繞射圖庫，依照礦物取樣的繞射圖案比對準晶的相似度，予以評級。

國際繞射資料中心乃非營利機構，從世界各地的實驗室收集有關材料及其X光粉末繞射（X-ray powder-diffraction）圖的資訊。這些資訊被彙整在一個加密的資料庫中，科學家與工程師付費訂閱以取得閱覽權限。專家們通常會用這個資料庫將他們正在檢視的繞射圖案，和之前已知材料的圖案進行比對。

國際繞射資料中心也提供從資料庫裡採集資訊的軟體，但我們發現他們的程式太麻煩了，不適用我們的專案目的。這支程式一次只能撈取一張粉末繞射圖不說，偏偏又附上一大堆就我們的專案而言實屬多餘的敘述性資料。

為了進行統計分析，我們只需要粉末繞射數據。因此我們寫信

給國際繞射資料中心說明我們的專案，並詢問是否能夠使用他們的解密版資料庫。這樣我們便可自己寫程式來取得適用的資料，並將結果壓縮到一個大檔案中進行分析。我們並未抱太大希望，因為我們要求他們授與直接讀取他們最寶貴商品的特權。沒想到他們卻慷慨提供我們所需的一切，而且無需付費。

下一個有待克服的障礙，是我們受限於僅能使用**粉末繞射圖**。假如國際繞射資料中心能夠提供**單晶繞射**（single-grain diffraction）圖的話，那麼只需一個下午的工夫便可從一張晶體圖案（右下）中找出準晶圖案（左下）。

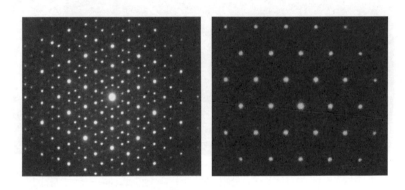

國際繞射資料中心並未收集單晶繞射圖案，因為大部分材料都沒做過單晶繞射測試。你必須先有一個特定尺寸及厚度的樣本，才能製作出高品質的單晶繞射圖案。對於科學家研究的絕大多數礦物和材料來說，這類的樣本找起來要不就太難，要不就太費時。

為了省事，科學家改而收集許許多多細微的個別顆粒，這些顆粒間的相對方向並不一致。這樣的顆粒「粉末」可能是自然形成，也可能是將一件或多件小樣本研磨成細粉製備而成。

用X光朝著這一大群顆粒照射，即產生所謂的「X光粉末繞射

圖」，那是將**所有**顆粒的繞射圖案合併在一起的結果。比方說，假設其中每一顆準晶顆粒都具有如同左下方那樣銳利的針點繞射圖案，那麼它的粉末繞射圖案看起來就會如同右下方所示。

　　粉末繞射圖案看上去，就像是你將銳利的針點繞射圖放在一張轉盤上，然後快速旋轉所觀察到的樣子，每個針點都變成一個模糊的圓形。左邊圖案中所有光點排列出清晰的十重對稱。然而，它在右邊的粉末繞射圖中則喪失了所有關於對稱性的資訊，只剩下許多半徑及強度不等的圓環。

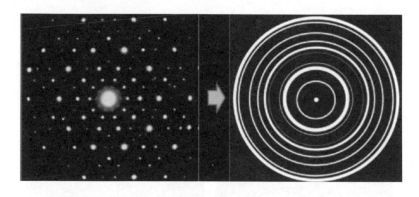

　　想想看，你手中只有右邊的圖案。你有辦法還原它是來自一群隨機排列的顆粒粉末，而且個個都會產生類似左邊圖案的原始真相嗎？這就是我們正在嘗試解決的問題。結果真是酷斃了，我和陸述義竟然能根據上方右圖中環與環的間距及環的強度，找出充分資訊來辨識出可能的準晶，並推導出左邊那幅大家現已熟悉的雪花狀圖案。

　　右頁的座標圖總結了我們的發現。該圖比較了我們對國際繞射資料中心目錄中每一種粉末繞射圖計算的兩個不同屬性。橫軸數值評量樣本的粉末繞射環半徑接近一個完美二十面體準晶理想半徑的

程度。縱軸數值則評量該繞射環在強度上符合理想值的程度。

　　座標圖左下角的兩個暗色方格，標示出收錄於國際繞射資料中心目錄中的兩件已知合成準晶。因此，在實務上，這兩個方格可用以評估一件樣本是否接近完美。如果有某種天然礦物的粉末繞射圖得分接近這兩個方格，那麼我們便可合理推測它是一種準晶，該粉末中每個顆粒都可產生一幅針點繞射圖案。

　　座標圖上的小點代表九千多種礦物的比對結果，它們的位置距離暗色方格太遠，因此我們排除它們是準晶的可能性。圖中的幾個圓圈代表其礦物粉末繞射圖數值最接近兩個方格，顯示它們很有可能是準晶。

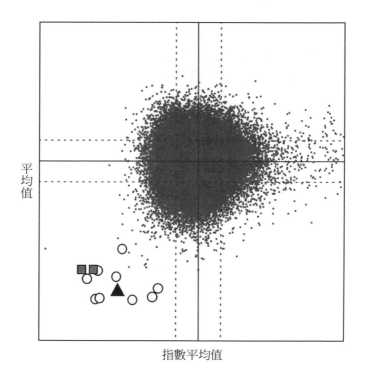

平均值

指數平均值

我和陸述義現在得找到這幾個圓圈所對應的礦物，然後帶回我們在普林斯頓的實驗室進一步分析。樣本到手後，會先切成薄片，然後在電子顯微鏡下接受檢視，以判斷是否真的是準晶。

　　眼看陸述義即將完成普林斯頓大四學業，現在他要在大四論文答辯中展現他的學習成果。按照傳統，會由一組教授來讓這名大四生飽受煎熬，透過嚴厲質問來檢驗他對論文主題的掌握度。但是陸述義有點囂張，他打算反過來由他決定誰該受到「煎」熬。看來的確如此。

　　陸述義為自己的論文所做的正式答辯，其中有一段讓在場的教授們哄堂大笑，因為他煎起了一塊生牛排，用的是一只表面塗有薄薄一層準晶金屬的特殊煎鍋。利用合成準晶做成不沾鍋塗料，是這種新型物質最早期的商業應用之一。這種塗料由法國準晶科學家讓－瑪利・杜布瓦（Jean-Marie Dubois）及其合作者構思設計並取得專利。有家法國製造商以「賽博諾克斯」（Cybernox）為註冊商標販售這種煎鍋。

　　準晶塗層就像常見的鐵弗龍一樣滑溜溜的，但是更加耐用。陸述義煎牛排的時候完全不放奶油，並展示準晶表層完全不會沾黏東西。他的壓軸好戲是拿把鋒利的刀子直接在煎鍋裡切牛排，你絕不會想對鐵弗龍煎鍋這麼做。陸述義也能證明煎鍋並未受損，因為準晶的材質堅硬。至於那把牛排刀就很難講了，因為它在煎鍋表面留下了大量金屬碎屑。

　　陸述義也報告了我們搜尋國際繞射資料中心目錄的細節。他說明了我們開發的搜尋演算法，並描述我們曾著手分析的候選樣本。我們並未從中成功發現任何一件天然準晶。然而，整個嘗試收集與測試礦物的過程本身便是一連串奇聞軼事，偶爾還有些好笑的突槌

插曲。

舉例來說，經過幾個月的努力，我們終於取得了最有可能的其中一件礦物樣本。這件樣本寬達好幾英尺。但是，為了能在電子顯微鏡下進行檢驗，我們必須從中取出一小片薄如髮絲的樣本。

切片程序必須使用普林斯頓沒有的一種特殊設備。所以我們安排將樣本寄送到加州大學洛杉磯分校的實驗室。接著我們期盼該實驗室寄回從樣本切下的一小薄片，以及剩餘的樣本。假如我們能從這小薄片上成功找到準晶，那麼剩下的樣本對於後續研究將會極有價值，最後還會成為博物館裡的得獎展示物件。

當包裹從加州大學洛杉磯分校寄回時，我打開盒子，沒想到裡頭竟然只裝了一片超薄的切片。**我們千辛萬苦取得的稀有樣本，它剩餘的部分跑哪兒去了？**

我氣急敗壞地打電話到加州大學洛杉磯分校，想問問他們何時才會寄回剩下的材料。電話好不容易轉接到相關技術人員時，他笑呵呵地回報：「哦，我們還以為你就只需要一片，剩下的樣本我們扔掉了。」

我聽了大驚失色。據我們所知，這可能是這種礦物在世上的唯一樣本，萬一我們檢驗切片後，從中發現第一件天然準晶的話，那我們接下來一輩子都要痛心這件稀有材料百分之九十九‧九九的部分已被當成垃圾扔掉的事實。接著我們等待姚楠對這薄如電腦晶片的切片進行檢驗，那幾個小時真是折磨人。當他回報這片樣本並非我們所期望的東西時，我和陸述義帶著一種既失望又慶幸的奇妙心情離開了實驗室。

最後的結果是，我們所挑選、收集，然後加以檢驗的所有礦物全都是垃圾。陸述義通過口試一年後，我們在《物理評論快訊》上

發表了一篇論文，描述我們的電腦搜尋演算法，以及我們一連串的失敗歷程。

我們的結論是，我們採用的方法有個弱點，那就是國際繞射資料中心從世界各地不同實驗室收集到的數據品質參差不齊，因此我們的自動搜索演算法才會做出許多誤判。我必須面對現實，在找到一件真正的天然準晶之前，更多的失敗還會接二連三來報到。

陸述義以最高榮譽學士（summa cum laude）的殊榮從普林斯頓畢業，接著要前往哈佛大學研究所鑽研完全不同的主題。雖然他已不再參與我的天然準晶探索，他依然著迷於華麗的準晶密鋪圖案。陸述義還在念大學部時，我們兩人有時會談到潘洛斯雖然成功構建出一幅準晶密鋪，卻竟然沒意識到它背後隱藏的準週期秩序。我們據此猜測，或許準週期密鋪可能是潘洛斯之前的某人在無意間設計的。許多伊斯蘭的細密鑲嵌瓷磚中便不難見到這類圖案，因為不少伊斯蘭文明擁有先進的數學造詣，而且他們也著迷於幾何圖案。

幾年後，陸述義有次在暑假時去到烏茲別克的布哈拉（Bukhara），他在當地發現了許多週期圖案的例子，那些鑲嵌圖案的重複花紋中含有十重對稱的星星圖樣。這次經歷引發他的好奇心，回國後，他四處尋找伊斯蘭密鋪的目錄。其中有不少密鋪就跟他在布哈拉看到的一樣──格局規律的五重對稱與十重對稱的星星所構成的週期圖案。然而，他在伊朗的伊斯法罕（Isfahan）達布伊瑪目聖殿（Darb-i Imam）這座曾在公元一四五三年留下銘文的歷史遺址上發現的圖案，可就絕非三言兩語所能形容（參見彩色插頁，圖樣三）。

陸述義很快就聯絡我，請我幫忙分析這件複雜的密鋪。我們把照片轉置成一幅由三種所謂「吉里赫磁磚」（girih tiles，參見彩色

插頁中圖像四）的形狀所組成的精密幾何圖案。我們由此發現這幅圖案幾乎已呈現完美的準週期性，僅有的些微小錯誤大概是後期修繕時造成。而且，我們還發現能透過某種收縮或細分規則來構建此圖案，並能無限延伸，這種規則遠比潘洛斯密鋪的規則複雜得多。

很遺憾，我們沒有達布伊瑪目聖殿的工匠如何設計這幅複雜圖案的紀錄。我們只好根據現今在聖殿上觀察到的殘垣來瞎猜。儘管它從設計中展現了我和陸述義所認出的某種收縮規則，但沒有證據顯示工匠們曾經運用了任何匹配規則。至今，世上沒有其他伊斯蘭密鋪比得上這裡，還留存著許多能夠鑑定的完美準週期圖案。

對伊斯蘭密鋪的研究，是讓我離題進入藝術及考古學領域的一段迷人插曲，不過我可沒打算放棄我對天然準晶的探索。我依然懷抱希望，期待有人會回應我和陸述義那篇描述我們尋遍國際繞射資料中心目錄的論文。

我們在論文的最後一段中，表示樂意與任何有意願加入搜尋的人分享我們剩下無法完成檢驗的候選準晶清單。「竭誠邀請有意願者聯絡PJL與PJS（陸述義和保羅）」。

我們滿心期許這項邀請能夠發揮如同科學界之歸航信標（homing beacon）的作用。但是沒人理會我們的求救呼叫⋯⋯一個也沒也⋯⋯一直到六年之後。然後⋯⋯

第八章

新夥伴盧卡・賓迪

二〇〇七年，普林斯頓、波士頓，義大利佛羅倫斯：

二〇〇七年五月三十一日這一天，我和陸述義收到一封來自義大利礦物學家盧卡・賓迪（Luca Bindi）的電子郵件。我們一時還搞不清楚狀況。我們倆從沒聽過賓迪，但顯然他聽說過我們。

賓迪一直在研究一種特殊晶族的礦物，叫作「非相稱晶體」（incommensurate crystals），其原子結構類似準晶，乃依照準週期分布，然而排列方式仍然遵守阿羽依和布拉菲長久以來屹立不搖的旋轉對稱規則，這一點又有別於準晶。

他在研究相關主題時，查到了那篇描述我們如何有系統地搜尋天然準晶的論文。他注意到我們歡迎潛在的合作對象與我們聯絡，便寫信表示接受我們的提議。

賓迪在來信中自稱是佛羅倫斯大學附設自然歷史博物館（Museo di Storia Naturale）礦物部主任。他自願幫忙研究在他博物館館藏中所能找到任何有可能是準晶的礦物。

我心想，也就是說，現在有一位我從沒聽過的義大利科學家，他自願加入兩個他從沒見過的美國科學家所發起的一場亂槍打鳥計

畫，而且這兩人在過去八年裡對天然準晶的探索毫無所獲。**這傢伙是何方神聖？我真佩服**。

此時，陸述義已是哈佛大學高年級研究生，正在從事一項與準晶無關的專案。他問我覺得是否該與這位不認識的科學家繼續研究下去。**有何不可？我如此作想**。

就這樣，賓迪幾乎是立刻就變得跟我一樣沉迷於尋找天然準晶。儘管他天生好動，愛往戶外跑，但他還是有辦法不眠不休地獨自待在實驗室裡專心工作，哪怕成功的機會極為渺茫。

我和陸述義先寄給他我們根據國際繞射資料中心目錄所整理出的一些頭號準晶嫌犯清單。賓迪隨即從他的博物館裡找出我們清單上列出的樣本，然後仔細地分析它們。然而，進展並不理想。他在後續幾個月中定期向我回報了一些令人失望的結果。失敗一次又一次地襲來。

有一次，我建議賓迪，與其繼續尋找產自地球的礦物，「隕石倒是機會更大，因為它們含有各式各樣的純金屬合金，我很有興趣跟你一起研究它們。」這個想法後來證明確實是真知灼見。但當時賓迪並未採納我的建議，大概因為他是礦物學家，而隕石超出了他的專業領域。

我和賓迪正是在這段來來回回的交流期間，開始建立起深厚友誼，而我們的友誼一開始便經歷他在實驗室裡接二連三遭遇挫折的考驗。我們對彼此的敬重乃建立於科學之上，並受到每天的電子郵件與Skype聊天所滋養。

二〇〇八年十一月三日，義大利佛羅倫斯和熱那亞：

經過一年多令人失望的結果之後，賓迪突然單方面做了一件任何優秀科學家都會做的事。他拋開失敗的策略，採取另一個新策略。

雖說我和陸述義最初用來分析的國際繞射資料中心檔案包含了數千種礦物的繞射圖案，但仍有一些稀有礦物以及最近才被發現的天然礦物尚未納入。賓迪決定把注意力特別集中在這些礦物上。此外，他還更進一步縮小搜尋範圍，把重點放在含有金屬鋁銅的礦物，那是當時廣泛使用的元素組合，用以製造出多種合成準晶。

二〇〇八年十一月初，我去義大利參加熱那亞一年一度的科學節（Festival della Scienza）。我受邀在大會上為《無盡的宇宙》（*Endless Universe*）一書發表演說，這是一本為大眾讀者所寫的科普書，介紹有關我和物理學家尼爾・圖洛克（Neil Turok）共同發展的宇宙循環理論。循環理論是替代宇宙膨脹模型的主流，雖然幾十

年前我也曾協助建立了膨脹模型，但如今已不再被視為可行。

　　我已有一陣子沒接到賓迪的消息了，所以我沒告訴他這星期我會在義大利。當我穿越我下榻旅館前的聖羅倫佐大教堂廣場（Piazza San Lorenzo），想找點可口的義大利咖啡時，我感覺到黑莓機傳來的震動。是賓迪。我打開訊息，並做好接受另一次失敗的準備。出乎意料，電子郵件開頭如此寫道：

　　　　我研究了一件標示為「鋁鋅銅礦石」的博物館樣本（屬於博物館的礦物學館藏）。透過掃描式電子顯微鏡（scanning electron microscope，SEM）初步分析後，我了解到這件樣本其實是由四種不同物相所組成，即鋁銅相（cupalite，$CuAl$）、二鋁銅相（khatyrkite，$CuAl_2$）、一種由銅鐵鋁（$CuFeAl$）組成的未知相，最後還有一種化學計量比為$Al_{65}Cu_{20}Fc_{15}$（歸一化為一百個原子）的相。

　　訊息的其餘部分主要在談最後一種相，賓迪以化學式$Al_{65}Cu_{20}Fe_{15}$描述的礦物，意思是成分中有65％的鋁，20％的銅，和15％的鐵。

　　他所提到的樣本，可在彩色插頁（圖像五）裡看到它原本裝在塑膠盒裡的模樣，旁邊擺了一枚五分錢歐元硬幣作為比例尺。塑膠盒裡的物品是一小座用來固定岩石的油灰，以防止頂端的岩石因盒子移動而碰碎。這整件樣本的直徑僅三毫米（參見彩色插頁圖像六的放大照片），被高高安置在一坨油灰基座的頂端。

　　我從這張與五分錢歐元硬幣一同拍攝的照片裡，首次瞥見那個即將引領我發起一場壯闊冒險的微小礫石。

盒子上標示這件樣本為「鋁鋅銅礦石」，這是一種由二鋁銅（每兩個鋁原子對應一個銅原子）組成的晶體礦物。鋁鋅銅礦石已列入國際礦物學協會（International Mineralogical Association，簡稱IMA）官方目錄，代表它的成分與週期結構已為世人所知，其屬性也曾經過仔細地測量和記錄。這件樣本登記在佛羅倫斯博物館的正式目錄中，編號為四六四〇七／G。塑膠盒的標籤上標有數字四〇六一，以及「哈泰爾卡」（Khatyrka）字樣，這是俄羅斯遠東地區一條河流的名稱，此外還標示有「Koriak Russia」，這是俄文「Koryak」（科里亞克）的另一種拼法，指的是堪察加半島上的科里亞克山脈，但為何如此標示，原因不明。

　　放大圖（彩色插頁影像六）中顯示，該顆粒是含有許多不同礦物的複雜混合體。賓迪發現，淺色部分包含橄欖石、輝石、尖晶石等常見礦物。深色材質主要由銅、鋁合金組成。盒子被標示為「鋁鋅銅礦石」，乃因為不管是誰寫的標籤，想必都認定二鋁銅晶體的成分才使得這件樣本值得關注。

　　賓迪已切開礦石以便研究它的成分。他製備了六段纖細的切片，每一段都細如人類髮絲。然而，為了製備出這些切片，賓迪不得不浪費掉大量樣本。這些最終被證明極其珍貴的礦物樣本，有百分之九十都毀於切片過程。彩色插頁影像七中所顯示的，便是賓迪在電子郵件中興奮描述的纖薄樣本切片特寫。

　　灰階影像顯示出不同材質的混合，看起來就像這些材質是被隨意揉在一起。賓迪透過電子微探儀（electron microprobe）向樣本進射一道極窄電子束來量測化學成分，從而辨識出這段切片中的大部分礦物。影像中的每個小點都分別對應到一個不同計量。

　　賓迪就是在黃點對應的地方發現二鋁銅（如前所述，每兩個鋁

原子對應一個銅原子）。紅點則是對應到另外一種稱為「銅鋁石」（cupalite）的稀有晶體，是一種銅、鋁原子占比各半的混合物。

隨後，他發現了一些真正令人困惑的地方。綠點標示出鋁、銅、鐵原子占比大致相等的混合區域，這是國際礦物學協會天然礦物官方目錄中未曾出現的組合。藍點則是$Al_{65}Cu_{20}Fe_{15}$，這是另一種不在目錄裡的組合。

賓迪很想趕快分離出綠點和藍點所對應的這兩種神祕礦物，以便取得它們的粉末繞射圖進行鑑定。為此，他大膽地賭上一把，他採用一種特殊工具來鑽鑿切片上這兩個區域。你必須擁有高超的手眼協調能力才能進行這項操作，因為這些區域無比細緻，而切片又薄如電腦晶片。賓迪成功取出了他要的物質，但是脆弱切片的剩餘部分全都在操作過程中損毀。

所以說，這些不同礦物彼此間如何相連的寶貴資訊也隨之佚失。不過，我們要替賓迪說句公道話，當時他並未意識到這件樣本將會變得如此罕見與重要，也不曉得這些資訊將來會有多麼珍貴。他的唯一目標是儘快分離出個別礦物顆粒，這樣他才能取得X光繞射圖，好確定它們是否很有機會成為候選準晶。

完成這道程序以後，原始樣本就只剩下兩小片礦物碎屑，賓迪把它們黏在一對細長玻璃纖維的頂端。碎屑雖小，但其尺寸也足以讓賓迪用來取得X光粉末繞射圖。

賓迪將結果和業已發表的合成準晶繞射圖案作比較，結果所呈現的可能性讓他非常興奮。但是他不能確定兩者是否真的完全一致。他沒有我和陸述義設計用來進行周密測試所需的電腦程式，也不能僅仰賴粉末繞射圖檢驗原子排列的旋轉對稱性。我和陸述義當初面對國際繞射資料中心資料庫時也遇到過同樣問題。

我讀了賓迪的電子郵件還不到幾分鐘，便把他的粉末繞射圖傳給陸述義，讓他立刻進行分析。這項檢測將會用賓迪樣本的粉末繞射圖與我們從天然準晶所能期待看到的數據，進行一次精確的定量比較。在結果出爐之前，為賓迪這番發現歡呼尚無意義。

　　兩天後，我回到美國，收到了初步結果。根據檢測，那顆有著藍點的礦粒中含有天然準晶的機會看來很大。但如果現在就寄予厚望則又為時過早。正如我曾向賓迪解釋的，「機會很大」跟「證明」，完全是兩碼子事。我和陸述義從前在研究過程中，就曾經歷過似是而非的誤判。我們還得做更多的測試，才能確定是否真的發現了一件天然準晶。

　　然而，在這個節骨眼上，原有的岩石卻只剩下兩片小小碎屑。對佛羅倫斯或普林斯頓附近的鋁鋅銅礦所做的快速搜尋也是白忙一場。所以我們別無選擇，只能聚焦在手裡已有的碎屑。賓迪的實驗室缺乏對剩餘物質進行關鍵測試所需的高度精密儀器，但是我有合適的儀器和最棒的人才為此測試操刀。我要去找普林斯頓影像中心主任姚楠談談。

　　二○○八年十一月十一日，我和賓迪展開合作至今差不多已經一年半了，有個義大利佛羅倫斯來的塑膠盒抵達我的辦公室。盒子裡有兩小支銅柱，用來托起粉末繞射實驗用的樣本。每支銅柱延伸出一條細緻的玻璃纖維絲。每條玻璃纖維絲頂端黏著一丁點幾乎看不見的深色斑點物質。

　　我想確定樣本是否安然無恙地送到。我記得當時把包裹拆開後，瞇著眼睛死命盯著纖維末端，想看看能不能找到碎屑。我對當時剛好在我辦公室裡的學生解釋，我已花了十幾年時間尋找一件天然準晶，如果找到的話，真希望它至少有一顆小石頭那麼大。

「假如找到的第一件天然準晶小到我連看都看不見的話，」我說，「我真會失望透頂！」

第九章

「準」新年快樂

二○○八年十一月二十一日，普林斯頓：

我手裡緊緊抓著這只小盒子，從辦公室跋涉一段上坡路到普林斯頓影像中心。盒子裡裝著賓迪送來的兩支小銅柱。每支銅柱托著一條長約一英寸的細緻玻璃纖維，頂端黏著珍貴的一小丁點物質。

我抵達時，影像中心主任姚楠正埋首桌前忙碌著。我匆匆觀察了一下他的辦公室。所有書架和能放東西的角落，全部堆得有如小山，滿滿都是一個又一個與其他專案相關的書本、期刊，及樣本盒。

這一大片櫛比鱗次的景象，充分說明姚楠投入了大量時間協同全校各系所的教授和學生一起工作。我已欠了他不少人情。他一直為我們的研究貢獻若干私人時間與自主經費。

身材高大修長的姚楠從桌前站起，接著從材料堆中左移右挪地繞了出來，愉快地迎接我。我們互相寒暄，然後他請我坐下。我四下看了看，不知道該往哪兒移動，因為就連他辦公室小小的咖啡桌和椅子上，都擺滿了先前幾場會議留下的研究資料與雜物。不過姚楠很快便收拾所有東西，把它們堆到地板上，為我騰出座位。

左圖是姚楠在他實驗室的照片，他知道我帶來賓迪的樣本讓他檢查。我馬上就把盒子遞給他，然後坐下來看他有何反應。姚楠是美國顯微鏡協會（Microscopy Society of America）評價很高的會員，在專業上向來維持一貫的冷靜與沉著風格。但這時他顯然大吃一驚，他看到盒子裡只有兩小丁點大約十分之一毫米的小小碎屑可供檢測。原本我就很擔心材料可能不夠用，眼下姚楠的反應讓我更加不安。

情況肯定跟我猜的一樣，很不妙，我心想。

就連要從玻璃纖維上取下小小碎屑，都是風險極高的工作，姚楠這麼對我說。所以我們決定，在嘗試任何可能破壞樣本的動作之前，先讓它們原封不動，看看能否就這麼觀察出一些名堂。我們會重複賓迪所做過相同的X光繞射測量，但會使用更精密的儀器，看看樣本是否真如最初測試所顯示的那般令人樂觀。

然而，經過幾個星期的努力，我們自己的檢測結果同樣也是模稜兩可。儘管姚楠用的設備較佳，但也沒法做出比賓迪更好的結果。我們測得的粉末繞射峰值，大致上與賓迪相同。我們猜測，把事情搞砸的或許是那薄如蟬翼的玻璃纖維基座。它們在姚楠旋轉樣本時晃動得太厲害，可能因此混淆了X光繞射圖案。

我們考慮從原來的玻璃纖維上移下碎屑，把它們重新黏到較新、較堅實的基座。但是誠如我和姚楠討論過的，分離這些微小樣本，操作起來風險極高。我決定，假如我們真要賭一把，那就非得有機會大贏一場，而不是再一次沾黏樣本，然後重做同樣測試。我們應該直接進行最關鍵的測試：從碎屑上的個別顆粒取得穿透式電子繞射圖。

　　穿透式電子繞射的優點在於，它能使用一道可精密聚焦的電子束。然後，電子束可瞄準並穿透一片碎屑所含許多不同顆粒中，某單一物質顆粒上的微小區域。而且如此產生的結果將是直截了當的繞射圖，可一舉揭開原子排列對稱性的謎底。

　　製備這項測試所需的樣本，絕對會是場令人卻步的挑戰。過程包括先從玻璃纖維移下碎屑、再將碎屑分離成許多極其細微的單一顆粒，接著還要從所有顆粒中挑出最為纖薄的一顆，它必須夠薄，薄到足以讓電子束穿透。

　　姚楠的計畫是放一滴丙酮在纖維頂端，讓膠水慢慢軟化，然後拿一把鑷子很小心地將物質細粒一點一點地單獨摘下。他的解釋聽起來好像很容易，但我內心清楚這是種極度精密的操作，需要無比精湛的技術。

　　我坐在姚楠身旁，他把滴管湊近玻璃纖維，小心翼翼地釋出一小滴丙酮。我屏住呼吸，看著那滴丙酮碰觸到纖維頂端。接著，整片碎屑竟然就在我們眼皮子底下突然消失了。

　　我們兩人都嚇壞了。照道理那碎屑中應當含有金屬顆粒，而金屬顆粒是不會被丙酮溶解的。**到底怎麼搞的？**我們倆驚懼交加，誰也沒說話。我們的目光從纖維頂端慢慢往下移動。然後，我們倆似乎在同一剎那喘了口氣。

我們從未料到，這片碎屑黏到頂端時只用了極少量膠水，而且少到姚楠只用一小滴丙酮便足以讓它完全脫離基座。

那片碎屑很可能掉到地板上，並遭到汙染。而更糟的是，那麼一小片肉眼難以看見的碎屑很可能就此人間蒸發。不過接著我發現，在玻璃纖維頂端下方約一英尺處擺了一張桌子，上面放著一只白色小坩鍋，大小及形狀都和洋娃娃的茶杯差不多。姚楠把它放在那兒，是為了裝他原本計劃用鑷子夾下來的顆粒。然而說巧不巧，坩鍋剛好位於玻璃纖維頂端的正下方。

我和姚楠視線往下移，看見一滴丙酮和那一小片帶有金屬顆粒的碎屑，不偏不倚安全落在那乾淨的白色坩鍋正中央。

經過這麼一折騰，那片原本只有十分之一毫米大小、形同粉末的物質碎屑，又被分解成數百顆更細小的顆粒，目前全都浸在小小一池的丙酮液中。我們得等到丙酮全部揮發之後，才能把這些顆粒安置到一個特殊的金柵中，這個金柵約莫一枚小硬幣大小，通常放在穿透式電子顯微鏡下用來研究粉狀樣本。

電子束非常精細，所以每次只能分析一個顆粒上很小的一部分。顆粒的形狀最好能夠像一張煎餅，如此橫向會寬廣些，而電子束通過的縱向則必須非常薄。

我和姚楠看著我們樣本中的細小顆粒時才發覺，想再把它們切成所需的厚度，也就是千分之一毫米，根本難如登天。我們的唯一希望，是能碰巧找到一顆夠薄的顆粒，而且它的方位還恰好順應我們所需的方向。

這次運氣不太好，我們必須等上一段時間才能開始進行。普林斯頓大學即將放春假了，長假期間影像中心不開放。姚楠說，開學後，我們測試所需的顯微鏡一連兩個月都被訂滿了。

我對於驗證這件樣本含有準晶的看法不太樂觀。大約十年前，我和陸述義研究了好幾件粉末繞射圖看來非常像準晶的礦物，然而沒有一件能夠成功通過最具關鍵的穿透式電子顯微鏡檢測。我覺得，目前這件大概也不例外。但即便如此，這種必須等上幾個月才能見真章的滋味實在不太好受。

我問姚楠有沒有任何機會能讓我們早一點檢查這件樣本。他指著月曆上接下來兩個月裡剩下的唯一開放時段：二○○九年一月二日（星期五）凌晨五點。真是個天大喜訊，我心想。沒人會在開年後隔天的黎明前工作。

但是這個沒人愛的時段並未讓我卻步。「好啊！」我說。「那就到時候見！」萬萬沒想到，姚楠也答應。

二○○九年一月二日，普林斯頓：

鬧鐘在凌晨四點半響起，普林斯頓天寒地凍，氣溫攝氏零下七‧二度。我拿出我最暖和的外套、雪帽和手套把自己團團裹住，駛進一片黑暗中，前往影像中心找姚楠。

車子行經鎮中心時，我突然想起我和姚楠是在好幾星期前約定好時間，但是之後從沒互相確認過。**他該不會忘了吧？**我心裡猶疑著。我該不會白白拋下溫暖的床褥，跑進嚴寒中受凍？

但我才剛走進實驗室，馬上就看到姚楠，這位無可挑剔的專業人士已經展開工作。我走到穿透式電子顯微鏡前，坐到他旁邊。他已細心完成了前置作業，將我們的樣本顆粒放進一只承載樣本的金色篩目盒，然後把篩目盒推入電子顯微鏡，再把樣本室抽成真空狀態，而此刻他正準備開始在一群顆粒當中尋取最有指望的候選取樣

來進行分析。姚楠直接用電子顯微鏡觀察時，我則是透過電子顯微鏡投射到旁邊一台螢幕上的影像來分析他正在進行的動作。

幾分鐘後，他指出一顆兩微米（譯注：μm，一微米＝千分之一毫米）寬的顆粒，大約是人類髮絲粗細的千分之一，請參見下面插圖中的放大影像。在顯微鏡下，這個顆粒大致呈現一把小小斧頭形狀。姚楠告訴我他的看法，他說，該顆粒接近「斧柄」的部分（如下圖）看起來夠薄，應該能讓電子束穿透。

他操作控制儀緩緩移動樣本盒，直到「斧柄」對準電子束火線為止。姚楠又檢查幾次，接著宣布他已準備好展開測試。

第一步是採用穿透式電子顯微鏡的「會聚射線模式」（convergent beam mode），若接受測試的是高度完美的晶體樣本，將會產生一種稱為「菊池圖樣」（Kikuchi pattern）的交叉緞帶圖案，此圖樣是以一九二八年發現此一效應的日本物理學家菊池正士來命名。

0.5 微米

結果讓人十分驚訝，這枚樣本顆粒馬上就產生一幅美麗的菊池圖樣（如下圖）。我們從沒想過能從這片岩石中發現如此完美的樣本，當然更沒料到會在第一次嘗試的部位就找到。

　　然而真正讓我們驚訝得合不攏嘴的，是這幅圖樣竟然是由十支輻條組成，而且排列出十重對稱，如對頁插圖所示。我聚精會神地盯著螢幕。一般晶體的菊池圖樣絕不可能出現十重對稱。發現這等事物，正是這件樣本真的有可能是天然準晶的第一個跡象。

　　我感覺自己在椅子上挺直了腰桿。今天早晨大有希望成為一段大好時光。

　　能產生菊池圖樣，代表我們有可能讓電子束近乎完美地沿著原子排列的對稱軸切齊。這時姚楠操作控制儀重新對齊樣本，然後切換到繞射模式。

　　姚楠一按下開關，我馬上就被螢幕上出現的影像徹底震撼。我看到了一幅宛若星群，由繞射針點所排列的五邊形和十邊形組成的

雪花狀圖案，這是一件二十面體準晶的理想特徵圖案。我感覺自己臉上漾起了笑容。我簡直不敢相信自己正在看的影像。這是一幅電子繞射圖，而且比謝特曼一九八二年的那張好太多了。他的那件樣本是人工合成的，而我這件可是天然的。我虔誠地看著螢幕上的影像，感覺自己好像聖靈附體。

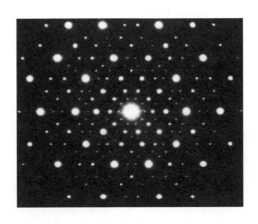

我和姚楠都沒放聲高呼「發現了！」，或激動喝采、互相恭賀。事實上，我們當時超乎意料地安靜，因為此時無聲勝有聲。我們都知道，我們正在見證一次「第二種不可能」的時刻。那是開天闢地頭一遭被人發現的天然準晶。

絕大多數科學家窮其一生精力期待著這樣的時刻。我們一起坐在冷冰冰的實驗室裡瑟縮發抖時，我和姚楠都非常明白我們真的非常幸運。那是個靜寂無聲的震撼時刻。

距離我第一次在自然歷史博物館的礦物收藏區，想碰碰運氣找到天然準晶，時間已經過了快要二十五年；距離我和姚楠、陸述義，與德菲斯一起開始有系統地搜尋全世界的礦物資料庫，已經過了十年。許多人認為，辛苦的專案根本毫無希望，甚至傻得有點可

笑。也的確真如愛說風涼話的人所預料，我們過去踽踽而行從未有過振奮的成果。事實上，我們甚至連邊都沒沾到。

然而，失敗的搜尋卻幫我帶來了賓迪，和他博物館儲藏室裡一個被人遺忘許久的樣本。此刻，幾十年來的失敗已不重要。除了我眼前螢幕上的影像，其他事情一點也不重要。下面的插圖是我們那天早晨第一眼看到的繞射圖案，照片經過高度曝光處理。

我和姚楠繼續欣賞著眼前影像時，我們終於開始交談了幾句話。我們冷靜地討論下一步，對話內容相當簡明果決。

首先，要把這件樣本翻轉至某個特定精確角度，並穩固地安置在一個基座上，以便沿著不同角度觀察不同的繞射圖案。這項測試至關重要，因為這樣才能研判這件樣本是否具有二十面體的所有對稱性。

姚楠解釋，要執行這項測試，唯有先讓空氣重新進入目前樣本所在的真空室，再重新設置基座。這些動作頗為複雜，需要花點時間來完成。雖說儀器的使用時段都已被預訂完了，但我們這項發現的重大性，促使姚楠決定在這星期後面幾天設法偷一些時間來進行這項測試。而現在呢，該回家休息了。

我離開實驗室的時候，普林斯頓冷冽刺骨的街道仍是漆黑一片，毫無人跡。然而，我感覺不到嚴寒的氣溫。開車回家的路上，我幾乎處於一種神遊狀態，腦海中一遍又一遍地重播著早晨的畫面。**一件天然準晶。不可能。**

我小睡了一會兒，幾小時後，我寄了一封電子郵件給賓迪，主題欄寫道：「準」新年快樂。我的義大利同伴是世界上第三個知道天然準晶剛剛已被發現的人。不過，賓迪可能會說他才是第一個，儘管他早先在佛羅倫斯實驗室的粉末繞射測試中沒有得出定論。不

過賓迪的科學直覺讓他信心十足，認定他寄給我的材料中含有天然準晶，而他的直覺在接下來幾年中將被證明真的是難以置信地神準。

　　過了幾天，姚楠達成任務，成功偷到一點時間使用穿透式電子顯微鏡。他以不同角度旋轉樣本，發現一系列分別具有矩形對稱（左下圖）和六邊形對稱（右下圖）的繞射圖案。

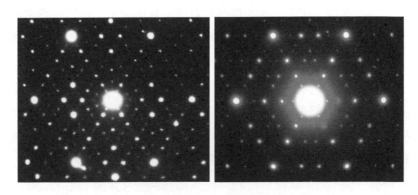

　　姚楠從樣本的十重對稱圖案變換到矩形，再到六邊形，過程中所需旋轉的角度，果然準確命中我們對二十面體的預測；例如，二十面體中心點到其某個隅角之間的假想線，與二十面體中心點到其某個三角面中心點之間的假想線，此二者間之夾角。這是不容置疑的證據，我們這個顆粒確實具有完美的二十面體對稱性。

　　賓迪的初步測試顯示，這些顆粒中含有鋁、鐵和銅，其比例和蔡安邦及其合作夥伴在一九八七年發現的歷史性樣本中測量的比例大致相同，那也是第一件合成準晶展現出針點繞射峰的真實案例。不過，我們還是需要進行更精密的測量才能確切肯定。

　　我有一小塊蔡安邦合成準晶的樣本取樣，那是他一九八九年送給我的紀念品。這塊被我當成貴重寶物的樣本，已在我辦公室裡陳

列了超過二十年，如今我必須敲下一小片交給姚楠，讓他用這塊合成樣本與第一件已知的天然樣本進行定量比較。

結果是近乎完美的匹配：$Al_{63}Cu_{24}Fe_{13}$（63%的鋁，24%的銅，和13%的鐵）。蔡安邦那件琢面優美的十二面體造型合成準晶，和來自鋁鋅銅礦石樣本的那件細小顆粒，兩者具有完全相同的原子排列及成分。

這兩種物質分別從世界的兩端來到普林斯頓。一件是在日本一間實驗室裡製造，另一件飄洋過海來自義大利，且是生成於大自然中。而現在，我們發現這兩種物質幾乎完美一致。**不可能**。

我和賓迪協同姚楠及陸述義，起草了一篇標題為〈發現天然準晶〉（Discovery of Natural Quasicrystals）的論文，然後遞交給《科學》期刊，這是一本在發表新研究成果上具有領先地位的期刊。我曉得我們得等上幾個月時間，才會知道這篇論文是否會被發表。

這一刻，我本該歡慶我們終於成功找到一件天然準晶，這是我幾十年來一直追求的目標。然而，相反地，我有種怪異的不踏實感。我有點惶惑不安，感覺大自然似乎還對那鋁鋅銅礦石隱藏了些什麼祕密，而我們尚未發現。

我說不出為什麼會有這樣的感覺。我也不知道要花多長的時間才能找到答案。但內心就是感到壓迫難耐，冥冥之中，我覺得有場冒險才正要開始。

第十章

當你說不可能的時候

二○○九年一月八日，普林斯頓：

我大聲敲著一扇高大橡木門，門上的玻璃框裡標示著「林肯‧霍利斯特教授」（PROF. L. HOLLISTER）字樣。這是我首度與這位知名地質學家會面，我還不曉得會發生些什麼事。未來我們將多次碰頭。

我知道霍利斯特是一位岩石學專家，意指研究岩石起源與成分的專家。我也知道他是一位精明執拗的科學家，興趣廣泛，在普林斯頓校園中深受愛戴。我還不知道的是，他即將成為我們最強大的批評者之一，而且不久就要開始質疑我們整個專案的合理性。

霍利斯特的職業生涯是從挑戰傳統起步，並且最終證明了他的觀點。他於一九六○年代剛進入此一領域時，學界對於變質岩（metamorphic rocks）的標準認知為，該岩石中礦物成分是一致的，因為它們是在高溫及高壓的環境中形成。但霍利斯特獨排眾議，並能解釋為何事實並非如此。他是第一批收到來自月球岩石的地質學家之一，他推翻了月球熔岩中某些礦物乃經由高壓從月球深處湧至月球表面的普遍認知，他證明這些礦物其實是在月球表面

快速冷卻的熔岩中形成。他曾前往加拿大英屬哥倫比亞、阿拉斯加、不丹等偏遠地區，進行一系列探險研究，從而大幅推進了我們對大陸地殼的理解。

在整個職業生涯中，霍利斯特的成功得力於他的野外生存技能，以及他在實驗室裡頑強且實事求是的行事風格。我認為沒有比他更優秀的專家能協助我們了解準晶究竟如何形成。

自從一九八七年蔡安邦製造出第一件完美的 $Al_{63}Cu_{24}Fe_{13}$ 樣本以來，世界各地已對人工合成準晶司空見慣。話說回來，蔡安邦是在控制嚴謹的實驗室環境裡工作，一開始就只投放正確比例的不同金屬，全程小心調節混合物冷卻的速度。最後，他的團隊製成了完美的人造樣本，如左下圖。相反地，我們從佛羅倫斯樣本中發現的準晶是在完全不受控制的大自然中，與其他礦物擠壓在一起所形成的大雜燴，如右下圖。圖中的白點對應到準晶的位置，其他暗點則分別標示各式各樣的晶狀礦物。

自然界的準晶和人工合成準晶具有相同的原子組成，而且擁

10 微米

有大致相同的無缺陷結構。感覺就像我們看到了來自世上遙遠兩地、不同父母生出來的一對雙胞胎。這是怎麼發生的呢？我想知道。

霍利斯特開門歡迎我時，我的第一印象是：這位老兄看來真是不折不扣的地質學家。他身高約一七八公分，膚色黝黑，頭髮銀白，相貌粗獷帥氣。霍利斯特一副蓄勢待發的樣子，似乎正準備一接到通知就背起背包，展開他的另一場戶外探險。

實際上，他看上去體格相當結實，要不是他自己提起，我還真猜不出霍利斯特已經七十歲了，不久後就要退休。他說他正在打包，這說明了為什麼辦公室裡亂糟糟的，地圖、顯微鏡、大型岩石樣本散置各處。

霍利斯特邀請我進入他辦公室的隔間，那裡空間夠大可以坐下，然後我花了接下來三十分鐘敘述我的故事。我告訴霍利斯特，我們最初如何發展出準晶理論，後來實驗室製造出它的合成版本，還有我從一九八〇年代起便不斷尋找天然樣本，以及最後在還不到一個星期前，在普林斯頓影像中心的發現。

最後，我問了他一個長期困擾我的問題：**大自然究竟如何辦到的？**

霍利斯特瞇起眼睛瞪著

我。後來我才曉得，他的學生都太熟悉那種眼神了。他們把它叫作「霍利斯特眼神」，毫無疑問意味著麻煩來了。

但他一定又對我身為理論物理學家，對地質學顯然完全是門外漢的現實感到同情。他的「霍利斯特眼神」逐漸和緩下來，語氣溫柔地告訴我這個壞消息。

「你的那個東西……」他說著，然後戲劇性地停頓了好一會兒，「……不可能！」

「等等，」我在他繼續說下去之前立刻打斷。那個字眼我都聽了好幾十年，我想有個解釋的機會。

「準晶絕對是可能的，」我提醒他。「我們已在實驗室裡製造出準晶，其中包括一些與我們剛剛發現的天然準晶成分完全相同的樣本。」

我看得出來，霍利斯特正按捺著性子，他的音量提高了一、兩度。「我不管那準晶的部分，」他語氣強硬，「那些東西我從沒聽過，不過你解釋得還算合理。我聽不下去的，是你說準晶和鋁鋅銅礦石晶體中都含有游離態金屬鋁。

「鋁對氧的親合力極強，」他表明。「地球含有大量的鋁，但都不是金屬鋁狀態。它們全都與氧化合。」一旦鋁和氧化合，它將失去光澤，並且不像金屬鋁那樣容易傳導電子。

「就我所知，大自然中從未見過一件金屬鋁，或是任何含鋁合金的樣本。你以為你找到一塊天然石頭。但是，我很遺憾地告訴你，那大概是冶煉廠裡流出來的廢物。」日常生活中見到的金屬鋁，全都是透過從氧化鋁中分離出來的金屬鋁所合成。

霍利斯特這番聲明聽來權威十足。想必敬重他的聲譽的大多數地質學家，此刻若聽到他嚴厲的口吻和所傳達的一切，都會馬上感

謝他的指導，立刻結束調查。

　　然而，現在坐在他面前的，是一個頑固的理論物理學家，雖說對地質學的見識淺薄，但是對不可能的挑戰可就太熟悉了。所以我沒未認輸，並問了霍利斯特那個每當我聽到「不可能」這字眼時，都會捫心自問的同樣問題。

　　「當你說『不可能』的時候……指的是像1+1=3這種不可能呢？還是指非常、非常不像是真的？而萬一是真的，將會非常、非常有趣？」

　　謝天謝地，霍利斯特似乎並不覺得我的問題冒犯到他，因為他沒有馬上把我趕出辦公室。相反地，他停頓片刻來思考這問題。當他終於開口時，已經恢復到較正常的音量。

　　「我想，」他若有所思地說，「如果非要提出一個自然解釋的話，我將需要找到能夠容易讓鋁氧化還原的環境。這會需要超高的壓力，可在地表下方三千公里處接近地核－地函邊界的地方找到。

　　「但是，」他繼續推測道，「假如你能設法在那裡生成金屬鋁，並形成你的準晶，你得找出一種機制迅速將它送到地球表面，並確保在上升過程中礦物不會解體，鋁也不會和氧發生反應。」

　　一時之間，我有點擔心他會認定這是條行不通的死路。還好，我多慮了。

　　「這種情境可能透過一種想像的方式發生，」他提出一個想法。「你或許認識傑森・摩根（Jason Morgan），他是普林斯頓的地球科學家，他曾協助建立了現代的地球板塊構造學說。

　　「摩根幾年前退休了。他曾提出一種理論，認為在地核－地函邊界到地表間可能存在著一種向上噴湧至地表的管狀物質，叫作超級地函柱（superplume）。如果超級地函柱真的存在，將會是形成

夏威夷群島的著名捲流（plume）的巨大版本。

「超級地函柱的想法從來未經證實，」霍利斯特接著說道，「但如果你的樣本是在地核－地函邊界生成，然後經由這種方式給帶到地表，那麼將是他這想法的第一個直接證據。」

霍利斯特講完的時候，我的眼睛一定睜得有茶托那麼大。**我們的樣本終究不是不可能的，我心想。而且，假如最後證明它有個自然起源的話，那將具有天大的重要性。**

一陣短暫的沉默之後，我怯生生地提出我的幼稚想法。「如果問題在於讓鋁遠離氧的話，這件樣本有沒有可能是在太空中產生的，譬如說隕石內部？」

我以前就想過，隕石有可能是準晶的一種來源。我已抱持這種想法許多年了，甚至曾向賓迪提出這種可能性，然而我們都沒朝這方向發展。但是，我沒意識到當時提出的這個問題有多麼天真可笑。我以為太空中幾乎沒有氧，而實際上，流星和小行星充滿了與其他元素鍵結的氧。

幸虧霍利斯特沒指出我想法中的謬誤讓我難堪。「我對隕石了解不多，」他說，「但我認識一位這方面的專家。」

霍利斯特說的人，是美國國立史密森尼自然歷史博物館隕石分館主任格倫‧麥克菲爾森（Glenn MacPherson）。麥克菲爾森於一九八一年取得普林斯頓大學博士學位。霍利斯特認識他幾十年了，甚至還推薦他出任目前的職位。

霍利斯特提出可為我安排一次拜訪，到華盛頓特區麥克菲爾森的辦公室見他。他說他也願意陪我一起去，我感激地接受了。我將他的提議解讀為一種正面的善意，以為這位傳奇地質學家對我們的發現感到興奮。

我一回到辦公室，便寫了封電子郵件給賓迪，告訴他我和霍利斯特會面的經過。賓迪早已風聞霍利斯特的學術聲譽，對他推崇備致。我不想潑冷水，所以表現得興致高昂，沒有提起霍利斯特在看到樣本的第一時間，便認定那只是一塊毫不起眼的金屬廢品。

賓迪跟我一樣，也沒意識到人們從未在大自然中找到過金屬鋁。這點蛛絲馬跡意味著我們更有理由對投稿《科學》期刊後的回應感到不安。我們不僅在文章裡發表一種不可能的新型物質，一種準晶，而且還宣布我們找到了天然的金屬鋁，這讓我們的發現顯得加倍不可能。

賓迪深受霍利斯特的超級地函柱概念，以及看似如此融洽的會談激勵。但老實說，我開始擔心了。無論超級地函柱，還是隕石的說法，兩者聽來都遙不可及。

過了一星期，我和賓迪收到《科學》期刊編輯傳來的好消息。那篇描述我們發現第一件天然準晶的稿件已經通過第一輪審查。這讓人有所期待。期刊編輯沒有斷然拒絕我們的論文，代表他們並不認為我們的證據荒謬，儘管準晶中含有金屬鋁。然而，真正的考驗將會是下一輪由科學家們對論文進行的評審。他們個個都將是來自該領域的專家，就像霍利斯特一樣，他們大概會認為發現天然金屬鋁的報導是胡說八道。

二〇〇九年一月二十四日，華盛頓特區：

「不可能！」

我和霍利斯特爬著階梯到達史密森尼博物館大門口，麥克菲爾森已站在台階頂端。他一手頂開進入自然歷史博物館那扇巨大的

門，一邊大聲絮叨著他對佛羅倫斯樣本的看法，聲量大到唯恐無人不知。

我不曉得霍利斯特在我們這次會面前已先讓麥克菲爾森對這個主題做足功課，當我們抵達時，他早已仔細思考過我們這件樣本。因此，我被麥克菲爾森這種自我介紹方式唬得一愣一愣。

麥克菲爾森的個頭比霍利斯特和我都高。他身材高眺，一頭黑髮，兩鬢灰白，留著深色八字鬍，此外，和霍利斯特不同，他一看就是個把時間全花在實驗室裡的人。

麥克菲爾森帶著我和霍利斯特往裡面走，幫我們登記辦理進入史密森尼館區所需的特殊識別證。接著他把我們帶上一條漫長的迷宮般通道，經過一連串走廊、電梯、重門深鎖的安全門，接著，又是更多走廊，最後抵達他的辦公室。我們跟著他穿越那漫無止境的通道的整個過程中，麥克菲爾森不停地舉出我們的樣本不可能是天然生成的所有原因來轟炸我。

按照麥克菲爾森的說法，霍利斯特所提出的疑義，也就是金屬鋁的存在，只是第一個問題。當我們終於走進他辦公室附近的一間會議室時，他請我們在一張大桌前坐下，接著擺出一系列關鍵文檔及資料，說明在地球上天然形成金屬鋁有多麼地不可能。

「至於隕石嘛……」麥克菲爾森來者不善地開始瞄準我的天真理論。麥克菲爾森說，在他的整個隕石研究經驗中，見識過所有類型的隕石，然後他向我保證，他從來沒見過含有任何金屬鋁或鋁合金的案例。

麥克菲爾森確信，而且百分之百確定，我們的樣本是……然後他口中冒出了那可怕的四個英文字母的單字……S-L-A-G。爐渣（slag）是工業製程中無用副產物的總稱。爐渣意味著非自然。爐

渣意味了我們根本沒找到我以為我們已經找到的東西。「爐渣」是我最不想聽到的惡毒字眼。

然而，麥克菲爾森的長篇大論還沒結束。他又解釋，還有另一個大問題，那就是我們宣稱樣本中的金屬鋁與金屬銅，最初來自三種不同礦物的混合體：鋁鋅銅礦石、銅鋁石，以及我們的準晶。而這也是不可能，他如此斷定。就像鋁對氧具有親和力一樣，銅對硫也具有親和力。

這兩種金屬分別存在於不同晶族的礦物中，因為它們的化學鍵結模式不同。按照麥克菲爾森所說，你根本想都別想有可能透過任何天然的地質化學過程，自然地形成像是鋁鋅銅礦石、銅鋁石，或者我們的準晶這樣的金屬合金。

第三個問題，是找不到任何腐蝕。一件含有金屬鋁的樣本怎麼可能在地球表面倖存下來，而沒有任何生鏽的跡象呢？

麥克菲爾森接著繼續喋喋不休地列舉出一大堆似乎沒完沒了的理由，強調這樣本為什麼不可能是天然的。

我一邊傾聽並做著筆記，我看得出麥克菲爾森已對這問題投入了大量思考，我猜想他也正在向他的前導師霍利斯特請功。起初，霍利斯特提出麥克菲爾森超級地函柱的新奇概念，試著替天然準晶的說法辯護，但他最後也在麥克菲爾森連珠炮式的密集火網中敗下陣來。幾小時後，我們離開史密森尼博物館時，霍利斯特看來已完全相信了麥克菲爾森的結論：我們的樣本鐵定是鋁煉製廠或實驗室的人工副產物。

這場史密森尼會議可能標誌著調查告終。我確信霍利斯特與麥克菲爾森以為他們再也不會聽到我或賓迪的消息了。

然而，我的信念並未因麥克菲爾森的論點而動搖。說句不客氣

的話，他的所有論點全部仰賴各式各樣合理但未經證實的科學假設。就算麥克菲爾森提出了為數可觀的證據來支持其論點，然而他所有的證據，按其定義，全都是對過去所觀察事物的引用。它們無法證明在未來不可能找到新的事物。

我選擇用另一種方式看待目前情況。如果麥克菲爾森是錯的，佛羅倫斯樣本並非爐渣，那麼它就代表了比我們最初想像的更了不得的東西。它將不僅能幫助我們證明天然準晶存在，更將一舉推翻廣受認可的有關大自然中所能形成礦物種類的假設。

我和霍利斯特回到普林斯頓之後，我寫了電子郵件給賓迪，詳實而坦白地告知這次造訪中遭到打臉的總結。我按下了寄出鍵，開始想著不知賓迪收到這個令人失望的消息後，會不會打算放棄這項專案。沒等很久我就有了答案。幾分鐘後，一封回覆郵件出現在我的郵箱。

賓迪無意放棄。他確信我們的樣本是天然的。不僅如此，他對這場調查堅定不移的態度絲毫不在我之下，並且和我一樣決心用科學來證明這個案例。我和賓迪相互表明，我們正規劃著一條危險的航道。這將是一場非常公開的決鬥，即便我們竭心盡力，也可能落得無比尷尬的下場。

為了向前邁進，我們需要制定一項新策略。同時，我們還需要這兩位最嚴厲的批評者，霍利斯特與麥克菲爾森，來扮演關鍵要角。

第十一章

紅藍大對決

二〇〇九年一月二十五日，普林斯頓與佛羅倫斯：

壓力大到令我和賓迪喘不過氣。我們已撰寫並提交了科學論文，宣布我們的發現，審查過程正在順利進行中。但現在我們遭到霍利斯特與麥克菲爾森強烈抨擊，他們兩人都不同意我們的結論。

他們堅稱，樣本是爐渣。說我們受騙了。天然的鋁鋅銅礦石、我們的天然準晶，以及金屬鋁，都是萬萬不可能的。

他們的反對使得我們陷入了可怕困境。萬一論文在《科學》期刊發表之後又被證明是錯的，如同霍利斯特與麥克菲爾森認定的那般，將會讓我們聲譽掃地，嚴重影響我們往後的研究專案。反過來說，假如我們選擇退縮並撤回論文，這種倒退的舉動將引起注意且惹人懷疑。如此一來，尋找天然準晶在科學界的可信度也將蕩然無存，甚至可說是徹底玩完。

走出困境的唯一出路就是盡我們最大努力，趕在論文出版前解決核心問題。這件準晶到底是天然的，還是爐渣？站在我們的觀點，證據是一面倒地支持它是天然樣本。但僅僅這樣是不夠的。我們還需要更重大的證據，足以將批評最激烈的人拉向我們這一邊。

讓霍利斯特和麥克菲爾森繼續參與調查實為至關緊要。首先，我們四人組成了一個絕佳的團隊。他們的科學專長與我們形成互補。我認為，他們兩人都抱持極端懷疑的態度，這其實是我們的一項優勢。不管我們再怎麼努力，我都不相信我和賓迪能夠確保自己絕對客觀。

守則第一條，你千萬不能騙你自己，你就是最容易被騙倒的人。

——理查·費曼，〈草包族科學〉（Cargo Cult Science），

一九七四年

我的早期導師費曼在我加州理工學院的畢業典禮上發表了一場精采的演說，談到一種稱為「確認偏差」（confirmation bias）的危險現象。這是個眾所周知的人類弱點，已經被研究了好幾十年。各行各業的人們往往會忽略與他們先前存在的信念相反的證據，卻急切地接受看似支持自己信念的證據。費曼傳達的訊息是，你愈是相信某件事，就愈容易犯錯。

我始終熱烈擁護這個哲學。長期以來，我發展出一套屢試不爽的解決問題方法——我總會替我的研究團隊找尋我心目中所能想像得到的最嚴厲批評者。每當有研究要發表，我的自家批評者一定要比任何可能提出質疑的人更加不留情面。我把批評者分配到「紅隊」，擁護者則分配到「藍隊」。目標是讓紅、藍兩隊在一場激烈而友善的對決中一分勝負，直到科學真相揭曉。

霍利斯特和麥克菲爾森目前對我們的看法如此負面，因此他們是紅隊的最佳人選。這是他們自動扮演起的角色，儘管我們雙方從

未直接討論。我和賓迪將代表藍隊，我們主要的任務是搜集足以提供證明的證據。

藍隊的擁護者賓迪和我，立刻開始每天透過網路召開會議，討論我們的研究工作，而這個過程很快就變成猶如雲霄飛車之旅。我們常常是這一刻萬分欣喜，下一刻又驚愕駭然。沒過多久，我們都發現自己對腎上腺素引發的瞬間強烈快感已經上癮。

賓迪建議我們將口頭對話的方式改成用打字聊天交談，他真是有先見之明。在我們日後曲折離奇的調查過程中，文字紀錄成為寶貴的資源。我們經常回過頭來在文字中核對事實，並重溫記憶。

我們每天密切交談，自然而然地變成了一場競賽：看我們誰能發現最有趣的事物？我們競相尋找最佳的新科學論文、最佳的新網址、關於佛羅倫斯樣本起源的最佳新線索，以及對剩餘碎片最佳的新實驗室測量方法。絕大多數的日子裡，賓迪顯然都是贏家。我則偶爾會贏得一場令人百感交集的勝利。

我們最優先的任務，是要搞清楚標示著「Khatyrkite」（鋁鋅銅礦石）的樣本如何以及何時被送到賓迪的礦物博物館。

賓迪仔細整理博物館的檔案，翻出了二十多年前的信件。這些信件透露，他的博物館曾在一九九〇年大宗採購了三千五百件樣本，而這件鋁鋅銅礦石正是其中一件。在賓迪前一任的館長庫齊歐·齊普里亞尼（Curzio Cipriani），以大約三萬美元的金額購入這整批樣品。有趣的是，如今我們視為寶物的鋁鋅銅礦石，其黑市價格竟曾低到不足十美元。

根據紀錄，齊普里亞尼是從阿姆斯特丹一個名叫尼柯·科克科克（Nico Koekkoek）的私人礦物收藏家那裡購買了這批樣本。這是一則令人鼓舞的資訊，只可惜內容殘缺不全。所有舊檔案裡都找不

到任何聯絡資訊。

二〇〇九年二月，荷蘭阿姆斯特丹：

我和賓迪開始上網翻閱荷蘭的電話簿。我們查到了很多姓科克科克的人，但他們沒有一個名叫尼柯。我們另外也找到了許多礦物交易商，然後用電子郵件轟炸他們，郵件是用英、荷雙語寫的，我們在信中苦苦請求他們幫忙。儘管我們共同努力了一個月，卻連一絲線索都沒發現。

我心想，沒有尼柯·科克科克，我們該如何指望能夠確認佛羅倫斯樣本的起源呢？

這是一條令人灰心的死路，可是我和賓迪早已深陷在這樁調查的其他方方面面。時間緊迫，我們別無選擇，只好同時朝著許多不同想法追下去。

我們一直深感頭疼的問題之一，是霍利斯特和麥克菲爾森始終堅持佛羅倫斯樣本中的含鋁金屬合金就是爐渣。儘管鋁鋅銅礦石與銅鋁石都已列入了國際礦物學協會認可的礦物目錄，但霍利斯特和麥克菲爾森就是不相信這兩件條目的相關分析。癥結所在，便是無氧的金屬鋁。他們兩人都不屑一顧地說，這不可能。

我和賓迪認為，我們可透過從不同的收藏品中找到另一件鋁鋅銅礦石，來說服他們這種金屬合金是天然的。我們曉得，要讓他們心服口服，這個來源可不能出半點紕漏。

我們首先檢查了擁有極大量礦物館藏的著名博物館，例如華盛頓特區的史密森尼博物館，以及紐約的美國自然史博物館。我們卻在這兩個地方一無所獲，坦白說，這讓人十分意外，也令人有些擔

憂。接著我們轉向收藏量較小的博物館，其中有些可讓我們透過網路查看礦物館藏目錄。結果再一次地令我們失望，而情況也變得更加令人擔心。現在，我們開始在世界各地的小型博物館、學術機構和私人收藏中尋求轉機。

我們開始接觸國際礦物販子。*他們有人有鋁鋅銅礦石嗎？或是曾經賣過鋁鋅銅礦石給任何人嗎？*我們查看了Mindat.org網站，這是個很棒的礦物資料庫，使用者囊括業餘人士和專業礦物學家。*網站上有人有鋁鋅銅礦石嗎？*

二〇〇九年三月，明尼蘇達州諾斯菲爾德（Northfield）：

我們對全球進行地毯式搜索的結果，是找出了總共四個鋁鋅銅礦石的潛在來源。其中三件樣本在北美及西歐。第四件，也是最有希望的一件，則收藏在俄羅斯聖彼得堡。

我很興奮，因為賓迪發現其中一件樣本保存在明尼蘇達州諾斯菲爾德的卡爾頓學院（Carleton College）的礦物收藏中。我心想，*學術機構保存的樣本絕對是真品*。而當我得知卡爾頓學院的首席地質學教授卡麥隆・戴維森（Cameron Davidson）是普林斯頓校友，並且曾是霍利斯特的學生時，更是信心大增。

戴維森同意把樣本寄給我檢驗。我對這件特定樣本的期待頗高，開始焦急地每天查看我在大學的郵箱好幾次。壞消息在一個多星期後傳來──戴維森決定親自檢測這件礦物，然後發現它根本是假貨。它的標籤上寫著「鋁鋅銅礦石，一種鋁和銅的金屬合金」，然而檢測結果證明裡頭完全不含鋁。

而我們在搜索中另外相中的兩件標的樣本也發生了類似情事。

到最後，檢測結果終於讓我們清楚，在俄羅斯以外的每一件樣本全是不折不扣的假貨。

我們嘗試找出另一件鋁鋅銅礦石樣本的經驗，揭露了國際礦物市場的局限性。業餘收藏者渴望能到手的不同礦物種類愈多愈好，但他們無法用肉眼鑑定礦物真假。它們不像鑽石，因為鑽石極為昂貴，以致單獨認證已是常規，而其他大多數的礦物價格尋常一般，但專業檢測不但耗時，且相對來說並不便宜。所以在一般的情況下，業餘收藏者只能完全信賴商家的業務代表買進樣本。但極有可能的情形是，商家並未做過任何檢測。

最後，收藏者可能決定把未經檢測的礦物捐贈或售予博物館或學術機構。這時，博物館策展人陷入了與收藏者當初一樣的兩難局面。檢測既耗時又相當昂貴。一般的作法就是直接對樣本上宣告的標示照單全收。

所有這些偽造樣本證明了一項事實：國際礦物市場就像個大賭場，每一次礦物買賣都如同擲骰子。我開始理解為什麼霍利斯特和麥克菲爾森高度懷疑這件佛羅倫斯樣本，儘管它出自一所值得尊敬的博物館。

或許它根本就是冒牌貨？

二〇〇九年二月～三月，俄羅斯聖彼得堡：

我們只剩下第四件，也是最有希望的一件樣本，它收藏於俄羅斯聖彼得堡礦業博物館。有鑑於之前的失敗，我試著克制自己激動的心情，但我仍然打賭我們必會成功。

我認為，俄羅斯的必然是真品，因為它是鋁鋅銅礦石晶體的官

方「種型」（holotype），想必代表它曾經過嚴格的認證。

「種型」是國際礦物學協會所批准的一件經過認證的新礦物實例。為了讓國際礦物學協會認可一種新礦物，你必須提交一系列實驗室測試結果，並由國際礦物學家組成的委員會審查。如果該委員會認為測試結果令人信服，則必須提交一篇描述這種新礦物的論文以供發表。此外，一件被稱為「種型」的樣本必須捐給一家公共博物館。

與鋁鋅銅礦石種型相關的有三位俄國科學家——列昂尼德‧拉辛（Leonid Razin）、尼可來‧魯達謝夫斯基（Nikolai Rudashevsky）、列昂尼德‧伐亞索夫（Leonid Vyal'sov）。我和賓迪得知，他們在一九八五年合著有一篇科學論文，報導鋁鋅銅礦石與銅鋁石的發現，如下圖所示。這值得我們注意，因為它反映了雷同之處。它們與我們在佛羅倫斯樣本中發現的稀有礦物相同。

ЗАПИСКИ ВСЕСОЮЗНОГО МИНЕРАЛОГИЧЕСКОГО ОБЩЕСТВА

Ч. CXIV   1985   Вып. 1

НОВЫЕ МИНЕРАЛЫ

УДК 549.3 (571.6)

Д. члены Л. В. РАЗИН, Н. С. РУДАШЕВСКИЙ, Л. Н. ВЯЛЬСОВ

НОВЫЕ ПРИРОДНЫЕ ИНТЕРМЕТАЛЛИЧЕСКИЕ СОЕДИНЕНИЯ АЛЮМИНИЯ, МЕДИ И ЦИНКА — ХАТЫРКИТ $CuAl_2$, КУПАЛИТ $CuAl$ И АЛЮМИНИДЫ ЦИНКА — ИЗ ГИПЕРБАЗИТОВ ДУНИТ-ГАРЦБУРГИТОВОЙ ФОРМАЦИИ [1]

Среди природных образований впервые обнаружены соединения алюминия с медью и цинком. Они находятся в тесном срастании и представлены мелкими (размером от долей до 1.5 мм) неправильной формы, угловатыми стально-серовато-желтыми металлическими частицами, внешне схожими с самородной платиной. Эти частицы встречены в черном шлихе.

我和賓迪相信，如果聖彼得堡的種型能夠如我們所預期的是一件真品，那麼將大大強化支持佛羅倫斯樣本為真的論點。所以，我們再一次認真重新審視這篇俄羅斯論文。

論文中報導，這種新礦物是在楚科特卡歐古魯格（Chukotka Okrug）一處偏遠地區找到的。「歐古魯格」的字面意義代表俄羅斯的一個自治區。接著我和賓迪發現「楚科特卡自治區」就是堪察加半島北半部的官方地名，地理上隔著白令海峽面對阿拉斯加。

科里亞克山脈貫穿此一地區，而哈泰爾卡河則是科里亞克山脈最大的排水河川之一，鋁鋅銅礦石的原文名稱便是由此衍生。根據俄國科學家的說法，他們當時在哈泰爾卡河附近，沿著里斯特芬尼妥伊支流（Listvenitovyi Stream）淘洗藍綠色黏土時發現了鋁鋅銅礦石，請參見次頁地圖。

我和賓迪格外興奮地發現這個地名與賓迪在他博物館找到的塑膠盒上的標籤一致：「俄羅斯科里亞克，哈泰爾卡河」。

既然標籤相符，是不是意味著佛羅倫斯樣本也來自同一個地方？有可能。果真如此的話，那看來樣本就很可能是天然生成的，因為那個偏遠地區並沒有鑄造廠或工廠。

而就算它們不是來自同一個地方，僅僅憑著另外存在一件真實的鋁鋅銅礦石樣本，且其基本化學成分與佛羅倫斯發現的樣本相同，對藍隊也算是大好消息。倘若我們能向霍利斯特與麥克菲爾森證明聖彼得堡的種型有著自然起源，那將迫使他們重新評估他們的反對意見。

下一步該做什麼，現在已很明顯。我們需要調用那件種型，才能驗證最初的實驗室檢測結果。

賓迪和我試著動用我們聯合起來的影響力，向俄羅斯博物館借

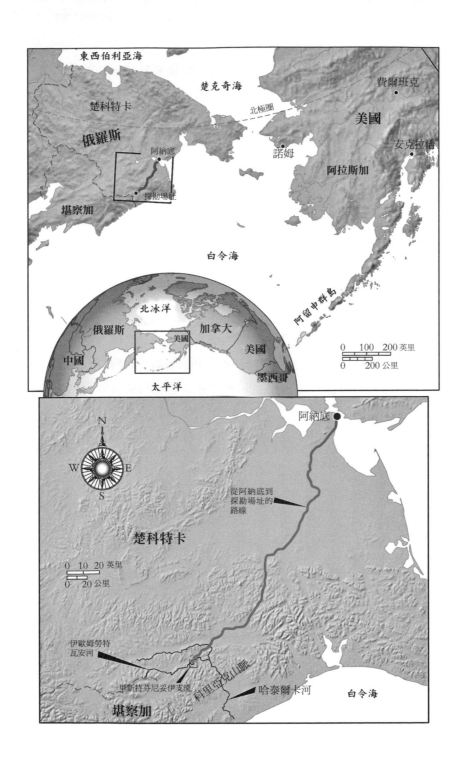

用這件種型。我們解釋，我們正嘗試鑑定佛羅倫斯樣本，因此希望能對種型進行一系列特別的非侵入性測試，絕對不會對原物件造成任何損壞。很遺憾，聖彼得堡礦業博物館主任不願意配合。科學家之間互借樣本做測試是很常見的事，尤其是當原始樣本不會在過程中損壞，譬如我們的例子。但是這位俄羅斯主任嚴禁任何人觸摸這件種型，就連他自己團隊內部的科學家也不行。

這對我和賓迪可說是特別難受的挫敗。又是一次讓人捶胸頓足的此路不通。

二〇〇九年三月，佛羅倫斯：

正當我們進行這一連串活動時，《科學》期刊又捎來一份有關我們那篇宣布發現天然準晶論文的進度更新通知。幾個月來，我一直害怕這一刻的到來。我和賓迪目前正承受著霍利斯特與麥克菲爾森火力全開的猛烈批評，我心想其他地質學家也會抱持一樣的負面觀點。所以，我已準備好接受期刊送來一輪令人心碎的批評，外加一封令人痛苦的退件函。

我已做好了最壞準備，當我讀到信中對我們論文的評論及分析時，卻感到驚喜與欣慰。匿名同僚組成的評審團隊普遍表示支持。他們意識到此一發現的重要性，提出了一些好問題，並給予我們建設性的改善建議。

我和賓迪只需稍微花點功夫，便能輕易納入評審員的建議。我們兩人都覺得，一旦我們的修訂版受到審核，這篇論文就可望被接受了，這也意味現在距離出刊的時間可能剩不到兩個月。這當然是我們期望的結果。但如此一來，必須解決與紅隊之間的意見分歧的

緊迫感就更強烈了。

霍利斯特提出了一個新方案。如果我們能夠確定發現那件聖彼得堡樣本的精確位置，那麼便可研究那附近的地質狀況。他推測，我們也許能找到一些東西，這將有助於解釋那件令人不解的金屬鋁的存在。

我和霍利斯特立刻到普林斯頓地圖及地理空間資訊中心（Princeton's Maps and Geospatial Information Center）展開工作。我們花了好幾個小時細細查看楚科特卡的地圖，在圖庫中的大型地圖上尋找提到里斯特芬尼妥伊支流的任何線索。這種老派的研究方法真是曠日費時。

那篇俄羅斯論文裡有足夠的資訊，讓我們將搜索範圍縮小到十英里或二十英里之內。通常這會很有幫助。然而對我們來說，還是太過寬廣的評估範圍。科里亞克山脈的地形可說櫛比鱗次，地質狀況每隔數英里就出現天差地遠的變化。我們需要找到支流的精確位置，才能最接近發現地點。

我老是覺得這條支流的名字很有音韻感，至少我的發音聽起來就是如此：里斯特－芬－尼－妥夫－伊。我一邊瀏覽地圖，一邊默默地一遍又一遍對自己唸著這名字，彷彿我可以靠著默唸將它召喚出來。*里斯特－芬－尼－妥夫－伊。里斯特－芬－尼－妥夫－伊。里斯特－芬－尼－妥夫－伊。* 或許它就這樣不知不覺地進入了我的潛意識。

我很少能夠記住我做過的夢。但某日深夜從地圖閱覽室回家後，我做了一個栩栩如生的夢，夢境中出現了里斯特芬尼妥伊支流。我和賓迪一起站在支流邊一座小山丘前，小山丘高出我們頭頂幾英尺。我們彼此雙手緊握，高高舉起，做出代表勝利的姿勢，我

們臉上露出燦爛笑容。

我從沒想像過自己會去到一個像科里亞克山脈這般偏遠的地方。然而，我在這夢境中卻有如此強烈的情感體驗，我隨後把它寫了下來，並在我和賓迪的某次日常網路對話中提起。這是極不尋常的一次經驗，我只能猜測是藍隊遭遇的所有挫敗與打擊，已開始對我造成心理傷害。

儘管我們花了很長時間搜索每一個可用的資源，我和霍利斯特始終無法在地圖上找到里斯特芬尼妥伊支流的蹤影。我又再一次地撞牆了。

藍隊與紅隊的競賽正呈現一面倒的局面，我都懶得計分了。

二〇〇九年三月～四月，普林斯頓與佛羅倫斯：

雖然我們的絕大努力都集中在試圖確認聖彼得堡樣本的來源及合法性，但藍隊仍然持續對許多其他面向進行調查。比方說，我和賓迪還是鍥而不捨地想為天然金屬鋁的存在找出一個科學解釋。

我們驚奇地發現，已有許多科學家發表論文聲稱在大自然中發現了純金屬鋁。而且就像我們的樣本，沒有混合銅或其他金屬，就只有純鋁。我和賓迪拿這些論文給霍利斯特和麥克菲爾森看時，他們對每一項說法都嗤之以鼻。他們說，作者沒沒無名，證據也不具說服力。站在紅隊的觀點，天然鋁絕對是天方夜譚。

然而，我聯絡了相關科學家，並開始購買他們的材料樣本，這就是我如何最終獲得了我樂於稱之為「世上最大的（號稱）天然鋁收藏」的始末。

但是當我開始檢查樣本，我不得不承認霍利斯特和麥克菲爾森

可能是對的。它們當中絕大多數看起來都很有問題。其中有一件尤其可疑，它看來像是被雷電擊中的電線殘骸。其他的較難判斷，但我認為值得做一下嚴謹分析。我本來可以自行檢測，但我決定應該讓最懷疑它們來路的人來評估。

於是，我把我所有的收藏帶給了麥克菲爾森，希望他能在史密森尼自然歷史博物館他的實驗室裡檢驗所有東西。但不知何故，他就是抽不出時間。或許他太懷疑了，或太忙了，或兩種原因都有吧。我寫這本書時，我的收藏品還在等待他的審視。收藏品占不了他書架上太大空間。就算把這些「世上最大的（號稱）天然鋁收藏」全部放在你手掌上，都還綽綽有餘。

賓迪和我還發現其他許多描述在偏遠地區發現金屬鋁的文章，但每一件都毫無疑問可追溯到人類活動。它們的來源包括鑄造廠、噴射機燃料排廢、原子彈試爆、煎鍋，以及長期置放在熱爐上的硬幣。根據我們研究，所有這些源自人為過程的樣本，都具有我們在佛羅倫斯樣本中找不到的物理性質。這並不能證明我們的樣本是天然的，但是這些小確幸勉強提振了藍隊的士氣。

我和賓迪也發現有的科學論文提出各種理論，推測金屬鋁如何可能在自然過程中形成。其中一些想法有點匪夷所思。我們決計無法判斷它們的可行性。

我原本希望我們能夠根據堪察加半島的地質狀況，來排除絕大部分的理論。很不幸地，這個想法太天真。不管哪一條天然形成金屬鋁的理論賴以成立所需的瘋狂地質特性，楚科特卡統統都有。這個地區根本就是個地質學大雜燴，這也說明為什麼地質學家已經研究這地方幾十年了。由於該地區地質上的複雜度，我們連一條理論都無法排除。

二〇〇九年三月，以色列特拉維夫：

決定是否在《科學》期刊上發表我們論文的截止日期馬上就要到了。但截至目前，我和賓迪仍然未能證明我們的準晶是天然的，儘管我們自己深信不疑。所以我和賓迪做出最後一擊，努力尋找拉辛，他是一九八五年那篇俄羅斯論文的主要作者，那篇論文首先報導了在楚科特卡發現鋁鋅銅礦石與銅鋁石。

我們透過網路上尋得的有限資訊，了解到一九八五年論文發表時，拉辛是蘇聯白金研究所（Soviet Institute of Platinum）所長。這在我們看來相當合理，因為白金具有戰略應用價值，而楚科特卡蘊藏著大量白金礦。拉辛的這項專業任命也解釋了他會出現在該偏遠地區的原因。

拉辛曾擔任白金研究所所長的事實，讓我們相信他並非普通的礦物學家。他得仰賴蘇聯共產黨內部的重要政治關係，才能受命出任該職務。

拉辛還活著嗎？他還待在俄國嗎？我和賓迪發出電郵詢問一些俄羅斯科學家。他們每個人都把我們介紹給別人，別人又把我們介紹給別人，然後別人又把我們介紹給別人。然後，我們又掉回了一開始的兔子窩。

我們最後了解，拉辛曾是個非常有名的人物，可是從來都不太受人歡迎或敬佩。有些人告訴我們，他背後有著格別烏（譯注：KGB，前蘇聯情報組織，蘇聯解體後改名為FSB，或譯為俄羅斯國家安全局）的有力靠山，而且他會毫不猶豫地動用這些力量剷除競爭者。

另一些人，其中包括國際知名的地質學家和威望卓著的俄羅斯

科學院院士，告訴我們拉辛不值得信賴。他們不相信拉辛所宣稱發現含有金屬鋁的天然礦物，而原因就僅只是他們認為拉辛的任何消息來源都不可靠。換句話說，儘管理由不同，但我們這些俄羅斯同僚和霍利斯特與麥克菲爾森的觀點別無二致。他們也認為，這件樣本八成是假貨。

坦白說，這是我和賓迪最不想聽到的話。此刻，拉辛的論文是我們手裡唯一的有效線索。我們仍然希望在俄羅斯的發現能被證明是真品，哪怕如今所有證據已疊著羅漢與我們作對。

經過一連串電郵往返，我們終於找到了幾個人，他們說拉辛仍活著。他們相信，拉辛在一九九〇年代初蘇維埃聯邦解體後不久，便移民去了以色列。以色列這國家並不大，透過網路線上查詢每個都會區的電話簿相對容易。我們很快就找到一個登記在特拉維夫的「L·拉辛」。

我試著撥打那個號碼。麻煩來了：接電話的人不會說英語。我掛斷電話，然後押著普林斯頓的一位以色列研究生來充當翻譯。

我拉著我的希伯來語翻譯專家一起又打了一次電話。麻煩來了：住在那兒的人也不會講希伯來語。

第三次，我動員了一位俄羅斯研究生前來幫忙。總算成功。住在那兒的人講著一口流利俄語，並立刻告訴我這通電話已打到了拉辛的家。

在等待拉辛過來接電話的時候，我深呼吸了幾次。我知道我們即將進行一場關鍵對話，而這攸關整個專案的未來。

在簡短的介紹之後，我跟他說我對一九八五年一篇關於發現鋁鋅銅礦石和銅鋁石的論文很感興趣。

「你是論文的主要作者拉辛嗎？」我問他，同時強忍著興奮。

「是的，我是拉辛院士。」他冷冷地回答。

拉辛的口氣聽起來相當拘謹且不友善。他顯然想確定我尊敬他身為一名俄羅斯科學院傑出院士的地位。

我決定暫且不告訴他我在美國學術界的地位跟他旗鼓相當，我已被遴選為美國國家科學院院士。相反地，我打算讓他放鬆心情，我讚揚他的論文，並描述我們如何在一塊具有相似化學成分的岩石中發現了一種新物相的樣本。

他的反應竟然出奇冷淡。我原以為拉辛會很興奮，因為有個科學家打電話來找他討論他在將近四分之一世紀前所寫的論文。我原本預期當他曉得自己的貢獻可能有助於建立一種新型物質的基礎時，甚至會更加激動。

結果並非如此，看來拉辛極為冷漠。我發現他的態度頗令人反感，但仍然繼續問他問題。

「是你本人親自到現場發現那件鋁鋅銅礦石樣本的嗎？」

「Da，」他答覆（譯注：俄語的「是」唸作Da）。不靠翻譯我也聽得懂他這回答，我鬆了口氣露出笑容。

「你的田調筆記本有在身邊嗎？」我問道，期望能夠讀到關於他是如何發現了鋁鋅銅礦石樣本，以及他在筆記中對周遭地質環境的紀錄。

拉辛支支吾吾了好一會兒。「我不大確定，」最後他如此回答。「也許放在莫斯科。」

我從筆記中抬起頭。我的眼前彷彿出現了一面大紅旗。

霍利斯特曾告訴我，每個進行田野調查的地質學家永遠曉得他或她的田調筆記本的下落。這是他們視同寶貝的資產，在現場每天都要隨身攜帶。地質學家在裡面詳細記錄採集到的每一塊岩石、顆

粒或黏土樣本，以及它們被發現時確切的環境狀態。他們絕對承受不起亂放或扔下筆記本不管的後果。拉辛不確定他的田調筆記本到底放在哪裡，這一點讓我很不放心。

我換了個方式問他。「你能描述一下你發現那件樣本時的環境狀況嗎？」

「論文中都有提到，」他冰冷地如此回答。

我仍不放棄。「我希望了解更多關於地質狀況的明確細節。」

拉辛又開始支支吾吾了，最後他終於說：「我不記得了。」

我再度從筆記中抬起頭來。想像中的那面大紅旗已燃燒成熊熊烈焰。

拉辛聲稱他親自發現了這件樣本，也就是這件他聲稱從中發現了獨特新礦物的樣本。他為這件獨特的新物質在聖彼得堡礦業博物館建立了種型，還提交給國際礦物學協會進行新礦物驗收。

現在他跟我說，他對是在哪裡找到的不是很有印象？

我照著我的問題清單繼續問下去。「你還有樣本嗎？」

「可能吧，」他回答。「也許在莫斯科。」

我花了幾秒鐘在我的電腦螢幕上打開一個旅遊網站，我查了一下特拉維夫到莫斯科往返機票的價格。不到五百美元。還可以，我心想。

「你願不願意飛一趟莫斯科，」我問道，「去找回你的田調筆記，以及任何剩下的樣本？我會幫你出機票和住宿費用。」

「也許吧，」他回答的聲音低沉。

聽到他說「也許」，我和翻譯都想搞懂他究竟什麼意思。

是健康問題嗎？不是。有政治因素嗎？沒有。會不會是其他原因讓他不樂意去莫斯科呢？不會。自移民以色列以來，他已經來來

回回好幾趟了。

後來我們恍然大悟，拉辛可能想要點酬勞。

我試著向他解釋，我們是研究基本上毫無市場價值的礦物的學術科學家。我們尋找鋁銅鐵合金的微小樣本，這些樣本在經濟上可說一文不值，但在科學上卻是無價的。

我們的資金非常有限，我繼續解釋。我們可幫他負擔前往莫斯科的旅費，但是付不起一筆金錢報酬。

我期盼拉辛會樂意接受這次為科學做出貢獻的機會。然而到頭來令人失望，他變得沉默不語，不再回應。接著，這通電話很快便結束了。

在接下來幾天，我仔細權衡手上的所有選項，思索著有什麼最好的方法可以打動拉辛。我向我從前的學生列文求助。自我和列文發明準晶概念至今，已過了二十五年。他現在是海法市以色列科技大學教授，也是值得信賴的同僚。

列文幫我接洽了他在海法的一位俄羅斯朋友，他這位朋友答應幫我與拉辛談談條件。我心想，或許我有辦法籌到一筆小小酬勞。

沒想到拉辛透過中間人傳達的要求簡直太離譜了。他開的價碼遠遠不是我所負擔得起的。列文的朋友試圖說服我。他對我說，許多在以色列的俄羅斯移民都有財務問題。他還說，拉辛是位有口碑的科學家，值得我慷慨解囊。

其實我擔心的是拉辛這個人。他在我們的電話交談中讓我印象壞透。我毫不懷疑，如果我請他跑一趟莫斯科，他一定能弄到一本地質學筆記。但是根據我們之前的對話經驗，我很難相信那本筆記會是真的。

我為了做這個痛苦決定掙扎了好幾天，最終還是決定和拉辛斷

絕往來。

　　隨著我們最後的努力以徹底失敗告終，我和賓迪陷入了真正的徬徨無主。我們還有什麼希望來找出聖彼得堡種型的起源？找不出這些資訊，我們哪有辦法確立佛羅倫斯樣本的真實性？而如果無法鑑定我們這件鋁鋅銅礦石樣本的真偽，我們又該如何證明我們發現的準晶不是假的？

　　我以為我和賓迪此時已處於壞到不能再壞的谷底。但很不幸我想錯了。更深的火坑還在前面等著。

第十二章

上帝若非存心捉弄，就是太過任性

二〇〇九年四月下旬，普林斯頓與佛羅倫斯：

　　幾個月的偵察工作以失敗收場，現在藍隊變得更絕望了。

　　我和賓迪別無其他選擇，不得不回到起點。我們還剩下五十到一百枚極微小顆粒可供研究，然而每一粒都要耗掉大把時間，分析起來非常棘手。這些極小的顆粒不但難以操作，而且其中許多還含有極為複雜的礦物組合，得花掉好幾天，甚至好幾週的時間才能分析透徹。

　　雖說這些物質微粒合起來要比這行文字結尾的句號還小，但我們曉得，不管再怎麼努力，我們都不可能趕在《科學》期刊剩不到兩個月的發表期限之前，逐一全部研究完這些顆粒。

　　在進行追查工作的同時，我和賓迪還得處理其他研究專案、履行日常教學責任，還要外出參加會議及演講活動。比方說，賓迪身為佛羅倫斯大學自然歷史博物館館長，就被徵召籌辦一場褒揚前館長齊普里亞尼的高規格追思會。齊普里亞尼生前曾是賓迪的摯友及合作者。他一生貢獻了長達半世紀的時間，為佛羅倫斯收藏的礦物執行策展工作。

齊普里亞尼的遺孀瑪爾塔（Marta）也在協助籌備她夫婿的追思會。某天，在一次組織會議後，她與賓迪聊了一會兒。賓迪告訴她關於我們專案的過程經歷，並慨嘆我們目前的處境。我們的線索逐一破滅，可供研究的材料也所剩不多。也就是說，我們已處於時間不夠用的嚴重困境。

瑪爾塔靜靜地點頭，同情地聆聽著。賓迪談到我們的調查主要圍繞著博物館中科克科克收藏品的樣本。這時，她的眼睛為之一亮。她曉得她已故夫婿曾親自處理那次採購，而且還特別珍愛科克科克的礦物樣本。因此，她毫不猶豫便決定揭露他的一件最大祕密。瑪爾塔告訴賓迪，她丈夫生前經常下班後帶著礦物樣本回家，以便在他自行於地下室搭建的私人實驗室裡進行更深入的研究。

博物館是嚴禁攜出樣本的。即便如齊普里亞尼這般備受尊敬的博物館長，也不能違反這些規定。所以賓迪被這番告白嚇壞了。但這也勾起他的好奇。假如齊普里亞尼如此熱愛科克科克的收藏品，那麼他的私人實驗室裡很可能存在著重要線索。於是，賓迪迫不及待接受了瑪爾塔的邀請，第二天就登門拜訪。

賓迪發現，齊普里亞尼真不愧是專業人士，他的實驗室裡一切井然有序。他生前在筆記中詳盡記載了所有細節，所以賓迪能夠很容易地快速瀏覽組織周密的整本筆記。賓迪在其中一頁看見了鋁鋅銅礦石，並忠實標示著眼熟的四〇六一編號，這跟賓迪最初在博物館儲藏室所找出裝著鋁鋅銅礦石盒子上的編號相同。

賓迪環顧他這位導師的祕密實驗室，吃驚地發現齊普里亞尼竟然收集了大量材料，足足超過一百件樣本，並將它們個別裝在單獨的塑膠盒內。賓迪搜尋這些五花八門的樣本，找到一只塑膠盒，裡頭有一支上面標示「四〇六一－鋁鋅銅礦石」的玻璃瓶。玻璃瓶內

裝有很小一片粉末狀物質碎屑。顯然齊普里亞尼曾經從原始樣本上刮下一些小碎屑，帶回家中的祕密實驗室。看樣子，這樣本已在此塵封多年。

當賓迪發電郵告訴我這消息時，我為我們的好運激動不已。

這下子我們又有更多的鋁鋅銅礦石樣本可研究了！而且這個也含有天然準晶的樣本也來自相同來源！

我確信，齊普里亞尼的這項祕密收藏，將幫助我們確立鋁鋅銅礦石樣本及其內部準晶的真實性。如此這般的命運大逆轉感覺就像奇蹟。如果運氣夠好的話，我們將能發現大量關於準晶與其他天然礦物間的直接關聯，這正是霍利斯特與麥克菲爾森一再要求提供的那種證明。

我和賓迪對於這項重大發現深信不疑，所以決定馬上把它寄給麥克菲爾森。我們想讓紅隊中最大的懷疑者率先撬開這件原始物質，我們敢打賭這是讓他相信佛羅倫斯樣本為真的最佳方式。

賓迪第二天就把那粉末狀物質樣本寄往史密森尼博物館。然後，我們坐著熱切等待麥克菲爾森的反應，以及他想必將會奉上的研究成果大獎。**藍隊就要贏了！**現在唯一能和我溢於言表的興奮相提並論的，就是我們即將成功前大為放鬆的心情。

二〇〇九年五月十二日，華盛頓特區：

十天後，我接到麥克菲爾森的電子郵件。然而，寄來的並不是我們殷切期待的道賀喜訊。我讀了第一行，整個人僵掉了：

現在我開始相信，上帝若非存心捉弄，就是太過任性。

講什麼東西？別啊！我心想。我開始繼續讀下去。這不是好消息。

　　兩種顆粒我都看過了。兩種都是阿顏德隕石（Allende meteorite）碎片的顆粒……顆粒完全包夾在細粒狀物質中，這種物質只可能來自阿顏德隕石的基質，或幾乎與它完全相同的CV3碳質球粒隕石（譯注：carbonaceous chondrite meteorite，碳質球粒隕石按其微量元素含量〔如鈣、鉀、銥、鋅〕，細分為CI、CM、CO、CV等組別，另外，按其蝕變程度分成從1到7的範圍，數字愈大則熱質變作用增加；「3」表示隕石球粒無蝕變）。我花了三十年的時間研究阿顏德隕石，這絕對錯不了，要不然就是它的雙胞胎。它不可能和鋁鋅銅礦石－銅鋁石材料有半點關係……假設它是阿顏德隕石，而你聲稱的發現地點（西伯利亞）距離隕石墜落地點（墨西哥北部）大約有八千到一萬英里。假如這是一片隕石碎屑的話，那麼我只能說那件鋁銅合金的存在，代表你擁有一片六十億年前困在我們剛形成的嬰兒期太陽系裡的外星人太空船碎片……保羅，我不知道該說些什麼。就我現在所知，我會建議撤回論文，直到我們能夠拿出相關證據再說……對我而言，我實在啼笑皆非，我得回家好好喝它一杯烈酒。要是在任何別的場合（以及四十年前），我會開始在我周圍尋找艾倫·方特（Allen Funt）的「隱藏攝影機」（譯注：Candid Camera，方特主持的真人實境惡作劇節目）。有人正在某處尋我開心。

我明白了，齊普里亞尼祕密實驗室的最後一刻奇蹟徹頭徹尾就是一場大災難。一點也沒錯。

　　麥克菲爾森是世上研究阿顏德隕石的頂尖專家之一，他一下子就辨識出齊普里亞尼的小瓶中裝的粉末狀物質所具備這種隕石無庸置疑的特徵。阿顏德隕石，以它墜落在墨西哥阿顏德附近來命名，它於一九六九年二月八日進入大氣層撞上地球。麥克菲爾森耗費多年時間抽絲剝繭探究阿顏德隕石的一切蛛絲馬跡，因為它承載著我們太陽系誕生的祕密。

　　一些宇宙學家相信，宇宙是在一百三十八億年前發生的大霹靂中無中生有的。另一批人認為，這場大爆炸實際上可能是一次反彈，意指從早期的收縮時期轉換到目前的膨脹時期，按這種說法，則宇宙可能更加古老。然而，秉持兩種論點的宇宙學家一致同意，一百三十八億年之前，宇宙的溫度比太陽核心還要熱許多，密度也大得多。在那熱氣蒸騰的太空中，充滿了自由移動的質子、中子和電子。隨著太空膨脹和熱氣冷卻，原本四處游移的基本粒子開始聚集在一起，形成了原子和分子、塵埃、行星、恆星、星系、星系團，然後是一個又一個的星系團。之後過了大約九十億年，在一個稱為銀河系的星系中，我們的太陽系開始從早期幾代恆星殘骸組成的一朵塵埃雲中逐漸誕生。等到有足夠物質掉進了塵埃雲的中心，便形成了我們蓄勢待發的太陽。環繞太陽旋轉的剩餘塵埃慢慢合併、凝聚成我們今天觀察到的圍繞太陽運行的一顆顆行星、小行星，及其他物體。

　　阿顏德隕石，以及其他被稱為「CV3碳質球粒隕石」的隕石，形成於四十五億多年前太陽系誕生之初，就在太陽開始燃燒的時候。它的樣本炙手可熱，因為它們提供科學家關於當時存在的化學

和物理狀態的極有價值資訊。

麥克菲爾森對阿顏德隕石樣本的研究，不但為時長久，而且透徹到他在睡夢中都能認出來。所以，當他發現齊普里亞尼竟然錯把大名鼎鼎的阿顏德隕石粉狀物質，放進一只標示裝有沒沒無名的四〇六一—鋁鋅銅礦石物質的玻璃瓶時，我們可以理解他的震驚。齊普里亞尼怎麼可能把那件佛羅倫斯博物館樣本，與如此出名且辨認無礙的物質混為一談呢？麥克菲爾森認為，無論在什麼情況下，犯這種錯都不可原諒。

這結果讓賓迪瞠目結舌，羞愧不已。我倒是比較樂觀。對我來說，這只不過是在本就劇烈跌宕起伏的調查中又迎來最新一次低潮。畢竟，我們根本不會曉得齊普里亞尼到底在他家中實驗室裡做了什麼實驗。沒錯，標籤上寫的四〇六一編號的確與另一張博物館標籤相符。但是我們至今一切有意義的數據都是從那**另一件**四〇六一編號標籤的樣本提取出來的，那是小心保存在博物館裡的鋁鋅銅礦石樣本，它顯然不是阿顏德隕石的一部分。

麥克菲爾森對目前情況看法不同。他向我們清楚表明，他認為這次的尷尬結局相當丟臉，不可能有回頭路了。他現在已對來自佛羅倫斯博物館的**所有東西**失去信心。他為何要相信博物館的原始樣本呢？他斷言，整個博物館中可能到處都是鑑識錯誤的樣本和贗品。

最糟的是，麥克菲爾森決定竭盡全力抵制發表這篇《科學》期刊論文，他要進行遊說，確保紅隊達成聯合陣線。他轉寄給霍利斯特關於「上帝若非存心捉弄，就是太過任性」的煽動性電子郵件副本，強而有力地建議他加入抵制行列。

二〇〇九年五月十五日，普林斯頓：

我得知我們的論文稿已經送到《科學》期刊的文字編輯手上，正快馬加鞭地準備出版。因此，麥克菲爾森對齊普里亞尼插曲的反應，造成了一個兩難局面。身為藍隊隊長，我將必須做出一個艱難決定，而這將影響到每個人的職業聲譽：該發表，還是該撤回《科學》期刊稿件？

紅隊扮演懷疑者的任務，是協助防止我們自欺欺人，也就是費曼所警告的情況。霍利斯特和麥克菲爾森是絕佳的夥伴。然而，他們的善意反對此刻已迅速演變成公開對抗。

我心想，**如果沒有他們的支持，我們哪有可能發表我們的發現呢？**

由於霍利斯特與麥克菲爾森並未列為聯名作者，所以這並非他們所能做的決定。但同時，我和賓迪也不想忽略他們的意見。他們是學識淵博的重要顧問，自最初的發現以來，他們對我們所進行研究的各個層面都做出了莫大貢獻。

可是話說回來，我們還得和另外兩位聯名作者商量，陸述義與姚楠。十年前，陸述義幫忙我搜查了全球礦物資料庫。五個月前，我和姚楠這位傑出的顯微鏡專家及普林斯頓影像中心主任合作，做出了最初的發現。

陸述義主張我們立刻發表。他表示，根據他對博物館鋁鋅銅礦石原件現存唯一照片的印象，他相信該樣本是天然的。姚楠則不願投票，但他尊重藍隊的科學判斷。

我權衡了所有意見與手上的證據，很快就決定了行動方案。但我故意等了一段時間才聯絡霍利斯特與麥克菲爾森。紅隊目前的火

氣仍有點大，我想先給紅隊一個冷靜下來的機會，接著我們便不帶情緒地進行討論。

在一連串會議及電話交談中，我提醒他們注意一本厚厚的筆記本，裡面記滿了我們從佛羅倫斯博物館樣本收集到的觀察結果與數據。而所有這一切，全都指向樣本乃天然的這項結論。

霍利斯特和麥克菲爾森兩人勉強承認這一點。

接著，我表明，齊普里亞尼事件在此無關緊要。或許齊普里亞尼真的把博物館樣本帶回家，後來又把東西搞砸了。但說到底，這場齊普里亞尼經歷並未證明或駁倒任何事情。我斷言，我們應該不予理會。我們投到《科學》期刊的論文中的所有觀察與數據，都是嚴格局限在佛羅倫斯博物館仔細追蹤並妥善管理的原始鋁鋅銅礦石樣本。

沒錯，麥克菲爾森已開始懷疑源自佛羅倫斯的所有東西，包括我們最初的博物館樣本。然而，在我追問之下，他還是不得不承認，沒有絲毫證據顯示博物館裡的任何東西都有問題。

最後，我總結了在我看來大家都能同意的要點：證據的優勢表明，佛羅倫斯的鋁鋅銅礦石樣本與其中的準晶都是天然的。霍利斯特和麥克菲爾森都無法不同意這個結論。

起碼這是我們在論文中所宣稱的全部內容，我如此論證。我們並沒有證據確鑿地主張這絕對是天然準晶。另外，由於他們有所顧慮，所以我們在論文中附帶了警語，即金屬鋁與準晶的存在，都是十足難解的挑戰。我們並非提供最終解釋，只是提出了迄今為止的所有證據。我們承認，金屬鋁的存在可能意味著該樣本乃人類活動的副產物。但與此同時，我們也提供了與此揣測相左的大量證據，無可否認這是一項大膽假設，即該準晶乃天然形成的。

我始終認為，一篇在誠實提出支持佐證的同時，也對其局限性發出警告的論文，在科學上是負責任的行為。我還相信，發表我們的發現將能讓其他科學家以更多證據或更佳想法來加以衡量，這將有助於解釋這件佛羅倫斯樣本令人不解之處。

　　賓迪完全贊同我這番分析。霍利斯特和麥克菲爾森則強烈反對，他們的頑強抗拒也揭露了科學衝突的真實本質。他們很不滿意我一個理論物理學家，採用一個不符合他們身為岩石學家及隕石專家所秉持的標準貿然行事。在他們眼裡，這篇論文不該發表，除非我們能夠明確排除金屬鋁合金是人工製造的可能性，而且不管要花多少時間才能達成也在所不惜。

　　對霍利斯特和麥克菲爾森來說，剩下的不確定性足以壓倒證據的優勢。我終於理解，無論我再怎麼謹慎撰文或充分揭露，都已無濟於事。他們針對這許多未能回答的問題，表達了論文可能在專業上鬧出笑話的憂心，並曾一度明確要求我將他們的大名從謝辭中刪除，或至少改寫成他們並不認可文中結論。

　　但這時我們的稿件已經送進了印刷廠。期刊方面拒絕細部修改，也拒絕刪除謝辭。編輯給我們的唯一方案是移除整份論文。

　　至此我已面臨最後關頭。若是決定最後一刻撤回論文，後果將難以想像。取消發表通常會被解讀為有了麻煩，科學界中壞消息自有本事一傳千里。我知道出版喊停將會招人懷疑，並威脅到專案未來的可信度。

　　當我為這最後決定舉棋難定時，我重新回顧了過去五個月發生的事情。我和賓迪踏上的這條充滿不確定性的天然準晶探索之路，真的出現太多消磨心志的曲折起伏，其慘烈程度更是勝過我曾經參與的任何科學冒險。我當然能夠理解霍利斯特和麥克菲爾森比較習

慣一板一眼的調查方式。

　　我也能理解為什麼紅隊懷疑造假。以他們的觀點，金屬鋁就是不可能存在於自然界。但在我看來，我們在佛羅倫斯、華盛頓特區，以及普林斯頓的實驗室裡投入了無數工作時間，在很大程度上

REPORTS

Natural Quasicrystals

Luca Bindi,[1] Paul J. Steinhardt,[2]* Nan Yao,[3] Peter J. Lu[4]

Quasicrystals are solids whose atomic arrangements have symmetries that are forbidden for periodic crystals, including configurations with fivefold symmetry. All examples identified to date have been synthesized in the laboratory under controlled conditions. Here we present evidence of a naturally occurring icosahedral quasicrystal that includes six distinct fivefold symmetry axes. The mineral, an alloy of aluminum, copper, and iron, occurs as micrometer-sized grains associated with crystalline khatyrkite and cupalite in samples reported to have come from the Koryak Mountains in Russia. The results suggest that quasicrystals can form and remain stable under geologic conditions, although there remain open questions as to how this mineral formed naturally.

Solids, including naturally forming minerals, are classified according to the order and rotational symmetry of their atomic arrangements. Glasses and amorphous solids

number have icosahedral symmetry, but other crystallographically forbidden symmetries have been observed as well (1, 4). Among the most carefully studied is the icosahedral phase of

17. D. Levine, T. C. Lubensky, S. Ostlund, S. Ramaswamy, P. J. Steinhardt, J. Toner, *Phys. Rev. Lett.* **54**, 1520 (1985).

18. B. Dam, A. Janner, J. D. H. Donnay, *Phys. Rev. Lett.* **55** 2301 (1985).

19. E. Makovicky, B. G. Hyde, *Struct. Bonding* **46**, 101 (1981)

20. We are indebted to L. Hollister and G. MacPherson for their critical examination of the results, especially regarding the issue of natural origin. We also thank P. Bonazzi, K. Deffeyes, S. Menchetti, and P. Spry for useful discussions and S. Bambi at the Museo di Storia Naturale for the photograph of the original sample in

已屏除了該樣本可能如何以人工製造的所有猜測。這是一種天然生成的礦物，至今這仍是最合理的解釋，哪怕我們可能無法說明圍繞它的一切細節。

每當我回顧這場爭論，我都得到同樣結論：我們應該發表論文。這篇論文的用字遣詞已是相當負責，而且撤銷發表的代價太過高昂。我心中已無顧慮，我做出了正確決定。我堅定駁回紅隊的反對意見。

我們這篇標題為〈天然準晶〉的論文於二〇〇九年六月五日發表在《科學》期刊。聯名作者分別為賓迪、姚楠、陸述義與我本人，文中並向霍利斯特及麥克菲爾森致謝。

結果可說苦樂參半。我們在《科學》期刊上的論文受到大量國際關注，而且看不到任何懷疑的跡象。以我們所報導內容的爭議性來說，這實在不可思議。我和賓迪為此興高采烈。然而同時，我不禁注意到紅隊突然沉寂下來。霍利斯特和麥克菲爾森就當作沒看見我們發表的論文，並索性不對在世界各地多家媒體發表的許多後續文章做任何評論。

二〇〇九年七月三日，佛羅倫斯：

在我們發表了我們發現第一件天然準晶大約一個月後，距離我們一起展開合作已過了兩年，我和賓迪終於有機會見面。我為別的專題去歐洲進行一系列講學，順便到佛羅倫斯拜訪他。

我們以熱烈的擁抱互相問候。經過了數百次從科學問題到家庭瑣事無所不聊的每日Skype交流，見到賓迪就像是與老友重聚。顯然我們工作上的密切互動，早已牢牢鞏固我們之間的連結。賓迪比

我想像中更高大健壯。他透過網路所傳遞的高昂興致與真誠熱情，在他本人身上顯得更加清晰。我們來自不同文化、不同世代，和不同科學背景。但我們發現彼此是真的志趣相投。

賓迪帶我參觀了大學博物館，並自毫地帶我欣賞他所設計、美麗的新礦物展覽品。我們在他的辦公室裡安頓好便開始工作，不停地談了幾個小時的調查現況，以及下一步該做些什麼。

儘管我們的論文現在已成功發表在《科學》期刊，但我們都清楚我們並未達到紅隊的高度期望。雖然看來沒差，因為《科學》期刊、大眾媒體與讀者都已接受我們的成果。但我們不能滿足，直到某兩件事的其中一件發生：要麼我們必須說服霍利斯特與麥克菲爾森，證明我們是對的，要麼他們必須說服我們，證明我們是錯的。所以這意味著我們的調查將繼續進行。我和賓迪同意，我們要篩選更多顆粒，找尋更多線索，對我們研究過的顆粒進行更多實驗，閱讀更多關於鋁合金的資訊，並探討更多關於佛羅倫斯樣本可能如何形成的論點。

我向賓迪坦白說出我的想法，我期待《科學》期刊將發揮拋磚引玉的功能。舉例來說，我曾希望它能激勵全世界的地質學家檢查他們自己收藏的礦物是否存有準晶，而更棒的情況，是他們能把樣本寄給我們研究。但令我失望的是，沒人聯絡我們。我們將必須自己做這項工作。

我們的熱切討論一直持續到午餐時間，甚至還邊吃邊談，直到我們不得不不情願地分道揚鑣為止。我深情地擁抱賓迪與他道別，離開佛羅倫斯時，我對我這位義大利搭擋更加讚佩和欽慕。

我與霍利斯特及麥克菲爾森的電子郵件往來漸漸變少，但我開始從那些零星郵件裡感受到他們對我愈來愈冷淡。結果證明，我的

直覺是正確的。我從歐洲返家後過了幾星期，收到霍利斯特寄來措辭嚴厲、表達他的失落的寥寥數語：

　　我相信你一直在用的樣本不是天然的。我覺得自己為了確定它的起源，所做的事吃力不討好。

　　霍利斯特直言相告，他不想繼續和我們合作了，除非我們能設法從其他來源找到一件全新的樣本。麥克菲爾森已經默默退出專案了。

　　當我讀了霍利斯特的電子郵件，我感到難過灰心。確實，紅藍兩隊經歷了一場難分難解的對決。但是就像所有科學上發生的意見不合情形，我們的辯論始終保持君子風度，從未演變成人身攻擊。我一直認為霍利斯特和麥克菲爾森對我們的調查工作至關重要，因此我決心無論如何都要留住他們。雖然我們目前正遭逢雙方意見分歧的考驗，但這件事絲毫沒有改變我對他們的尊敬。

　　但是我們要到哪裡找尋下一次突破？而且眼下沒有任何新消息，我還能怎麼做，才能讓霍利斯特和麥克菲爾森回心轉意？

第十三章

祕密的祕密日記

二〇〇九年九月，佛羅倫斯：

自從在《科學》期刊上發表我們的發現至今，已經將近三個月。我們也花了整整一個夏天進行調查，然而團隊中沒人發現任何值得報告的有趣事物。我和賓迪及姚楠花了很長時間在實驗室裡辛勤工作，但是沒有取得任何進展。

然後，就在我們的專案看來即將陷入永久停頓的時候，最意想不到的事情發生了。它並非出現在實驗室裡。或一場會議。或來自與其他科學家的交流。催化劑是葡萄酒和義大利麵。

賓迪正和他妹妹莫妮卡（Monica）以及她的朋友羅貝多（Roberto）在佛羅倫斯享用晚餐，席間提起了我們故事中最精采的橋段作為茶餘飯後的消遣。眼看，這已經是個很長的故事了：賓迪從他博物館儲藏室裡找到了無價的鋁鋅銅礦石樣本、在普林斯頓實驗室與姚楠一起意外發現的一種天然準晶、我們從私人收藏中發現令人尷尬的假樣本、深鎖在聖彼得堡博物館中無法觸及的種型、我們查到人在以色列、不可信賴的俄羅斯科學家，與著名的阿顏德隕石莫名其妙錯置的樣本，外加一大堆沒完沒了、毫無結論的檢測與

爭辯。

賓迪表示，我們本已追蹤到佛羅倫斯博物館原始鋁鋅銅礦石樣本的源頭是荷蘭的一名礦物收藏家。但很不幸，這條線索在阿姆斯特丹斷掉了。羅貝多住在阿姆斯特丹，他對故事細節極感興趣。當他聽到那名收藏家姓科克科克時，點了點頭。按照羅貝多所說，此人不好找其實一點也不奇怪，因為這是當地相當常見的姓氏。實際上，羅貝多有個鄰居就姓科克科克。那是住在他家那條街尾的一位老婦人，他時常幫她從雜貨店把包裹扛回家。他答應賓迪會幫忙問問她的意見。

到目前為止，我和賓迪已花了好幾個月找遍整個阿姆斯特丹。賓迪心想，羅貝多隨便認識的某人，一個與我們的故事沾不上邊的人，幾乎不可能有幫助。但這回他錯了。

羅貝多在二十四小時內回到了阿姆斯特丹，然後匆匆給賓迪捎來一封電郵。他的鄰居不但認識科克科克，而且兩人還曾經關係非常密切。事實上，她是他的遺孀！

這個意外消息對我們簡直如同晴天霹靂。賓迪馬上買了一張飛往阿姆斯特丹的兩小時航程機票，同時迅速向我發來一封簡短電郵，說他打算儘快訪談那位老婦人。

「我覺得自己好像中情局探員，」賓迪如此寫道。

二〇〇九年九月，阿姆斯特丹：

賓迪第二天抱著高度期待趕到了阿姆斯特丹。他興沖沖地奔向羅貝多的鄰居科克科克的公寓，但結果卻叫他大失所望，他和羅貝多頓時在黛博拉·科克科克（Debora Koekkoek）這堵頑強固執的磚

牆上碰壁。這位八十歲的老太太顯然被這群不速之客嚇了一跳，而且她斷然拒絕合作，這更是讓賓迪萬分沮喪。她不願意和一個不認識的義大利人分享家庭隱私，管他多有魅力或口若懸河。

羅貝多靠著交情想盡量挽回局勢。他認為只有先讓賓迪退下，他才有辦法試著與他的鄰居私下談談。賓迪勉強答應了，悶悶不樂地坐在附近一家咖啡店裡等著。

賓迪很懷疑，他怎能指望羅貝多發現任何有用的名堂呢？兩天前他甚至聽都沒聽過我們的探索故事。

隨著賓迪急得七竅生煙，羅貝多與黛博拉的談話也演變成一場意志的交鋒。每當羅貝多問起黛博拉她丈夫的收藏時，她總是堅稱她對這件事幾乎一無所知。她承認她已故夫婿曾經買賣過礦物及貝殼。她還曉得他在一九九〇年變賣所有礦物收藏，以便全心全意從事貝殼收藏，因為她丈夫覺得貝殼更有意思。就這樣了。她就只知道這些。故事講完了。不管羅貝多換了多少種不同方式詢問關於礦物收藏的問題，黛博拉就是不為所動。

到最後，也許因為羅貝多說了些話讓她產生共鳴，也或許只是為了要羅貝多別再追問下去，黛博拉靦腆地主動透露一個至為重要的新訊息。她告訴羅貝多，儘管她丈夫賣掉了所有礦物收藏，但從來沒扔掉一本他用來記錄交易的祕密日記。那本日記她還留著。

經過一番溫柔勸說，黛博拉同意讓羅貝多偷偷看一眼祕密日記。果不其然，他很快便找到了一則關於鋁鋅銅礦石的記載，科克科克將它隨意描述為「來自俄羅斯的礦石」。記載中詳實寫道，這是他在羅馬尼亞旅行時取得的樣本。記載中還進一步說明，科克科克一九八七年在羅馬尼亞從一個名叫提姆（Tim）的人手裡買到這件樣本，但是並沒提到此人的姓氏或聯絡方式。

一個叫提姆的礦物交易商？在羅馬尼亞？羅馬尼亞人提姆？

羅貝多匆匆記下一些筆記，向黛博拉告別後，便把消息轉給賓迪，賓迪隨即傳給了我。我和賓迪推斷，提姆極有可能是一名礦物走私者。顯然他和科克科克在一九八〇年代末曾有過生意往來，當時的羅馬尼亞仍受到共產獨裁者掌控，同時也是前蘇聯的附庸國。在當時，從「鐵幕」挾帶天然礦物出境可能是重罪一椿。

二〇〇九年十月，普林斯頓與羅馬尼亞：

我心想，下一步應當很簡單。比起尋找以色列的拉辛，或是在阿姆斯特丹尋找一名荷蘭礦物販子的遺孀，要找出羅馬尼亞人提姆的下落簡直易如反掌。

畢竟，羅馬尼亞能有幾個名叫提姆的走私者呢？我如此想著。

我的樂觀馬上就被打臉。儘管我們向羅馬尼亞的接頭人以及全球收藏家發出全面公告，但似乎沒人聽過這位羅馬尼亞人提姆。

當我們擴大範圍繼續搜尋提姆時，卻在另一個方向冒出一絲渺茫希望。

從我們展開調查的一開始，便拚命嘗試解決的一個問題，就是我們手上僅有兩件細小顆粒可供研究，然而關於擷取出這兩小顆粒的岩石的資訊卻少得可憐。我們有一幅整片原始樣本的放大影像，上面顯示出鋁銅合金與矽酸鹽礦物的複雜結構。但是賓迪一拍下這幅影像後，就把這些切片磨成粉狀，以便提取出他送到普林斯頓讓我檢查的碎屑。當然，那些就是被發現含有世上第一件天然準晶的碎屑。

霍利斯特從來沒停止碎唸，不斷埋怨我們就只有一幅影像可供

研究。每次我們見面時，他總會反覆強調賓迪磨碎了佛羅倫斯樣本真是大錯特錯，尤其是賓迪沒事先用他的電子顯微鏡取得一系列不同放大倍率的樣本影像。若是能有這些影像的話，可能都已經清楚呈現出準晶及其他鋁銅合金和矽酸鹽這種已知天然礦物之間相互鑲合或是多點連接的樣貌。若是能確認這些連接的話，或甚至找出金屬與矽酸鹽之間彼此產生化學反應的案例，那我們也早就有了證明準晶是天然的強力證據。很不幸，整片材料粉碎以後，這些顆粒變得實在太微小了，無論如何都無法提供令人信服的證據。

他的這些批評讓我特別難以接受，這說來令人心酸，我曉得這其實都是不白之冤。實際上，賓迪**曾經**拍下一系統電子顯微鏡影像。問題是檔案都弄丟了。就在賓迪中規中矩地拍完一系列影像之後，他的佛羅倫斯實驗室發生了一連串災難並陷入癱瘓——電子顯微鏡壞了，硬碟損毀無法修復。賓迪的實驗室隨即更換了新的顯微鏡與硬碟。壞掉的設備殘骸被隨意棄置在一旁角落，而賓迪儲存在損壞硬碟中的照片也就這樣沒了。

這場災難一發生，賓迪馬上就告訴我，可想而知，他心急如焚。他最害怕的，是這起事故會給霍利斯特與麥克菲爾森留下一個口實，認定他的實驗室不夠標準，有欠專業。賓迪覺得如果實話實說，說自己是一場突發性機械故障的受害者，未免太過窩囊，而且聽來就像「我的家庭作業被狗吃了」一樣荒謬。因此他要我發誓不講出去，他已決定，與其給出一個聽來很蹩腳的藉口，還不如忍受紅隊的一連串批評。

我尊重賓迪的決定，但同時建議我們私下想辦法，看看能不能請資料恢復專家救回任何失去的影像。很遺憾，我們諮詢的專家並沒給予太大希望。他認為成功的機會很小，因為硬碟的重要部分在

當機事件中遭到不可挽回的損壞。這讓我們更加氣餒，我們兩人只好把注意力轉回到主要的調查工作，打消救回資料的念頭。

幾個月後，我們對羅馬尼亞礦物走私者提姆的搜尋就快要讓人沮喪得想作罷時，賓迪收到了電腦怪客們傳來的一條意外消息。他們設法從損壞的硬碟上恢復了一些影像。

救回影像的好消息給了我一個和緩關係的契機，可用來試著與霍利斯特和麥克菲爾森重修舊好。當他們得知賓迪設備故障的全部祕密真相後，都感到十分驚訝。同時，他們也被這組救回的影像深深吸引，如下圖所示。

霍利斯特和麥克菲爾森大概原本預期會見到這件鋁銅合金乃人造物的明確證據，就像他們從頭到尾一直懷疑的那樣。但是這次不同，麥克菲爾森在一封電子郵件中指出，這些影像讓人有些意外。

　　這回要比以往任何一張照片都複雜得多。名符其實一頓「狗的早餐」！

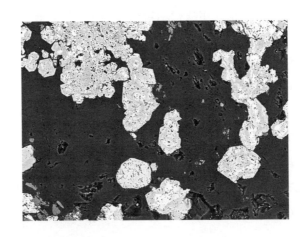

麥克菲爾森偏好使用生動的言詞。自那時起，「狗的早餐」也成了我們團隊的內部術語。這句話原出自英國俚語，指的是一頓難以下咽的飯，只有家中的四條腿成員才有胃口吃它。想想傳統英國食物中的血布丁和鰻魚凍，這當然意味著事情一塌糊塗。

　　這一回，麥克菲爾森所想表達的，是這些影像亂糟糟地難以解讀。它們不同於他以前研究過的任何東西，但他可沒指出影像中有任何地方足以讓他重新檢討他的看法，佛羅倫斯的樣本仍是爐渣。

　　然而，我和賓迪發現了麥克菲爾森沒看到的幾個重要跡象。首先，爐渣通常具有某些特徵，例如氣泡、渣滓，或其他常見工業材料殘骸。但是在救回的影像中看不到這些東西。

　　其次，淺色物質中出現的金屬與深色物質中出現的矽酸鹽之間，存在一些筆直邊界。周圍的矽酸鹽，包括矽、氧和其他成分的混合物，也都呈晶體狀。唯有當兩種物質在第一時間完全熔化成液態混合物，然後慢慢冷卻，才會產生如此結構。

　　我們從工程師和地球科學家使用的標準數值表中得知，冷卻過程中，矽酸鹽大約在攝氏一千五百度時首先結晶。銅鋁合金稍後會在攝氏一千度左右時結晶。這為我們提供了有關「狗的早餐」所經受高溫的定量資訊。

　　金屬熔化後並未與熔融矽酸鹽中的氧反應的事實也是重點。熔化的金屬通常具有高活性，因為金屬原子可以自由移動，並與周圍環境中遇到的任何氧原子發生化學反應。但這裡卻有一個鮮明個案，熔化的鋁接觸到富氧液態矽酸鹽，居然沒有發生反應。

　　我們做了個合乎邏輯的解釋，金屬凝固的速度奇快無比，快到根本沒機會與矽酸鹽鍵結的氧發生反應。同時，超高速的冷卻過程也可解釋為何會出現這些怪異的扭曲形狀。然而，在正常情況下，

如此超高速的冷卻不會發生在地球上，或一般實驗室的任何尋常過程中。

拜硬碟中救回的影像所賜，我和賓迪終於能確切排除愈來愈多佛羅倫斯樣本的可能起源。現在所有現象全都指向了自然源頭。

二○○九年十一月，阿姆斯特丹：

我們因近日順利從壞掉的硬碟救回一些電腦影像而深受鼓舞，然而又因沒能找到羅馬尼亞人提姆而覺得沮喪，接下來，我和賓迪決定嘗試一件幾乎毫無勝算的事。賓迪要再跑一趟阿姆斯特丹，問問那位倔強的荷蘭礦物收藏家遺孀黛博拉，問她是否知道提姆的任何事情。

這一次，黛博拉對賓迪比較不陌生了，並邀請他進家裡坐坐。互相寒暄之後，賓迪開門見山地問道：她曾否聽丈夫尼柯提到過任何一個名叫提姆的羅馬尼亞人？

黛博拉的回答直截了當：沒有。

不過，賓迪仍不放棄，因為他想起羅貝多花了多長時間才從她那裡打聽到一絲消息。他向黛博拉解釋，從她給羅貝多看的日記中發現，她丈夫生前對提姆都是直呼其名。因此提姆可能是個熟人。

可不可能她還記得她丈夫曾跟她講過他在羅馬尼亞的冒險故事？不，黛博拉不為所動。

這場對話就這樣繼續進行下去。但無論賓迪用了多少種不同方式提出問題，黛博拉的回答永遠一樣。她從沒聽丈夫提起名叫提姆的任何人及任何事。

然後，正當賓迪準備放棄的時候，黛博拉默默地做出一個驚人

告白。她丈夫還有第二本日記，一本「祕密」的祕密日記。顯然科克科克是用這第二本日記來記錄那些合法性存疑的交易，其中也包括在可疑情況下取得的礦物。他不想在自己的正式紀錄中留下書面交易紀錄。看樣子黛博拉不是太緊張就是太尷尬，所以才沒早點提起這件事。但現在，她很快就從隔壁房間取來那本「祕密」的祕密日記，把它交給賓迪。賓迪一拿到日記，沒花多少功夫就找到了他想找的內容。

這句話翻譯如下：

> 我小小收藏中的金屬礦物碎片，大部分都是透過提姆取得。

這頭一句話與科克科克第一本日記的內容相互呼應。而其餘內容則提供了一些新的資訊：

> 提姆正從魯達謝夫斯基的實驗室獲取礦物。這些礦物主要是由L・拉辛（俄羅斯某重要中心主任）提供給提姆，這人在魯達謝夫斯基的實驗室工作。

賓迪這時肯定很難保持鎮靜。如今，我們對「祕密」的祕密日記中的所有人名都已滾瓜爛熟。其中兩位是科學家，他們在鋁鋅銅礦石的故事中扮演的角色非比尋常。他們與科克科克有所關聯的證據讓我們大吃一驚。

　　拉辛。根據科克科克日記中記錄，佛羅倫斯的樣本不僅在化學上與聖彼得堡的種型相似。它根本就出自同一來源——拉辛，也就是我們在以色列追蹤到的那位不合作的科學家，他聲稱親自發現了該樣本。

　　魯達謝夫斯基。我和賓迪知道，魯達謝夫斯基是位電子顯微鏡專家，他曾在聖彼得堡實驗室與許多俄羅斯礦物學家合作。他們為了表達感謝，經常將魯達謝夫斯基列為科學論文的合著者。一九八五年，他與拉辛聯名著作的一篇論文，描述了鋁鋅銅礦石和銅鋁石的發現。

　　科克科克提到這兩名俄羅斯科學家，意味著佛羅倫斯樣本和聖彼得堡礦業博物館的種型樣本肯定都來自同一個地方——俄羅斯東部的偏遠地區，那裡遠離任何鋁鑄造廠，或是可能人工製出該樣本的精密實驗室。

　　可以確定，聖彼得堡的種型已被國際礦物學協會認證其自然起源。如果這兩件樣本來自同樣的地方，那便可合理推斷佛羅倫斯樣本也是天然的。我和賓迪確信，科克科克的「祕密的」祕密日記能讓真相水落石出，幫助證明我們發現世上第一件天然準晶的定論。

第十四章

關鍵人物瓦列里・克里亞契可

二〇〇九年十一月，普林斯頓與佛羅倫斯：

　　按照科克科克那本「祕密的」祕密日記所記載，佛羅倫斯的鋁鋅銅礦石樣本來自拉辛。他同時也是那篇描述聖彼得堡種型論文的主要作者。

　　但拉辛究竟是如何取得那兩件樣本的呢？

　　拉辛聲稱，他於一九七〇年在俄羅斯遠東一處渺無人煙的偏遠地區發現了這些礦物。但我知道前去堪察加半島探險是件萬般艱辛的差事。根據我和拉辛打交道的經驗，我十分懷疑他這項說詞。

　　當年，拉辛是莫斯科蘇聯白金研究所所長。他的同事們相信，他與格別烏組織以及蘇聯共產黨當局都有深厚私交，這些機構控制了前蘇聯人民日常生活的方方面面。能夠與格別烏特工，也就是後來的國家安全局，維持密切關係的人，被公認有能力危及他人身家性命。

　　依我看來，這麼一個擁有政治背景，又慣於城市生活的高層人物，不太可能決定親自跋涉至如此人煙罕至之地進行一項繁重任務。我確信實際執行田野調查者，一定是一名下屬。

但會是誰呢？

二〇〇九年十一月，聖彼得堡：

　　科克科克的日記顯示，拉辛在魯達謝夫斯基的實驗室工作時，有一件鋁鋅銅礦石樣本被走私出境。我設法找到了魯達謝夫斯基，他已八十多歲了，仍和家人一起住在聖彼得堡。他的兒子弗拉迪米爾（Vladimir）說得一口流利英語，於是充當我們的溝通橋梁。弗拉迪米爾追隨父親腳步進入科學領域，隨後成為礦業界成功的企業家。他為自己父親的成就感到驕傲，並且了解我們的研究在科學上影響深遠，於是決定全力支持我們這項不可能的探索。

　　弗拉迪米爾花了好幾個小時和他年邁的父親談論我們的調查，但終究沒法引導父親回想起三十多年前，對鋁鋅銅礦石和銅鋁石所做過工作的任何印象。這一點也不奇怪；拉辛的樣本當時並不特別引人注目，何況這麼多年下來，魯達謝夫斯基在實驗室曾經對成百上千件其他礦物進行過測試。

　　無奈之下，弗拉迪米爾只好試著另外想辦法來幫助我們。我跟他提過我和拉辛那場難以想像的艱難對話。弗拉迪米爾說他願意代表父親打電話給拉辛，看看能否取得一些進展。我猶疑地同意了，期待拉辛看在一位既是前同事兒子、又身為科學家後進的私人懇求份上，願意合作。

　　但弗拉迪米爾與拉辛通話的結果比我還慘。拉辛本來想擋我的路，因為我不理睬他那過分的油水要求。而現在，當他得知弗拉迪米爾竟然試著幫我免費取得資訊，他氣瘋了。弗拉迪米爾事後告訴我，拉辛在他們的電話交談中變得無比憤怒，並試圖以提醒其所擁

有的政治關係來恐嚇弗拉迪米爾。

這個威脅讓我非常害怕。拉辛的前同事曾警告過我，這人可能相當歹毒。所以現在我開始擔心我們這項平和的科學調查，是不是會給魯達謝夫斯基一家人帶來不測。雖說拉辛現在住在以色列，但似乎他的手臂有機會伸得很長。

讓弗拉迪米爾和他父親暴露於潛在風險令我深感不安，我因此向他道歉，但他只是一笑置之。他告訴我他非常確信拉辛的威脅只是虛張聲勢。確實，魯達謝夫斯基一家至今並未發生什麼事。但即便如此，我和賓迪仍對這件事耿耿於懷，並發誓今後永遠不再接觸拉辛。

二〇〇九年十二月，佛羅倫斯與普林斯頓：

我想我和賓迪一定都把最初宣布發現鋁鋅銅礦石與銅鋁石的科學論文讀過好幾千遍了。但是論文的第一段讀起來就是出奇地晦澀難解。

文中提到一個名叫V・V・克里亞契可（V. V. Kryachko）的人（下圖中第一個標出的地方），他在里斯特芬尼妥伊支流（第二個標出的地方）汰洗砂礫時發現了一些不明顆粒。這段文字未曾詳細

Среди природных образований впервые обнаружены соединения алюминия с медью и цинком. Они находятся в тесном срастании и представлены мелкими (размером от долей до 1.5 мм) неправильной формы, угловатыми стально-серовато-желтыми металлическими частицами, внешне схожими с самородной платиной. Эти частицы встречены в черном шлихе, отмытом В. В. Крячко из зеленовато-синей глинистой массы элювия серпентинитов. Шлих непосредственно в полевых условиях, из обнажения коры выветривания серпентинитов небольшого массива ручья Лиственитового. Лабораторной обработке шлих не подвергался.

說明汰洗過程，或是確切解釋它與鋁鋅銅礦石和銅鋁石的發現有著什麼關聯。其次，神祕角色克里亞契可之後就未再出現於論文中，也沒被列為聯名作者。這個遺漏，似乎意味著克里亞契可對這場發現並不重要。既然如此，那為什麼一開始還要提到他或她呢？再者，儘管我們做過絕對嚴謹的搜索，但始終無法在地圖上找到神祕的里斯特芬尼妥伊支流。

這個人或這個地點真的存在嗎？

一位頂尖的俄羅斯科學院士對我們說，這可以非常簡單地解釋為：也許克里亞契可是個虛構人物，而里斯特芬尼妥伊是個虛構地名？

與我們洽談的人提醒我們，當年拉辛是白金研究所所長。他那時是要尋找珍貴金屬礦石，可能出於競爭上的顧慮，因而一直試圖模糊所有細節。即便鋁鋅銅礦石和銅鋁石並不具備市場價值，但拉辛的競爭者可能會猜想，那是在研究所找到白金時發現的。若是拉辛詳實記錄探勘作業及方位的話，對手就可能從中搜集到充分資訊來盜取寶貴礦脈。因此，拉辛不得不杜撰一個虛構故事，故意誤導競爭對手。

這個解釋聽來有點道理，但就科學上來說，又似乎不大對勁。

我們與另一位俄羅斯院士再次確認這個「虛構」的推測，但後者立刻打臉這項說法。他向我們保證，克里亞契可先生並非虛構人物，而是一位著名的礦物學家。可悲的是，他接著說，克里亞契可幾年前就死了。

現在已經有了兩種完全迥異的說法，於是我們找了第三位俄羅斯院士核實，然後，又得到了第三種解釋。他回覆說，克里亞契可是一名楚科奇人（Chukchi），那是楚科特卡自治區的原住民之

一。克里亞契可受雇協助拉辛的探險活動，並且早已返回他苔原上的村落。我們被如此告知，尋找他將是一場毫無希望的嘗試。而且既然他只是個幫手，自然也無法提供我們任何有用資訊。

所以，根據專家們的說法，這位V・V・克里亞契可，要麼是個虛構的人，要麼是個身故的人，或者根本是個找不到的人。但無論真相為何都已沒有差別。基本上，我們沒打算再聯絡其他專家。我和賓迪準備另想辦法。

放棄尋找克里亞契可的幾個月後，我和賓迪在另一個不同場合無意中再度撞見這個名字。當時我們正埋首於大量有關俄羅斯礦脈岩石的文獻，賓迪眼尖找到一篇關於在科里亞克山脈發現白金族礦物、但不大知名的文章。這篇論文的一位合著者，正是踏破鐵鞋無覓處的V・V・克里亞契可。

如假包換同一個名字？位於同一個地區？研究密切相關的礦物？

我們確信這不是巧合。但文章中並沒列出V・V・克里亞契可的相關資訊，就連他在哪兒工作都沒提到，所以無從判斷他是否還活著。

我們只好求助論文的合著者瓦迪姆・德斯勒（Vadim Distler），我們查出他是莫斯科的俄羅斯科學院礦床地質、岩石學、礦物學和地球化學研究所（Russian Academy of Sciences Institute of Geology of Ore Deposits, Petrography, Mineralogy, and Geochemistry，簡稱IGEM）的首席研究員。

我寄給德斯勒的電子郵件一連幾星期都沒有回音，等待的時間長到我又開始擔心是否又撞上另一道讓人心灰意冷的高牆。當德斯勒終於回信時，他為此番耽擱表達歉意，並向我解釋他身體微恙，

再加上莫斯科的嚴寒，以致前陣子無法進辦公室。我們訂了個時間進行電話會談，我隨即聘請普林斯頓一位俄國同事幫忙翻譯。

等到我們進行通話時，我開門見山便想確定我們是否找對了人。德斯勒是否曉得他的合著者V・V・克里亞契可，與拉辛論文裡提到的同名者，是不是同一個人？我急切盼望著好消息，因為我們的點子已快用盡，現下是我們僅剩的可能線索。

我屏住呼吸等待德斯勒回答。「Da！」便是他的回答。我高舉雙臂為勝利而揮舞。

接下來的談話簡直如同進入一座金山。V・V・克里亞契可便是瓦列里・克里亞契可（Valery Kryachko）。數十年前，德斯勒曾是克里亞契可在礦床地質研究所的博士論文指導教授。克里亞契可進入研究所之前的一個夏天，拉辛給了他一個能增加若干寶貴田調經驗的機會。在一九七九年，拉辛派了年輕的克里亞契可去里斯特芬尼妥伊支流尋找白金。

翻譯這句話的時候，我感覺自己臉上露出笑容。三言兩語的一個解釋，已把所有看似不同的元素串連起來。

拉辛，白金研究所，克里亞契可，一個被派去探險的學生，里斯特芬尼妥伊支流。

我很害怕聽到下一個問題的答案，但還是非問不可：克里亞契可還活著嗎？在感覺漫長無比的一陣停頓之後，我聽到德斯勒回答：「Da！」

我幾乎無法抑制內心的興奮。**克里亞契可仍然活著！**我心想。如果我能設法找到他，他也許能說明當時是如何找到樣本的。我們終於可以回答拉辛一直想蒙混帶過的所有問題了。

當這一切想法正在我腦海中翻騰時，德斯勒繼續和翻譯交

談。「克里亞契可打算月底到莫斯科來看我，」他說。「要不要我讓他聯繫你？」

我難以置信地看著翻譯。此話當真？我綻放出笑容。告訴他：「要，要，要，千萬拜託！」

二〇一〇年一月七日，普林斯頓與俄國莫斯科：

距離我們在普林斯頓一間實驗室裡發現第一件天然準晶的 一年零五天之後，我設法與克里亞契可取得直接聯繫，三十多年前，這位科學家從堪察加的土地發掘出這件樣本。

我寄給他一封電子郵件，裡面提出許多能幫我和賓迪判斷佛羅倫斯的鋁鋅銅礦石樣本究竟是真是假的問題。而他光是第一封回信的答覆，就遠比我長久以來想知道的多太多：

親愛的保羅・史坦哈特教授！

感謝您的來信。我正密切留意著有關準晶和鋁鋅銅礦石形成環境的爭議，所以我十分明白這項發現的重大意義，很榮幸，我將幫助你充分了解鋁鋅銅礦石的形成環境。你可以任意使用我提供給您的資訊。

一九七九年，我在馬加丹（Magadan）的蘇聯科學院東北科學研究所（North-East Scientific Research Institute）擔任研究員，參與了一場俄羅斯科學院展開的遠征研究工作。原本計劃的是一次大規模探險，但由於天氣惡劣，最後只有我和一名來自亞庫次克（Yakutsk）的學生抵達了伊歐姆勞特瓦安河（Iomrautvaam River）。我在里斯特芬

尼妥伊支流（長度不到一英里的小溪，是伊歐姆勞特瓦安河的右側支流）進行這項工作。這是一條很特別的小溪，儘管它並不長。許多年來，這裡一直是尋找砂金的地方。在我來到此處的前一年，它已被開採殆盡。溪床被推土機鏟平了。結果是，小溪左邊露出了一公尺厚的藍綠色黏土層，或許是蛇紋石的副產物所造成的一種化學風化殼。洗起來非常困難，但還是可以用熱水洗。我洗滌了一百五十多公斤的物質。當我洗到重精礦時，便發現了這種礦物，並立即受到吸引。它的造型像金字塔，高四毫米，底部寬四毫米。我被它閃亮的銀光所吸引，它的色澤比天然白金金屬更白，但重量較輕。回到馬加丹後，我把樣本交給了拉辛，因為他是白金礦床研究小組組長，我也是組員之一。過了一段時間，他告訴我這不是白金礦：我已找出四種新的鉑基礦物相。第二年，拉辛離開研究所去了另一個城市。我再也沒見過他。幾年後，拉辛發表論文宣稱發現了新礦物鋁鋅銅礦石和銅鋁石。

　　我認為除了我之外，沒人曾在里斯特芬尼妥伊支流進行過地質研究。而且，很可能從來沒人從那裡帶回鋁鋅銅礦石。許多關於這種黏土如何形成的問題至今仍然沒有解答。它大量存在於那條支流中。組織一支探險隊研究這條小溪是可行的。這個地點距離阿納底（Anadyr）大約有二百公里。我對這個地區相當熟悉。你傳給我的地圖上沒有標示出這條小溪，但我會試著用衛星影像秀出它的位置，不久就會傳給你。

VV（瓦列里）・克里亞契可　敬上

　　克里亞契可的詳細答覆，以及他隨後在電子郵件中對我後續問題的回答儼然鐵證如山，我可百分之百確定，一九七九年夏天從里斯特芬尼妥伊支流採集到鋁鋅銅礦石樣本的人是克里亞契可，不是拉辛。

　　我終於明白為什麼拉辛的論文如此缺乏細節。這並不是因為拉辛試圖虛構人物和地點，以免讓競爭者知道地方。也不是因為克里亞契可是一個隨後消失在荒野中的楚科奇人。顯然更非因為克里亞契可已經死了。

　　我的結論是，拉辛沒有邀請克里亞契可成為論文合著者，而是憑著回憶他的口頭報告來撰寫論文。或許這是因為當時克里亞契可只是個卑微的學生。但無論原因為何，拉辛就是沒把功勞分給他。這篇論文發表了近四分之一世紀之後才真相大白：我們要揭開紀錄彰顯實情，克里亞契可才是第一位發現這件樣本的人，這件樣本後來被證明含有新的晶狀礦物——鋁鋅銅礦石和銅鋁石，以及第一件天然準晶。

　　我很驚訝，克里亞契可對我們刊在《科學》期刊上的論文已經耳熟能詳，那是大約在七個月前出版，文章中宣布發現世上第一件天然準晶。由於涉及一件俄羅斯樣本，所以這條新聞已經在全俄國媒體上播出。

　　話說，在我接觸克里亞契可之前，他並不曉得自己可能與天然準晶的故事息息相關。於是我很榮幸地告知他，他是這場發現的核心人物。克里亞契可聽到這話之後樂不可支，立即自願扛起任何他能協助之事。

第十五章　罕見之物中包藏著某種不可能

二〇一〇年一月，普林斯頓：

同月下旬，我去見了霍利斯特，讓他曉得最近發生的一連串不可思議的事。我告訴他關於我和賓迪如何設法找到克里亞契可的故事，而且無庸置疑，他就是從地下挖出聖彼得堡種型的人，很可能也是佛羅倫斯樣本的源頭。

過去幾個月來，我以最慘烈的方式領教到霍利斯特他絕不掩飾心中怒意的風格。現在，我也即將見識他截然相反的一面。霍利斯特一聽到這個好消息，就彷彿屋中霧氣散盡、雨水遠颺。我看著他咧嘴笑開，這時我知道，傳奇人物霍利斯特已經正式踏上了我的船。這正是我一直期待的回應。

我現在依然沉浸在他當時提出一個嚇人建議的氣氛中：下一步是遠征堪察加半島找尋更多樣本。霍利斯特堅持道，你非去不可。

接著，霍利斯特寫了封電子郵件給他在史密森尼博物館的紅隊隊員麥克菲爾森：

> 保羅拿來的一些資料，指出了位於科里亞克山脈東部的樣本來源區。他找到了採集原始樣本的人，此外，佛羅倫斯樣本和聖彼得堡樣本之間的脈絡也頗具說服力。我認為目前證據已足夠向國家科學基金會（NSF）申請一項計畫案，支持我們前往該地區，釐清該地區的地質背景，有機會的話，取得更多樣本。

我不大確定該怎麼辦。但我能感覺到，尋找天然準晶的工作即將切換至高速檔，並將從實驗室移轉到一個我一無所知的地域。

罕見之物中包藏著某種不可能

二〇一〇年三月十九日，帕薩迪納（Pasadena）：

那是帕薩迪納美麗的一天，和煦暖意提醒我生活在南加州最令人享受的一件事——氣候。在普林斯頓老家，地上仍積著零星雪花。但在這裡，春天已經盛開。我沐浴在陽光中，信步穿越加州理工學院校園。

我沿著其中一條主要路徑步行，這條路帶我走上橄欖步道，經過一棟眼熟的兩層樓房。洛依德樓（Lloyd House），那是我的大一宿舍。當我走過時，腦海中回憶歷歷在目。我在這間宿舍經歷了人生中第一場地震，一陣可怕晃動在半夜把我從床上嚇醒。同時，我想起當我還是大一學生時的一個尷尬時刻，那時我鼓足勇氣，向我的物理英雄及後來的導師費曼表達怯生的問候。

我再度想起他那句名言：**你就是最容易被騙倒的人**。過了這麼多年後，費曼這句忠告又把我帶回此地。我想要十足肯定我沒有在我們的準晶研究上自欺欺人。

我正準備前往教職員會所，與加州理工學院備受尊敬的教務長暨著名地質學家艾德·斯托爾（Ed Stolper）共進午餐。斯托爾是位

聲名遠播的批判思想家，他向來有話直說，或許甚至誠實得近乎殘酷。我要仰仗他來坦率評估我們的調查工作。斯托爾在學術生涯中研究天然物質與人造物質。他在噴射推進實驗室（JPL）火星探索探測器任務中，發現火星表面一塊岩石與地球上找到的某件稀有岩石樣本之間驚人的相似性。他還特別鑽研暴露在自然環境中的人造物質，那些很容易被誤認為天然物質樣本的風化爐渣碎片。因此，他的工作性質與我們的調查直接相關。我用一個大文件夾來武裝自己，裡面塞滿我們積累的研究成果。相信斯托爾憑著豐富的專業知識，將能判斷我們正在研究的樣本是否可能值得大費周章，又或者說，它有沒有可能只是一塊飽經風吹雨打的破舊碎片。

我和賓迪一起審閱過我的簡報內容，但我沒把事情全告訴他。這次會議隱含著我難以承認的巨大負面風險。若是跟賓迪實話實說，會把他嚇出病來。斯托爾在整個科學界都非常有名且受人尊敬，所以只要他稍有語帶保留，都將是一場災難。萬一他表達出任何嚴重質疑的話，就會把霍利斯特和麥克菲爾森從這個專案嚇跑。謠言會傳開，最終將傷害到我與其他受人尊敬的地質學家之間的關係，而他們的支持對我們的研究工作實不可少。

我和斯托爾從未見過面，但我們根據照片中的印象立刻認出彼此。他留著波浪般棕髮，戴著眼鏡，和藹可親的舉止讓我心情放鬆。我們坐下吃午餐，很快就談起正事。

他耐心地聽我用厚厚筆記中的數據及表格做出冗長簡報。事至當下，我們的調查已發展成一個複雜的故事，我花了不少時間來整理歸納所有相關細節。

斯托爾聽到我們所提出準晶可能如何形成的理論時做了些筆記。他也估量著許多其他專家相信佛羅倫斯樣本必定是爐渣的說

法，以及我和賓迪所收集到與之牴觸的證據。他偶爾打斷我並提出一些尖銳問題，但始終不表露他的想法，就算當我坦承我們尚未找到任何關鍵證據，足以支持我們認為佛羅倫斯鋁鋅銅礦石樣本乃天然形成的論點時也一樣。

當我講完我們的案例後，午餐也快結束了。我往椅背一靠，知道自己已盡了最大努力，就等著聽他怎麼說了。**這一切就到此為止了嗎？**我心裡思來想去。

正如預期，斯托爾實事求是地給出一個中肯、務實的意見。他堅決宣告我們的樣本「沒機會」是合成的。他說，這絕對不是爐渣，也不是人為產物。

太美妙了！我心想。**我破釜沉舟的決心終於有了回報！真希望賓迪也能在此分享這個時刻。**

斯托爾指出我簡報中若干化學和地質線索來呼應他的結論。他還談到了我所提出關於樣本形成的可能假設：雷擊；火山；深海熱泉；地殼板塊之間碰撞；火箭或噴射機殘骸；當然，還有地球深層活動及隕石。他認為隕石的說法不大可能，他比較同意我們仍在琢磨的其他某些論點。

我聽著斯托爾娓娓說出結論時，內心壓抑的焦慮感慢慢消失了。一直以來，我都很難向我課堂上的大學生描述，一名科學家，即便像我這種小有成就的科學家，在挑戰傳統教條時，所面臨的困難是多麼巨大。現在回過頭看，在別人眼裡每件事看來都相當容易。然而，他們忽略了一項事實，推動科學進步永遠是一場考驗個人最大耐力的奮鬥。來自同僚要求你順應行規的壓力空前沉重。譬如說，當我和賓迪主張我們的金屬鋁樣本可能是天然形成的之後，在當時普遍認為這不可能的氛圍中，我們遭受了一年多的懷疑和來

自某些專家的尖酸批判，其中還包括我們自己的紅隊同事。其實這並不容易。這些負面評論有時竟是如此嚴厲，幾乎將我們兩人的意志消磨殆盡。但工作本身就是很好的應對機制。我們持續努力，逐步搜集到更多證據來驗證我們的論文。經過十四個月的辛勤工作，此刻我心滿意足地聽到斯托爾肯定了我們的辛勞成果。

會議結束後，我感謝他惠賜寶貴時間和專業知識，臨別時，斯托爾給了我最後一項建議，事後證明，這也是最重要的一項建議。他提議我們分析一下樣本中稀有氧同位素「豐度」（abundance）。這是我和賓迪從未想到過的新穎檢核方法，斯托爾認為這能幫助我們將剩餘的可能解釋進一步去蕪存菁。

斯托爾回到辦公室後，我獨自在桌邊坐了一會兒，沉緬於剛才發生的神奇事蹟。我把筆記本中散落在桌上的紙張收拾好，仔細寫了一份會議紀錄，準備與賓迪分享。

斯托爾剛才用尖銳問題盤問我。而一次又一次，我總能把手伸進厚厚的筆記本裡，翻出一個提供準確、明確答案的數據或表格。能毫無缺失地回答斯托爾的所有問題，讓我非常感激我與賓迪搜羅匯集的大量證據。我們那看似亂槍打鳥、全力以赴毫不放過每一條可能線索，並進行每一種可能測試的方法，此刻已經有所回報。多虧了斯托爾，科學界每個人都將不得不認真看待天然準晶這件大事。

我們的調查絕對無庸置疑，我喃喃自語。

接下來的幾個小時，我一個人在校園和周遭房舍間閒逛。我陶醉於可愛的開春景象，追憶起費曼，想知道這時他會說些什麼。

二〇一〇年三月下旬，普林斯頓：

幾天後，我回到家，再度投入寒冬懷抱。當我告訴霍利斯特和麥克菲爾森關於斯托爾的分析，和他大致上正面的反應時，他們都認真以待。他們承認現在看來頗具希望。但他們仍然牢騷不斷，說我們缺乏證明我們樣本為天然的關鍵證據。

二〇一〇年五月十七日，佛羅倫斯：

六個星期後，藍隊終於能夠拿出紅隊要求的東西。

自從十五個月前我們初次發現一件天然準晶以來，我和賓迪毫不停歇地在我們各自的實驗室裡，孜孜矻矻地從日益減少且愈來愈小的佛羅倫斯樣本顆粒中尋求線索。我和斯托爾討論過後一個月，賓迪開始檢查一顆直徑只有七十奈米的顆粒，那大約是人類頭髮粗細的百分之一，接著他發現了一些真正令人咋舌的事物。這次他並未發電郵告訴我他所發現的東西，而是直接約好我們隔天在Skype上聊，並保證會讓我看到「一些新鮮事」。

第二天連線後，賓迪在Skype對話框中鍵入：「請等我五分鐘，我幫你準備檔案……我有天大的好消息……」

我的第一反應是敲入：「沒問題！！！我整晚都坐在板凳邊上乾著急！」賓迪並不是會誇大試驗結果的人，我此刻高度期待一項重大進展。

我焦急地坐著等待，感覺時間如永恆般漫長。終於，一個大電子檔從佛羅倫斯傳了過來。我打開檔案，當影像出現在我的螢幕上時，我眼睛睜得大大的。我的呼吸為之停頓。我簡直不敢相信看到

的東西。賓迪發現了一粒**重矽石**（stishovite）。

　　我的思緒開始跟隨這背後含意天旋地轉。「真是不可思議！」我寫道。「有幾成把握鑑定為重矽石？」

　　「超過百分之百，」他回覆。

　　重矽石是一種以俄羅斯物理學家謝爾蓋・斯蒂薛夫（Sergey Stishov）命名的著名礦物，斯蒂薛夫一九六一年在他的實驗室裡首度製出這種礦物。這種礦物只能在極度高壓下形成，那大約為地球海平面大氣壓力的一百萬倍。它在實驗室裡問世後不久，亞利桑那州的隕石坑又發現一件天然重矽石樣本。科學家進一步研究，證明那是流星高速撞擊地球直接造成的結果。

　　在佛羅倫斯的鋁鋅銅礦石樣本中發現重矽石證實了我們的觀點，這件樣本確實是天然的。不管哪一種工業製造過程，都無法達到創造重矽石所需的壓力。重矽石眾所周知是一種超高壓現象的標誌，這種現象遠遠超出地表任何正常地質作用的極限。

　　世人都相當熟悉重矽石的化學成分：二氧化矽（SiO_2）。成分中矽與氧之占比為1:2，這等同於普通沙子或窗戶玻璃成分的化學式。重矽石之所以與眾不同，取決於其原子排列方式。這與碳原子的作用原理完全相仿，碳原子在地球表面形成石墨這種晶體排列，當處於地下高壓環境，則形成不同原子排列，產生鑽石。同理，二氧化矽分子在不同壓力下會產生不同晶體排列，它在正常壓力下產生沙子，在超高壓狀態則形成重矽石。

　　重矽石和沙子之間的差異，透過觀察電子繞射圖案中尖銳布拉格峰的間距與排列，便可一目瞭然。賓迪已經做了這些測試，並給我寄來了一系列繞射圖，毫無疑問已替這件樣本驗明正身。

　　幾天後，賓迪透過電郵傳給我重矽石顆粒上一個微小區域的放

大影像，這是更令人震撼的天大消息。

下圖中的模糊黑白影像可能看上去不大起眼。但站在科學觀點，這張照片真的無比驚人。

這幅影像是一種非常罕見之物中藏有某種不可能物體的組合。重矽石，圖中的銀色材料，是一種稀有物質。我們看到它圍繞著一件二十面體準晶，即圖中那截黑色短棒，那是曾被認為不可能的物體。實際上，應該用「雙料不可能」來描述這件準晶才恰當。第一個不可能是，因為它具備禁忌的五重對稱。第二個不可能是，因為它的化學成分中含有金屬鋁，而人們從未見過天然金屬鋁。

我們知道重矽石是一種高壓現象的產物，這種高壓現象只可能發生在某些情況：在地表下方深處、在外太空發生碰撞時，或是一顆極大隕石撞擊地球表面的結果。這裡涉及到遠非任何正常人為活動所能產生的高壓。

以這件特殊樣本來說，我們可以立即排除一顆大型隕石撞擊地

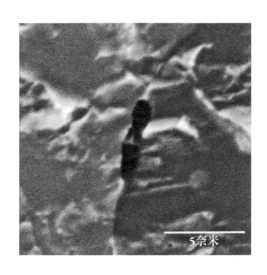

5奈米

球表面時形成準晶的可能性。因為這種情況會熔化整件佛羅倫斯樣本中富含鋁的金屬，促使其與地球大氣中的氧產生化學反應。

而準晶得以在形成重矽石所需的高壓中倖存下來，則又告訴我們另一件事。這代表準晶在重矽石形成時便已存在，然後它們就這樣共同承受了那種遠在人類活動影響之外才可能存在的超高壓。

這就是霍利斯特與麥克菲爾森一直尋求的自然起源的直接證明。

我立刻打電話給霍利斯特，告訴他這個令人興奮的消息。我開心地寫電子郵件給麥克菲爾森，並附上賓迪最近的影像，以及我們的分析。我很想知道他是否還會一如往常地提出質疑。結果他採取了萬無一失的回應：

> 假如這真的是重矽石，而且裡面真有準晶的話，那可是一件大事。

我們以前關於佛羅倫斯樣本如何形成的所有理論，現在幾乎可全部拋諸腦後。佛羅倫斯樣本不可能是爐渣。它不是礦工們在篝火旁胡鬧造成的。它不是噴射機排出的廢物。它不是由爆炸造成，也不可能在尋常實驗室裡製造。它不可能由閃電、深海熱泉，或火山所導致。其他人假設的任何論點，都無法產生形成重矽石所需的超高壓力。

同樣昭然若揭的，是重矽石和準晶融合在一起的方式。這證明準晶並不像我們以前所假想的那般脆弱。由於準晶整個包裹在重矽石顆粒中，這意味著準晶承受得住超高壓環境。

麥克菲爾森承認了所有這些觀點，但他仍想盡辦法窮究一切可

能提出替代解釋，哪怕多麼荒誕。他的最後掙扎，是要我們考慮一下這樣本是否可能是原子彈試爆的產物。我和賓迪輕輕鬆鬆就排除了他這想法，因為測量顯示，樣本中不存在任何可能為核爆副產物的重元素。

只剩下兩種可能理論可以解釋重矽石的存在。這件樣本可能產生於內太空，也就是在地表下方數千英里處形成，並經由超級地函柱傳送到地殼外部。或者它可能是來自外太空的訪客，是兩顆小行星猛烈對撞所造成的碎片。

哪一種可能性才是對的？而我們又該如何證明？

第十六章

二十面體石

二○一○年五月，帕薩迪納：

內太空，還是外太空？這是個問題。

我心目中，隕石理論，或者外太空，一直都是對我們天然準晶起源的首要解釋。隕石中金屬和金屬合金種類，遠比地球礦物更為多樣。但我們不能單憑理性論證。我們更需要無懈可擊的證據。

兩個月前，斯托爾曾建議我，我們可透過分析樣本中稀有氧同位素豐度來解開這個問題。他介紹我找地球化學家約翰·艾勒（John Eiler）協助，他的研究範圍包括隕石的起源及演化等領域。但直到我們發現重矽石樣本前，我一直無法信心滿滿地前去驚擾艾勒，並說服他用昂貴的設備來測試我們的樣本。

艾勒與加州理工學院微量分析中心（Caltech Microanalysis Center）主任關雲斌（譯注：Yunbin Guan，音譯）合作密切。該中心有一部非常珍貴的儀器叫作NanoSIMS，全名為「納米級二次離子質譜儀」（nanometer-scale secondary ion mass spectrometer），可用來執行斯托爾所建議的氧同位素測試。世界上只有少數幾部NanoSIMS，同時，也只有包括加州理工學院在內的少數幾間機

8：兩部巨獸與探險隊所有成員（由左至右）：馬可夫斯基、麥克菲爾森、威爾‧史坦哈特、安德羅尼克斯、尤多夫斯卡婭、賓迪、維克多‧科米爾可伐、奧莉亞‧科米爾可伐、保羅‧史坦哈特、薩沙‧科斯汀、克里亞契可、艾迪‧德斯勒，以及位於眾人前方的「雄鹿」。9：一部拋錨的巨獸；10：「雄鹿」特寫照；11：一隻堪察加棕熊。

12：堪察加半島上，俄羅斯科學家克里亞契可（保羅・史坦哈特站在他左手邊）向隊員們說明探險路線。13：威爾・史坦哈特位於里斯特芬尼妥伊支流旁的挖掘點。14：二〇一一年，賓迪與保羅・史坦哈特攜手慶祝他們抵達克里亞契可一九七九年發現佛羅倫斯樣本的溪流旁探勘點。

15：克里亞契可淘洗找尋樣本；16：麥克菲爾森檢視一顆岩石尋找隕石撞擊的證據；17：克里亞契可和賓迪檢查顆粒；18：安德羅尼克斯和保羅・史坦哈特（頭戴防蚊罩）測繪地質特徵。19：午夜時分營地附近的秀麗景色。

20：某次測繪勘察中的尤多夫斯卡婭，與21：艾迪；22：威爾·史坦哈特準備在小溪旁展開挖掘；23：安德羅尼克斯手持步槍提防遇到熊群。24：荒野中最後一晚，探險隊員們舉行營火歡慶，保羅·史坦哈特高舉手中火炬。

構，才允許外界人士利用該設備進行專案合作。

艾勒已經答應用NanoSIMS對我們的一顆微小顆粒進行氧同位素測試。我飛到帕薩迪納去見艾勒，隨身將我們的小顆粒密封在一個小盒子裡，小心翼翼地塞進書包。我可絕不會把如此貴重的盒子放進託運行李。

我抵達加州理工學院後，與艾勒先花了幾個小時檢查我們團隊在普林斯頓大學、佛羅倫斯大學，和史密森尼自然歷史博物館三個實驗室中做過的所有量測。這是我兩個月前給斯托爾看的同一組數據，再加上我們最近發現的重矽石。

和斯托爾一樣，艾勒的結論是，我們的樣本比較可能源自地球。他說：「橄欖石礦顆粒的特徵，讓我想起我研究過的地內樣本。」雖然我傾向認為我們的樣本來自外太空，但我非常尊重斯托爾與艾勒的意見，於是我保持開放心態。

我真的很高興艾勒樂意幫忙。他不但極為聰明，精力充沛，而且態度嚴謹。可是他接下來告訴我的事卻讓我大失所望。NanoSIMS這部儀器時好時壞，目前正在維修中。可能要再過幾個月才能恢復正常運作。

我和賓迪別無選擇，只能等待。接下來的幾個月真是讓人度日如年。我和賓迪每天都會上Skype，不停討論最後結果將會如何。內太空還是外太空？外太空還是內太空？但假如測試結果顯示樣本的起源既非地內，也非地外，又該如何是好？儘管我們已做好萬全準備，還是不得不考慮令人恐懼的第三種可能性。惡作劇一場。

NanoSIMS是一種毫無模糊地帶的測試，它可以透過量測樣本中的核同位素分布，瞬間揭露一種假材料的偽裝。這是種騙徒不可能預料得到，也無從偽造的特徵。我們等待測試的時間愈長，就愈

難把這種令人沮喪的可能性從腦海中抹去。

二〇一〇年七月，帕薩迪納：

兩個月後，我們被告知NanoSIMS終於恢復正常運作，我們的樣本將在本月最後十天某個時段進行測試。每隔幾天，我就會問一下測試是否已做過了。而回答總是「還沒有」。痛苦的漫長等待還沒結束。

NanoSIMS是研究樣本中氧原子同位素的最佳儀器。原子之間的區別是由質子數決定。例如，所有氧原子都有八個質子，這就是為什麼它被列為元素週期表上第八個元素。「同位素」這術語是指質子數相同，但中子數不同的原子。

穩定的氧同位素共有三種，每一種都有八個質子，但中子數各不相同。最常見的氧原子類型，其質子數與中子數相等：八個質子和八個中子。由於8+8=16，所以這種同位素被標示為^{16}O。此外，還有另外兩種不太常見的氧同位素。^{17}O有九個中子。^{18}O有十個中子。假如你打算分析你所呼吸空氣中所有的氧原子，你會發現它們當中有99.76%是^{16}O，0.04%是^{17}O，0.2%是^{18}O。

地球上的相對百分比，是由地球的歷史及其礦物暴露於宇宙射線與放射作用所決定。其他像是火星等行星，則有不同演化歷史，而它們的礦物也暴露在不同程度的宇宙射線及放射作用下。所以火星上的礦物所含的三種氧同位素占比，便與地球上的礦物不同。同樣道理也適用於其他行星和不同類型的小行星上所形成的礦物。

地球化學家利用NanoSIMS來測量樣本中不同礦物的三種氧同位素含量，可藉此確定樣本天然與否，而如果是天然的，還可判斷

它來自何方。

二〇一〇年七月二十六日，帕薩迪納與普林斯頓：

終於，艾勒寄來一封我們期待許久的電子郵件，宣布NanoSIMS測試已經完成，並對結果進行了分析：

重要發現有兩點：^{17}O異常明顯小於零；^{18}O異常非常低。

全然的挫折感逼得我直想尖叫，因為苦苦等待了數月，我竟然看不懂眼前這句話。這是地球化學家術語，我可不是地球化學家。當我繼續讀下去時又開心起來，我發現艾勒已經把這些發現翻譯成一種我能理解的語言，用一個類似下一頁中的圖表來表達要點。

圖表中橫軸代表樣本中發現稀有同位素^{18}O的含量與最常見同位素^{16}O的比值，稱為^{18}O異常。縱軸代表稀有同位素^{17}O的含量與最常見同位素^{16}O的比值，稱為^{17}O異常。

圖中還顯示了兩條灰色線條，它們在右上方交會。這兩條線的交點，大致對應到你能在地球海水中測量到的等級。上方標記為TF的線條代表「地球分餾線」（Terrestrial Fractionation），指出在地球上形成的各種礦物中發現了多少^{17}O和^{18}O的成分。因為地球上的岩石形成方式各異，它們的同位素分布不會與海水完全相同，而是可能沿著TF線取其中任何一個值。

圖表中一個個延伸出十字線的圓圈、菱形、正方形和三角形符號，代表從佛羅倫斯鋁鋅銅礦石樣本中所發現不同類型礦物的測量

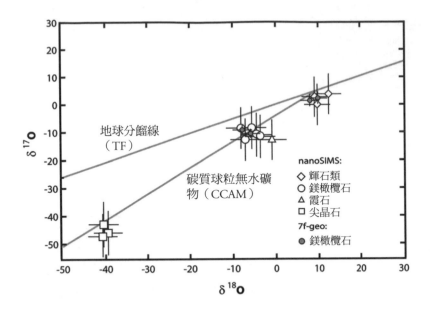

值：輝石、鎂橄欖石、霞石和尖晶石。它們並未沿著地球分餾線分布，這表明佛羅倫斯樣本並非源自地球上任何角落。

　　同樣重要的是，這些結果並非隨機分布，如果這件材料是故意造假的，或是在實驗室或鋁鑄造廠中意外合成的話，那麼結果就可能會隨機分布。反之，所有數據都沿著另一條標示著CCAM的線條排列。

　　CCAM是「碳質球粒無水礦物」（Carbonaceous Chondrite Anhydrous Mineral）的縮寫，是敘述一種驚人結論的科技術語。按照地球化學家的說法，佛羅倫斯樣本連同我們的準晶，絕對是天外之物。來自外太空的訪客。一塊隕石。

　　更具體地說，CCAM是一種被稱為「CV3碳質球粒隕石」的罕見類型隕石。

我和賓迪已非常熟悉CV3碳質球粒隕石，尤其是名氣最大的阿顏德隕石。阿顏德隕石曾經差點讓我們的專案流產。

一年前，麥克菲爾森做了結論，在齊普里亞尼家中實驗室標示著「四〇六一－鋁鋅銅礦石」小瓶裡的粉狀物質，實際上來自阿顏德隕石。還記得當時他把這種錯亂歸咎於一位「若非存心捉弄，就是太過任性的上帝」。從這一點，他繼續做出結論，齊普里亞尼根本粗心大意，而且佛羅倫斯收藏的礦物毫無可信度。這起事件的惡果差點妨礙我們首次公開宣布發現了一件天然準晶。

透過NanoSIMS測試，我和賓迪現在曉得，麥克菲爾森當時誤將這件物質鑑定為阿顏德隕石。不過他倒是有個犯錯的絕佳理由。佛羅倫斯的鋁鋅銅礦石樣本完全是同一類型的稀有隕石。它們同樣都是在四十五億年前太陽系形成之初，在相似條件下形成的，含有許多相同礦物。也難怪麥克菲爾森錯把馮京當馬涼。

然而，它們又並非完全一致。佛羅倫斯的樣本比阿顏德隕石更加耐人尋味，因為它含有鋁銅金屬合金，這在任何其他已知的岩石或礦物中從未見過。因此，它可說要比阿顏德隕石更重要，因為它隱含了前所未知的外太空物理過程的證據。那些過程可能影響了行星和我們太陽系早期階段的演化。**但這又是怎麼一回事？**

我和賓迪曉得該去向誰討答案。讓我們回過頭來找世界上最著名的CV3碳質球粒隕石專家之一：麥克菲爾森。麥克菲爾森過去一年半來始終不斷非議我們的研究。他是佛羅倫斯樣本乃一文不值的爐渣的最強鼓吹者。打從我和他第一次在史密森尼自然歷史博物館前台階對上眼的那一刻起，麥克菲爾森就一直以他的專家觀點對我說教，這件樣本不可能是隕石。

對麥克菲爾森來說，從賓迪毀損硬碟裡救出的最初影像，只顯

示了一堆亂七八糟的狗早餐。阿姆斯特丹的偵探故事所推演出與聖彼得堡種型的關聯，以及我們最終與在堪察加半島挖掘點上找到這件物質的克里亞契可取得聯繫，所有這一切，壓根沒有徹底改變他的看法。麥克菲爾森甚至在賓迪發現了內部包藏一截準晶的重矽石樣本後，都還維持一定程度的懷疑。

NanoSIMS測試原本可能證實我們的一切努力完全徒勞，並證明麥克菲爾森的懷疑並非空穴來風。但沒想到，它卻產生截然相反的結果。它立刻證實了我們最初的假設，佛羅倫斯樣本是天然的。

所以說，這得感謝麥克菲爾森，他的多疑卻也使得我們釜底抽薪瓦解了最後一絲疑慮。麥克菲爾森素來總能巧妙地把話說成他永遠是對的，他在收到我的NanoSIMS結果報告電郵後回覆，主旨欄上寫道：「歡迎來到我的世界。」

首先，恭賀你有一件外太空來的樣本。我時常研究氧同位素，所以我非常了解這張圖片及其含義……這些新數據讓一切都不同了。一方面，你的西伯利亞探險計畫可以喊停，同時，再不必操心／思考關於像是超高壓、下地函、蛇紋石化作用，以及其他一切雜事……。

但是現在我們面對著幾個新的謎團。假如這東西真是從沉積物礦床中弄出來的，而且它真的是隕石的話，我不知道他們是怎麼發現它的，我也不知道它是如何倖存下來的……這個專案一下子突然跑到我的領域來了，這意味著我將不得不扮演更核心的角色，以便進行指導。歡迎來到我的世界。

能讓麥克菲爾森心服口服，是一座重要的里程碑。我和賓迪非

常尊敬他的專業學養，以及他對知識的忠誠。霍利斯特也很高興得知麥克菲爾森的反應。紅隊兩名隊員都愉快地向藍隊認輸。大家現在意見一致了。

然而，麥克菲爾森突然聲稱這專案應該歸他，這個舉動讓我和賓迪都感覺好笑。我們當然才不要讓出我們的主導角色。

二〇一〇年十月一日，普林斯頓與佛羅倫斯：

加州理工學院NanoSIMS測試確認後兩個月，賓迪寄來甚至更多的好消息。

國際礦物學協會新礦物命名與分類委員會（Commission on New Minerals, Nomenclature and Classification）剛剛投票通過，接受我們的準晶為一種天然礦物。他們還同意我們所建議的名稱「二十面體石」（icosahedrite），恰如其分地對第一種已知的二十面體對稱礦物命名，並將其列入官方目錄。

國際礦物學協會（International Mineralogical Association）
新礦物命名與分類委員會（Commission on New Minerals, Nomenclature and Classification）

Chairman: Professor Peter A. Williams
School of Natural Sciences
University of Western Sydney

Phone: +61 2 9685 9977
Fax: +61 2 9685 9915
E-mail: p.williams@uws.edu.au

Postal address: School of Natural Sciences, University of Western Sydney, Locked Bag 1797, Penrith South DC NSW 1797, Australia

1 October, 2010

親愛的賓迪，

恭喜您發現了新礦物「二十面體石」，編號2010－042！

值此歷史時刻，我憶苦思甜細細回味。這是自從我初次想像天然準晶的可能性以來，一直在追尋的一座里程碑。但我知道這個故事還沒結束。我又回去讀了一遍麥克菲爾森在訊息中寫的話：

　　一方面，你的西伯利亞探險計畫可以喊停……

　　我瞧著訊息開始搖頭。我認為，**他可完全沒搞清楚狀況。**

　　現在已有令人信服的證據表明我們的樣本來自外太空，極有可能是太陽系誕生時的產物。但仍有許多謎團。最初它是如何形成的？為什麼它含有準晶？在進入地球大氣層之前，它是以哪條路徑穿越太空？它的碎片是如何嵌在里斯特芬尼妥伊支流的藍綠色黏土裡？還有，為什麼它抵達地球後一直沒有腐蝕呢？

　　僅剩的幾小片佛羅倫斯樣本，不足以回答上述任何一個問題。我們需要從同一來源尋找更多的物質。要解開剩下的謎團，唯一辦法就是率領一支探險隊前往堪察加半島，尋找更多樣本。這在我腦海中無比清楚。

　　然而，我所沒料想到的，竟是我可能不得不親自參與這場探險。

第三部

堪察加半島，或一切拉倒

第十七章

失蹤

堪察加半島上某處窮山惡水，時間是二〇一一年七月二十二日：

不知何故，不可思議的事情發生了。沒人比我更不適合參加，或更不適合率隊前往俄羅斯遠東偏遠地區探險。但我還是來了。

過去十六小時裡，我一直乘坐在一輛巨大履帶車上，它載著我和我一半的隊員穿過堪察加半島北部荒蕪苔原。終於，在接近午夜時分，我們轟隆隆地衝下一座陡峭山丘，在河床邊停下來過夜。儘管周遭環境怪異且陌生，但我心中平靜而踏實。

當我爬出駕駛艙，從巨大履帶踏板跳到地面時，這種美妙的平衡立刻潰散。我突然感到窒息。成群蚊子嗅聞到我的呼吸，從淤泥中蜂擁竄出，在我頭上形成一團厚重烏雲，有效阻絕了我的空氣供應。

我既絕望又羞愧，拚命掙扎著想要呼吸，卻又不好意思顯露我的無助，因為我好歹也是這次探險的領隊啊。我試著緩緩朝我們身後的小山坡移動，好向隊裡其他人掩飾我正陷入困境，同時徒勞地試圖擊退攻擊我的蚊群。

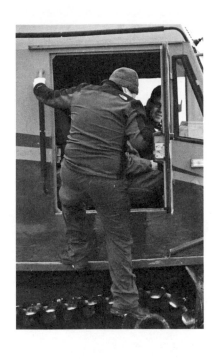

我急切地想要保持冷靜，強迫自己凝神想著一連串事件，也就是這些說來話長的事件，讓我不遠千里跑到這個地獄般、生人勿近、蚊蚋稱霸的世界。

回想最初我是因為發現一件天然準晶，最終才被吸引踏上這趟旅程，那是件毫不起眼的礦物樣本，多年來始終塵封在一家義大利博物館的儲藏室裡。經過了滿是驚奇的偵查過程，我們終於證明，這件樣本是四十五億年前太陽系尚未誕生時一顆古老隕石的一部分。我們這位天外來客以每小時近十萬英里的速度穿越太空，在星際間經歷了無數衝擊與碰撞倖存下來。最後它在七千年前左右，大約是人類發明輪子前後，進入地球大氣層。這顆隕石首先升溫成一道耀眼的白熾光宣告它的到來，並在北極圈南邊天空中飛馳而過，然後降落在堪察加半島科里亞克山脈，在那兒，它蟄伏了數千年未受打擾。

一九七九年，有位名叫克里亞契可的俄羅斯學生受雇前往科里亞克山間沿著溪床尋找白金，意外找到了一片埋藏於層層神祕藍綠色黏土中的這位天外來客。從那時起，這件尚未驗明正身的樣本展開了三十年的旅程，因緣際會下來到我們的實驗室，接著我們發現了嵌在其中的天然準晶。

在發現那件準晶的幾年後，此刻，我們與當年那位俄羅斯學生、如今六十二歲的克里亞契可，再次回到堪察加半島，找尋更多隕石碎片。

我們知道佛羅倫斯博物館的樣本存有爭議。我們所鑑定出的準晶和一些金屬晶體合金的不尋常化學成分，直接牴觸了決定大自然中哪類形態的物質才能存在的科學教條。也因此，儘管我們搜集到充分證據，某些科學家仍繼續懷疑這件樣本究竟是否天然。

在過去兩年中，我們分別在兩大洲對佛羅倫斯樣本進行大量取樣，做過每一種想像得到的試驗，嘗試發掘出這些前從未見的礦物背後的祕密。事實上，我們已進行了太多測試，以致我們在過程中用罄了所有樣本，如今已沒有東西可供研究。對這項科學研究再接再厲的唯一途徑，就是到堪察加半島找到更多物質。

證明天然準晶的存在眼看就要手到擒來，我義無反顧。我會來到堪察加半島也是全然迫不得已！不是嗎？

雖然當下我仍處於窒息狀態，我急促地呼吸僅能勉強向肺部擠進一絲空氣，一邊還要設法驅趕成群的蟲子，然而我內心的思緒已漸漸讓自己平靜下來。

但接下來，當另一個真正驚駭的念頭浮現腦海時，我頓時被一場海嘯般的恐慌淹沒。**第二輛載著包括我小兒子威爾（Will）在內的另一半隊員的車，不見了。**

兩輛車當天大部分時間一直都是一起行駛，但威爾乘坐的卡車由於機械故障，一路上走得顛顛簸簸，幾小時前就從視線中消失了。我們的駕駛以為，它只不過是在我們視線之外而已。但如果真是這樣，它現在應該已經趕上我們了。

我獨自站在堪察加某座小山丘頂，感覺胃部打結，腦子天旋地

轉，絕望地想看到威爾和我其他隊員的任何蹤影，一股強烈的內疚壓得我喘不過氣來。我反覆再三地挑戰不可能，結果卻讓自己的兒子陷入生命危險，甚至還可能失去一半的隊員。

一個接一個地，我撇開了來自各界專家的明確警告：尋找新的樣本毫無希望。不值得冒險去如此偏遠的地區。永遠不會有人資助你這場探險的。不可能短短幾個月內就組建一支團隊。你這次調查方向走偏了。像你這樣的人要去跑上這麼一趟實在太魯莽了。那個探險地點根本到不了。

眾人的看法真不樂觀。有幾個地質學家曾告訴我，想在堪察加半島遼闊的不毛之地找到另一片同樣隕石的機率，要比在普世皆知的大海中撈針還小。

保羅，你看過地圖沒有？大家就事論事。你甚至沒有原始探勘點的GPS座標，對嗎？

同事們警告我，我太相信一名六十二歲的俄羅斯科學家，以為他有辦法記住多年前發生的事的關鍵細節，而且這件事在當時對他也不具特別意義。看來大家都認為這不可能，再說，就算克里亞契可真的能夠帶領我們抵達三十多年前他發現隕石中顆粒的確切位置，但要發現同一顆隕石中更多物質的機會微乎其微，因為這些顆粒極其細微，分布稀疏，極難與該地區數百萬枚其他顆粒區分。除非頭殼燒壞，不然沒有一個地質學家會把時間和資源投入到如此瘋狂的行動中。

我不得不承認，我們成功的機會趨近於零。但同時，機會也並不是零。只要能讓我找到更多樣本，並解開它們的起源之謎的機會並非為零，我就義無反顧，一定要繼續追索與堅持下去。克里亞契

可是世上唯一能夠為我們指出源頭的人，端看他是否願意去，同時也要能夠去，這一點決定了我的時間表。要做的話就是現在，否則永遠也沒機會了。我約莫就是如此說服了自己。

冒不起這個風險；你應該見好就收，這是幾位有影響力的物理學家向我傳達的訊息。

他們信誓旦旦地說，我和賓迪應該坐享其成。我們在《科學》期刊的論文，幾乎已讓整個科學界心悅誠服，承認天然準晶確實存在。何必還要冒險去堪察加半島，結果卻空手而返，或者更糟，找到令人起疑的證據？不管結局是哪一種，都可能進一步鼓舞少數仍對你的結論唱反調的懷疑論者，更可能促使他們對你的整個調查提出質疑。

我知道，一場失敗的探險可能危及我們的信譽。但在過去近三十年裡，我一直都在尋找曾被認為不可能的準晶，因此在某種程度上，可說早已對其他科學家的懷疑免疫了。我的義大利同事賓迪也有同感，儘管我們共同的執拗曾讓我們走進許多死胡同，但也促成我們做出一些驚人發現。我不打算就此結束這場旅程。我們不能因為害怕失敗，而不去盡最大努力解開仍然存在的科學謎團。

沒有金援。我得上哪兒去籌措足夠的錢，好進行如此荒唐的探險？這也是大家普遍的反應。

資助機構絕不會單憑一個複雜的偵探故事、某個不出名的俄羅斯礦物學家三十年前的記憶，以及一些微小的物質顆粒，就提供財務資助。失敗的風險實在太高。

果然真如大家預期，我收到了來自國家科學基金會、能源

部、美國自然史博物館、史密森尼學會、國家地理學會和其他著名資助機構的嚴詞堅拒。他們勸誡我，別白費心思提出正式申請。

我從沒指望有哪一家傳統資助機構會考慮我的申請，所以我對四處碰壁早有心理準備。因此即便我任職的普林斯頓大學拒絕提供協助時，我也處之泰然。我知道大學還有其他許多優先計劃，通常更關注能夠直接惠及校內學生、且風險較小的案子。

我唯一的希望，是找到一位富有而慷慨的捐助者。但在我能找到這麼一個人之前，我必須得到許可。跟大多數美國大學一樣，普林斯頓大學禁止教職員募集私人資金，因為這或許會和大學的募資計畫發生利益衝突。

有鑑於此，我詢問校方如果在我能夠證明贊助人除了支持我的探險，絕不會向普林斯頓大學提供其他任何性質捐款的嚴格條件下，是否允許我募款。校方認為，要找到一名願為普林斯頓主導的某專案提供資金，卻對普林斯頓大學本身沒有捐款意願的人，根本不可能。也許，這就是他們同意讓我試試看的原因。

三天後，當我打電話到校務發展辦公室告知我已鎖定一名有意捐款者時，校方肯定大吃了一驚。我找到一位與普林斯頓大學毫無關係的理想贊助者，他願意為我提供探險所需的五萬美元。校方花了幾週時間調查後，主管人員答應了，並表示我能遵照約定條件找到人，真是大出他們的意料。這筆資金以專款專用的名義捐贈給普林斯頓，注明只用於我的探險。

幾個月後，由於運輸計畫發生重大改變，我們的預計成本驟增，我不得不回去找捐款者尋求更多支持。他的反應讓我徹底折服。他毫不猶豫便欣然同意支付超額部分，總金額超過我最初估計的兩倍。

至今我仍深深感念我這位無比謙遜且始終堅持匿名的恩人。我感激地稱他為「戴夫」（Dave），他是位真正的科學之友。

　　根本辦不到。你幹嘛這麼急呢？這是每一位我徵詢過曾在俄羅斯工作的地質學家對我說的話。

　　這整件事比你想像的複雜得多，保羅。你的計畫不切實際。在這麼短的時間內，你根本不可能招攬到一支合格人員組成的團隊。此外，堪察加半島是一個管制地區——難道你不曉得你需要俄羅斯政府一系列高層許可，才能接近那個地方嗎？不可能加快這道處理程序。**好離譜的計畫！**

　　這些批判都是有憑有據。我需要招募一支技術高超的隊伍，他們必須隨時準備拋下手頭任何計畫來加入我們的探險隊。要和複雜的俄羅斯官僚體系打交道，十個月的時間聽來根本不夠。我們必須取得莫斯科的俄羅斯政府、楚科特卡自治區政府、俄羅斯軍方，以及俄羅斯國家安全局的許可。由於俄羅斯在歷史上素來強調堪察加半島重要的戰略地位，前往該地區的遊客都會受到密切關注。

　　最重要的，是我們必須協調安排團隊每位成員前往阿納底，那是距離挖掘現場最近的俄羅斯小鎮，且擁有一定規模的機場。然後，我們必須準備好足以支撐數週的糧食補給，調撥設備，一切就緒之後，還要想辦法將我們的團隊從阿納底運送到我們位於里斯特芬尼妥伊支流的偏遠目的地。

　　我告訴自己，**一步一步來。**我面臨的第一個挑戰，是找到願意參加探險的專家，不管他們的許多同行都認為這並非明智之舉。

　　我立刻發電郵給俄羅斯地質學家克里亞契可。他是最重要的團隊成員，因為他是唯一曉得如何找到「初始點」的人，也就是佛羅

倫斯樣本的源頭。克里亞契可是位留著大把白鬍子的健壯男子，擁有多年野外工作經驗，篤實幹練，足智多謀，能夠憑著自己的本事求生存。我運氣很好，他不僅答應要去，而且還願意盡最大努力讓這次探險成功。

我還聯絡了德斯勒，他幾十年前曾是克里亞契可的博士指導教授。我知道，多年來，他們兩人為了尋找珍貴礦石及礦物，曾多次合作前往堪察加半島探險。德斯勒熱情而友善，已經八十多歲，是個不肯戒菸的老菸槍。

德斯勒號召了瑪麗娜·尤多夫斯卡婭（Marina Yudovskaya）加入，她是一位經驗豐富、才思敏捷的田野地質學家，最近才剛接替德斯勒擔任他在莫斯科礦業學院（Moscow Mining Institute）所屬部門的負責人。她來自哈薩克，父母都是地質學家。個子高高的她有著一頭金髮，身材修長，面露輕鬆和善微笑，是我們俄羅斯團隊中唯一能說流利英語的成員。

這三位俄羅斯成員互相都認識，並已共事多年。在此同時，我還得回過頭來逐一網羅探險隊其他成員。

我們絕對需要賓迪。這時距離他在自家博物館一間密室發現原始樣本，已經兩年多了。他是唯一檢視過這件物質原始狀態的人，之後樣本就被切割成薄片做測試，然後又被粉碎得面目全非。賓迪對初始樣本的經驗，加上他敏銳的雙眼和靈巧手藝，讓他成為我們得以在里斯特芬尼妥伊支流找出更多隕石顆粒的最大希望。

要是說當時賓迪很不情願加入探險隊，其實一點也不誇張。賓迪提醒我，他壓根不是田野地質學家。所以我著實花了不少力氣說服他出馬。我很高興他最終同意了，不單只是因為我信任他的判斷，而且此時我們已成為莫逆之交。這趟旅程，讓我們再次有機會

在已然發展成一場瘋狂調查的行動中密切合作。

我的普林斯頓同事、前紅隊成員霍利斯特也在我的期望人選清單上。霍利斯特非常想去，若能成行的話，他將是團隊中極其寶貴的一員。他擁有處理種種棘手田野狀況的長年經驗。然而，當時霍利斯特也正面臨某種暫時的急性醫療問題，他因而認為風險太高，擔心可能會在發生緊急醫療狀況時，困在一處無法獲得醫療救助的偏遠地區。他是首先指出這類事件可能會危及整個探險過程的人。霍利斯特對於自己不得不放棄而感到沮喪，但他答應提供指導，並協助規劃這場探險。他招募了三位他可拍胸脯擔保的人選：麥克菲爾森、克里斯・安德羅尼克斯（Chris Andronicos），以及邁克・艾迪（Mike Eddy）。

麥克菲爾森是明顯的人選。身為我們前紅隊成員之一，他對這項調查已經非常熟悉。招募我們以前的紅隊「對手」擔任田調團隊的隕石專家似乎相當合適。沒別人比麥克菲爾森更有資格審查與確認我們的成果。

安德羅尼克斯是在普林斯頓大學念完研究所並取得學位，霍利斯特當時是他的博士指導教授。安德羅尼克斯是鑽研造成山脈、產生地震、形成斷層線、折彎和斷裂岩石等強大地質力量的專家。他在全球各地的研究經驗也十分豐富，包括英屬哥倫比亞的海岸山脈（Coast Mountains）、安曼的阿爾哈賈爾山脈（Al Hajar Mountains），以及其他岩石和地層與我們預期將與堪察加相似的地區。我發現他是一位深思熟慮、辯才無礙的科學家，擁有廣泛的專業知識和極富創意的頭腦。他有著寬闊強壯的身形，積累了一輩子的野外經驗，在野外出任務對他來說就像家常便飯。

霍利斯特提供的第三名人選是艾迪，他是位優秀的普林斯頓大

學地球科學系應屆畢業生，即將在秋天到麻省理工學院攻讀博士。艾迪長得精壯結實，是一名天生的運動員，在大學期間曾創下數項普林斯頓田徑賽紀錄。前一年，他在阿拉斯加半島旁的阿留申群島進行地質田野調查，那裡距離我們此行的目的地不遠。我們除了欣賞他傑出的智力之外，還希望仰仗他的體力在挖掘現場幫忙做些粗重工作。

麥克菲爾森和艾迪都很快便接受了我的邀請，但安德羅尼克斯遲疑不決。他正在安曼王國進行深入田調工作，半路岔出堪察加之行完全在他意料之外，這樣會打斷他的研究。然而，這並非他猶豫是否參加探險的唯一理由。

「我得老實告訴你，」安德羅尼克斯對我說。「我懷疑隕石的說法。如果我真加入的話，會去勘測當地的地質環境，目的是尋找解釋它生自地球的證據，例如超級地函柱，或其他能夠更好地解釋佛羅倫斯樣本形成過程的不尋常地質條件。」

安德羅尼克斯曉得他正在挑戰我認為這件樣本是隕石的觀點。再加上他與霍利斯特談過之後，還知道目前隕石立論並不完整。銅鋁合金的存在也尚未得到解釋。因此，他覺得像是超級地函柱理論這些另類想法，值得進一步納入考慮。畢竟，沒人知道超級地函柱帶上來的物體可能是由什麼組成，因為從來沒人見過來自地球熔融核心附近的物質。如果我們去堪察加半島，也許會發現除了超級地函柱以外的其他潛在陸基來源，可以用來解釋佛羅倫斯樣本。

「然而，我十分懷疑，」安德羅尼克斯說，「你會願意讓一個對你的隕石理論持懷疑態度的人參加你的探險嗎？」

我忍不住笑出來，因為我感覺恰恰相反。他其實正是我想要的那種團隊成員。我向安德羅尼克斯說明我是如何與霍利斯特和麥克

菲爾森密切合作了整整兩年，不管他們倆如何激烈反對我們認為從佛羅倫斯樣本中發現了天然準晶的論點。我非常珍視旗鼓相當的紅、藍兩隊間友好而緊張的互動，因為我一直認為這是獲致科學真理的最佳途徑。

「反對的觀點永遠受到歡迎和強烈鼓勵，」我向他保證。對此有所理解後，安德羅尼克斯欣然接受了我的邀請。

於是，我集結了一支國際科學家團隊，我曉得我們還需要一名俄語翻譯。身為普林斯頓理論科學中心主任，我認識幾位來自俄羅斯的博士後研究員，其中有位舉薦了他以前的同學亞歷山大·科斯汀（Alexander Kostin）。他們兩人就讀著名的莫斯科物理科技學院（Moscow Institute of Physics and Technology）時，曾一起研讀物理。科斯汀的俄文小名叫薩沙（Sasha），他正在德州一家石油公司擔任石油物理師。說來真巧，他一直夢想前往堪察加旅行，非常渴望加入探險隊，儘管這意味著犧牲與家人在莫斯科共度暑假的時間。

最後，我決定再為探險隊增加一名生力軍，我招募了一個打從他嬰兒時期我就認識的人。我兒子威爾。他父親從未帶他參與大型戶外運動，但威爾現在是加州理工學院地球物理系學生，他在加州莫哈韋沙漠（Mojave Desert）和白山山脈的惡劣環境中吸取了可觀的田調經驗。他長得比他父親高出許多，當然也更加強健。這趟探險過後，威爾將前往哈佛大學攻讀博士學位。

我很欣慰威爾對田調工作已具備認知，他能協助我在身心方面為這場旅程預作準備。然而，我不太確定在他的指導下，我必須付出哪些代價。一時之間，威爾變成制定規則的人，嚴格地指揮他的菜鳥老爸什麼時間該做些什麼事。我曉得他會覺得這種角色置換其樂無窮。

國際團隊到位後，我們的俄羅斯同伴接管了計畫。尤多夫斯卡婭和德斯勒曉得如何與俄羅斯官僚體系打交道。他們花了幾個月時間孜孜不倦地完成所需的書面文件，作業流程跑完之後，所有檔案已堆成了一座一英尺高的小山。他們準備、遞送，並跟催著大量令人心力交疲的表格與信件。他們能在如此短暫的時間內完成所有工作，全都歸功於他們的經驗、專業精神，以及對我們專案的支持。

　　與此同時，克里亞契可交給我一份詳細列出這次遠征所需物資的清單。他說，必須有人先行前往堪察加半島駐點，以便預訂所有物資與當地的交通工具。他對該地區經驗豐富，自願擔任先行者。

　　到頭來，進展順利得打敗唱衰者的所有預測，我們設法招募了一支專家團隊，**不到十個月便完成所有計畫與準備工作**。早期的成功可能把我帶進一種錯誤的自信假象之中，讓我以為我們剩下的所謂其他問題，也同樣容易解決。我當時做此假設，真是被成功沖昏了頭。

　　你的這次調查搞錯了方向。麥克菲爾森在一場重要的計畫會議中語出驚人，震撼了所有人。他差點毀掉整個專案。

　　在展開旅程的幾個月前，我邀請我們的俄羅斯同伴到普林斯頓完成一些組織規劃，並與團隊其他成員分享科學資訊。

　　克里亞契可剛向與會組員報告，說他如何在一九七九年從堪察加半島的藍綠色黏土中挖出一件樣本。他說，它閃閃發亮，看起來完全是金屬，就跟聖彼得堡礦業博物館收藏的那件一樣。他結束探險返家後不久，就把樣本交給了派他去堪察加尋找白金的俄羅斯科學家拉辛。克里亞契可說，那是他最後一次看見或聽說這件樣本，直到幾十年後，他收到我一封電子郵件，說明該樣本是已知第一件

天然準晶的來源。他得知自己與這個故事關係密切，心中雀躍可想而知。

　　拉辛顯然已將樣本帶回聖彼得堡進行檢測，最後發現它含有兩種新型晶體礦物，鋁鋅銅礦石和銅鋁石。他在沒有告知克里亞契可的情況下，發表了這些發現。為了遵循正式宣告發現一種新礦物的程序環節，拉辛提交了一件樣本，目前永久保存在聖彼得堡礦業博物館。

　　就在這時，原本一直靜靜聽著故事的麥克菲爾森突然發難。他聲音很大。

　　「拉辛提交的聖彼得堡種型，可能非常符合克里亞契可對『閃亮及金屬的』材料的記憶，」他咆哮道，「但是佛羅倫斯的樣本，那件天然準晶的源頭以及整個探險的動機，可絕非如此！事實上，它恰恰相反！佛羅倫斯的樣本顯得暗沉，不像金屬。」

　　麥克菲爾森一直以為這兩件樣本最初是連在一起的一整塊物質，後來拉辛把它敲成兩塊，以便把其中一件放在博物館，另一件則留作收藏。但是根據克里亞契可對事件始末的描述，他的這個假設不對。

　　「克里亞契可的故事意味著這兩件樣本從未連在一塊，」麥克菲爾森說。「如果它們從未連成一塊，我們有什麼證據證明它們來自同一個地方？……如果我們沒有這種證據，去堪察加半島還有任何意義嗎？」

　　與會的每個人全都屏息以待。這本該是一場計畫會議。然而猝不及防，整趟行程的科學根據突然遭到質疑。克里亞契可感受到會議室裡的緊張氣氛，他仔細傾聽尤多夫斯卡婭翻譯麥克菲爾森火藥味十足的言詞，然後起身向大家說明。

「請容我再次強調這件事情，」他說，尤多夫斯卡婭翻譯。「確實，拉辛論文中描述的樣本，和聖彼得堡礦業博物館的樣本照片，都完全符合我的記憶。它就像我在里斯特芬尼妥伊支流的藍綠色黏土中發現的閃亮顆粒。在我來到這裡之前，我也同樣對聖彼得堡和佛羅倫斯樣本之間的差異大惑不解。」

克里亞契可停下來，轉身看著麥克菲爾森。「但我不同意你的結論。今天稍早，我搞懂了樣本的來龍去脈。保羅和賓迪一路追蹤到阿姆斯特丹的礦物收藏家，然後又追查到羅馬尼亞的走私者，那人從我前老闆拉辛工作的實驗室取得這件樣本。突然間，我曉得了問題的答案。

「其實，我找到的樣本不只一件，」克里亞契可解釋道。「我在里斯特芬尼妥伊支流找到了幾件不同樣本，並**全部**交給了拉辛。我以前從沒向任何人提起還有其他樣本，因為我並不太在意它們。它們看起來沒那麼閃亮，因為金屬部分被其他礦物覆蓋了。」

什麼？樣本不只一件？我的思緒急速飛馳，心中醒悟克里亞契可這項說詞的意涵。

「大家想想看，」克里亞契可繼續說，「佛羅倫斯樣本被追溯到同一間實驗室，以及同一間實驗室裡同一個人，而這個人也和聖彼得堡的種型有關，這絕對不是巧合。這兩件樣本必定相關，而且這只意味著佛羅倫斯樣本就像聖彼得堡的種型一樣，也來自里斯特芬尼妥伊支流。

「既然如此的話，」克里亞契可繼續說，「我們現在便曉得，從同一塊黏土中採集到的，至少有**兩種**不同的岩石，它們**都**含有鋁鋅銅礦石和銅鋁石。既然能夠找到兩件，就還可能找到更多件。」

這時，克里亞契可笑了。「所以說，回答麥克菲爾森的問題

——『去堪察加半島還有意義嗎？』——絕對有！當然有！而且現在去堪察加，要比以往任何時候更有意義。」

即便是我們天生的懷疑論者麥克菲爾森，也不得不對此表示認同，於是探險行動又回到正軌。當下感覺就像贏得了一次勝利。

幾個月後，當我獨自站在堪察加半島一座小山丘上，擔心我兒子和其他隊員的安危，我突然想起，如果當時克里亞契可沒有雄辯滔滔地壓倒麥克菲爾森，我或許就不會處於現下的困境當中。

愚不可及。你瘋了嗎？你想唬弄誰啊？這都是善意家人及朋友的共同反應。

他們曉得我從來沒有穿過登山鞋，從沒生過篝火，也從沒機會鑽進睡袋。換言之，他們全曉得我這輩子從沒露過營，都為我即將展開的壯舉瞠目結舌。而且別的地方不挑，還偏偏遠在堪察加。

最初，我對他們的擔憂還能一笑置之，因為我根本沒打算參與田調，或是親自到挖掘現場工作。我以為我可以留在普林斯頓，透過網路指揮這場探險。我打的如意算盤，是說動一群專業地質學家前去堪察加半島，但我自己不去。

然而，幫忙我組織這場探險的霍利斯特卻壞了我的好事，他堅決否定了我這想法。他提醒我，我可是領隊啊。這下我只好與其他隊員一起出行。

我向霍利斯特妥協，提出一個替代方案，而且幾乎和待在家裡一樣好，仍可讓我遠離戰場。我們將在阿納底設立一個聯絡站，阿納底是楚科特卡自治區首府，也是堪察加半島北部唯一靠近機場的城鎮。我和賓迪，以及我們的翻譯薩沙，都會留在鎮上，其餘隊員則會由直升機運送至里斯特芬尼妥伊支流。由於直升機內空間有

限，座位將保留給擁有重要技能的隊員。所以就算我想去，直升機上也沒空間容納像我這樣的理論物理學家，當然我也絕對不想去。

這一次，讓我無法得逞的人，是克里亞契可。

這不可行。克里亞契可抵達阿納底展開行前任務，儲備食物和設備，不久，他透過尤多夫斯卡婭傳來一封信：「直升機行不通。」我們必須另想辦法。

直升機只能在天候條件理想的情況下才能起飛，然而該地區的天氣變幻莫測。天氣如此多變，根本無法確保時程安排。事實上，大家公認在地球的那個區域使用直升機的不可預測因素太多，以致沒有保險公司願意理賠行程取消，或人員受傷的費用。

克里亞契可還說，可供租用的直升機數量極少。在堪察加半島進行探鑽的俄羅斯石油和礦業公司支付了高昂租金，包下所有直升機待命，以便在緊急時刻調用。

但克里亞契可向我保證，我們並非無計可施。他預訂了兩輛大「卡車」。他同時宣布一個好消息，卡車裡空間夠大，可以帶上所有人，包括賓迪、薩沙和我。也就是說，沒人得留守在鄰近城鎮。克里亞契可對此新方案相當得意，他一直慫恿我加入其他隊員共同進行田調。

等等，等等，等⋯⋯一⋯⋯下！我一邊看著電子郵件，一邊心想。**我一直試著逃避參與這次探險，難道克里亞契可沒接收到我的暗示嗎？他難道不知道我從來沒在野外待過一晚嗎？**

我趕緊查看我的所有地圖和該地區的衛星照片，試圖弄清楚克里亞契可的卡車會走哪條路線。我和霍利斯特以前從未在地圖上找到任何道路，現在也不可能神奇地出現。不過，當我問克里亞契可

沒有道路可走怎麼辦時，他要我別擔心。他向我保證，有路可走，至少他那含糊其詞的訊息是如此被翻譯的。

就這樣，我的家人和朋友，以及更重要的，連同我自己，都陷入了愁雲慘霧，克里亞契可終究還是設法把我跟探險隊綁在一起。我完全沒辦法優雅脫身。

至少，剛開始，一切符合計畫。我們從莫斯科、堪察加半島，到阿納底鎮的旅途十分順利。克里亞契可（見彩色插頁中影像十二）已經在那裡等著我們。他用一頓豐盛的俄羅斯盛宴歡迎我們來到這個地區，其中包括馴鹿肉和一種味道鮮美、類似鮭魚，名為「塔拉涅茨」（Taranets）的碳烤魚，這是該地區的特產，是寒冷的北冰洋水域所獨有。

翌日早晨，克里亞契可帶我們去見在地導遊，他們會在探險期間照顧我們——我們的駕駛，維克多‧科米爾可伐（Viktor Komelkova），以及他的妻子、我們的營地廚師，奧莉亞‧科米爾可伐（Olya Komelkova）；還有我們的第二位駕駛，柏格丹‧馬可夫斯基（Bogdan Makovskii）。兩名駕駛看來像來自基因池內的兩個極端。維克多短小精幹，頭髮灰白斑駁，而馬可夫斯基則比他高出一個頭，鬍子刮得乾乾淨淨，體格像個後衛球員。他們都不會說英語，透過翻譯，我了解到這三人都相當親切，經驗老到，並且盡忠職守，視探險成功為己任。

兩名駕駛把我們帶進一個大車棚，裡面停著兩部巨大車輛。他們推開車門時，我嚇得整個人僵住。克里亞契可所謂的卡車，根本就是異常驚人的龐然巨獸。一輛塗成藍白兩色，另一輛是普林斯頓的黑橘校色。藍白色這輛車的載人座艙，看來就像是安上了一輛大

貨車的頂部，而底盤部分則像一輛帶有巨大踏板的軍用坦克。橘色那輛看起來比較新，造型較為精緻。兩部車看上去都相當古怪嚇人，而且堅不可摧。

尤多夫斯卡婭翻譯維克多說的話給我們聽，每輛車的座艙可容納一名司機和六、七名乘客。他解釋，在最高速度下，它們每小時可行駛達十五公里，換算為九英里。我心想，**按照這種速度，我們恐怕得等到天荒地老才能抵達挖掘現場。**

第二天早上，當我們的七名俄國人、一名義大利人和五名美國人組成的國際探險隊集合，準備展開探險時，我們發現在最後一分鐘又多加入了一名成員。維克多和奧莉亞向我們介紹他們美麗的貓，一隻取名「雄鹿」的俄羅斯藍貓（見彩色插頁，影像十）。他們開玩笑說，牠的工作是負責守護營地。我們毫不猶豫便把雄鹿當作我們的吉祥物，牠和我們一起站在一輛看來怪異的車輛前合影，這輛車即將把我們帶往苔原（彩色插頁，影像八）。

一拍下這張照片，我們就踏上征程，對我來說，這場探險就像是策劃了近三十年。連我在內的一半隊員，將隨維克多搭乘藍色巨獸，另一半隊員，其中包括我兒子威爾，將跟著馬可夫斯基乘坐橘色巨獸。出發前，維克多先測試了一下他的對講機，確定他能跟馬可夫斯基通話。當雙方對講機暢通後，每個人都已爬進車裡就定位，我們就像兩隻行動遲緩的大象一樣，啟程探險。

我們剛出發的時候，奧莉亞和她的貓雄鹿坐在我和維克多背後的隔間。但沒過多久，維克多就停下來讓奧莉亞和雄鹿出去。奧莉亞穿上外套，把雄鹿放進籠子，儘管她比我們所有人都矮小，仍能將雄鹿掛在背後，敏捷地爬到藍色巨獸背上。自那時起，她和雄鹿便一起坐在一個專門為此設計的特殊座位裡。我聽說，奧莉亞和雄

鹿都喜歡無拘無束，每當維克多開車穿越苔原，奧莉亞和雄鹿便席車頂幕天隨行。

行駛了一會兒，兩名司機突然毫無預警地停了下來。**出了什麼事嗎？**我正疑惑著，維克多命令所有人下車。我走過去問威爾是否知道發生了什麼事。他搖搖頭，聳聳肩。這時我們看到奧莉亞和雄鹿從專屬的窩裡爬下來。接著，奧莉亞迅速架起一張桌子，在桌上擺滿食物。

你沒搞錯吧，我心想。**午飯時間到了嗎？我們才剛剛出發呢。**尤多夫斯卡婭過來解釋。她說，當踏上穿越苔原的旅程時，跨過第一條小溪後停下來慶祝是俄羅斯傳統。

奧莉亞爽朗地笑著，示意大家聚到桌前，她已擺好盤子，裡面裝著一種叫「布利尼」（blini）的俄羅斯冷薄餅，內餡塞滿肉和起司。還有伏特加。這一路上要喝**很多的**伏特加。在慶祝活動中，我

們被提醒要倒一點伏特加酒獻給眾神，以確保好運。剩下的自己全部喝掉。因為我不太喝酒，而且我想其他人的奉獻可能不夠慷慨大方，於是我恭謹地將我所有的份額全部獻給神靈，以彌補任何可能虧欠。

不久我便了解，苔原完全是由黏糊狀植被、石南花、泥炭，和覆蓋著堅硬叢生植物的沼澤組成。它難走得要命。就算勉強徒步走個幾英尺都相當艱困。萬一你一腳踏進隱藏的灌木叢中，卡住靴子，很容易扭傷腳踝。

當我們驅車前行時，我凝視著窗外，發覺看似貧瘠的苔原實際上生機盎然。我能看到四周長遍一種稱為「八木」（yagi）的白色地衣，也叫作馴鹿苔蘚，是馴鹿的主要食物來源之一。我聽說，這些動物胃裡有一種酵素，能夠把苔蘚轉換為葡萄糖。鳥類相對較少，主要有鶴鶉和一些海鷗。我們還看到一些跑得很快的野兔，和一隻穿著夏季灰色毛皮大衣的小北極狐。

路上不時出現溪流和水塘，以及其他車輛留下的深深泥濘軌跡，這些印痕看上去像是永凍土上縱橫交錯的傷疤。我們的卡車必須小心繞開之前留下的軌跡，以免陷在泥濘的車轍裡。

我看見了許多花，著實令人稱奇，最常見的是一種叫作「北極石南」（Arctic bell-heather）的嬌嫩雪白花朵。它們柔滑的白色花瓣形成一株株長在纖細莖上的小鈴鐺模樣，輕巧地隨風擺蕩。這就像看著一片美麗的白色海洋來回起伏。我給它們取了個綽號「苔原笑花」，因為它們搖擺不定的姿態，看來就像忍不住咯咯嘲笑著試圖冒險穿越它們地盤的愚蠢人類。

路途迢遙，一里又一里，維克多和馬可夫斯基以大約每小時四英里的速度在苔原帶凹凸不平的叢生植物間上下顛簸。幾小時後，

橘色車的引擎開始濺出火花，然後熄火。維克多被迫不斷停下我們的藍色卡車，等待馬可夫斯基趕上。他們兩人斷定，一定是前手駕駛給橘色卡車加了等級不對的柴油。他們嘗試用虹吸管改加另一個桶裡的新油來補救，但也似乎不管用。令人沮喪的走走停停一直持續到將近午夜，那時馬可夫斯基已遠遠落在後方，我們已看不見他了。更糟的是，對講機莫名其妙地無法運作。我們就這樣搞丟了一半隊員，看不見也聽不到他們。

我們在早晨六點上路，到現在已經接近午夜。維克多決定今天暫告一段落。他把卡車開下陡峭的險坡，停在一條小河邊。那時，我從卡車上跳下來，隨後被一大群令人窒息的蚊子雲團籠罩。

我已累到筋疲力盡，無望地對抗著這群小小攻擊者，我上氣不接下氣，快要撐不住了。就在這個極度恐慌而灼痛的時刻，我突然想到我兒子和我得負責任的其他隊員仍然下落不明。

我感到沮喪、疲憊、驚慌，夾雜著一種絕對的恐懼。雪崩般的情緒把我淹沒，這和我以前經歷過的任何事情全都不同。

還有，我兒子在哪？

第十八章

失而復得

　　我愈來愈慌，抓狂般向四面八方揮舞手臂，驅趕那毫不留情地攻擊我的蚊群。我站在泥濘小丘上，伸長脖子尋找橘色巨獸的蹤影。風在我耳邊呼嘯，有如怪物嚎叫。

　　「保羅。」

　　好像有人喊我名字，但我沒理會。一定是恐慌與驚駭讓我產生幻覺。

　　「保羅。**保羅，**」不對，真的有人在叫我。聽來依稀像是帶有俄國口音的人，但很難講，風太大了。**現在不行**，我心想。**走開**。我不想讓任何人看見我處於近乎歇斯底里的狀態。我的情緒已經完全失控。

　　但那俄國腔的聲音變得愈發堅定。

　　「**保羅！**」現在他就在我

身後，執意要引起我注意。

我氣壞了，轉過身來，吃驚地看到克里亞契可就站在我伸手可及的位置。他不會講英語，也知道我不會說俄語。所以他不聲不響地走上前來，幫我戴上一頂迷彩帽。

我看上去一定很困惑。克里亞契可看了我一會兒，似乎意識到我不明白現在是什麼狀況。於是他抬起手開始撥弄帽沿。我默默站在原地，不知該做什麼，直到我終於注意到克里亞契可正從帽子頂邊拉下黑網罩遮住我的臉。他沿著網罩底部收緊繩索，直到它緊緊箍在我脖子底部，於是，我和攻擊者之間頓時隔出一道屏障。他退後一步端詳我，點頭表示讚許。接著，克里亞契可一言不發轉過身去，開始走下山坡。

自我爬出藍色巨獸後，我總算第一次可以正常呼吸。我不必再像某種瘋狂人形風車一樣狂亂揮舞手臂。

接下來，情勢漸入佳境。我突然聽到遠處傳來柴油引擎的低沉轟鳴。我轉身面向山坡，看著那輛橘色巨獸驟然從山頂上飛出，從我身旁斜衝而過駛向河岸邊，與它的藍色夥伴會合。我看著它擦身而過時，興奮之情趕走了焦慮。我兒子安全了，我的隊員平安無事。謝謝克里亞契可，沒讓我死於窒息。

我以最快速度沿著泥濘山坡往下追上那輛橘色卡車。威爾不愧是經驗豐富的田野地質學家，下車時全副武裝穿戴著防蚊裝備。那天早晨我們從阿納底出發，我不小心把自己的裝備忘在他那裡了。當我問他我的裝備在哪時，他開心地告訴我，他已物盡其用把它拿來當他電腦與相機設備的防護墊。

幾分鐘前，我被一團蚊子雲霧包圍得幾乎窒息，又為他可能出事而惶惑焦慮，那時我或許會覺得這笑話一點也不好笑。但現在他

平安了，我也逃離了蚊群魔掌，我倆都為這種荒誕遭遇開懷大笑。克里亞契可的帽子從此成為我戴在頭上的固定裝備，它在接下來的旅程中，幫助我保持清醒與平靜。

遠征第一晚的晚餐，是熱騰騰的拉麵湯和帶著餘溫的馴鹿肋排，加上許多夾滿肉餡的布利尼薄餅。每個人都吃得很快。在探險的頭十六個小時，經過了以每小時四英里蝸速在苔原蹣跚移動之後，每個人都迫切地想要休息。

只有我例外。我們的睡袋在藍色卡車內後方一字排開，我擠在威爾和德斯勒中間，緊貼著兩人肩膀躺了一會兒。我在那狹窄的空間裡勉強撐了大約三小時，就是睡不著，因為車身傾斜的角度讓我腦充血。**接下來每晚都會這麼難熬嗎？**我左思右想。

最後我確定自己根本不可能入睡。我帶上克里亞契可的蚊帳帽，悄悄從卡車後面溜出，爬上車頂，奧莉亞和雄鹿第一天大多都待在這裡。我環視四周月光映照下的怪異原野，拿出我的探險日誌，記錄我在苔原上第一天的心得：

> 雪地車，姑且就這麼稱呼它們吧，昨天第一次見到它們時，它們看來令人印象深刻，但是今天，在廣袤的苔原上，它們看來完全微不足道。今天這段路程，就像在巨型遊樂場中玩耍了一整天……

大約一個小時後，薩沙醒來了，和我一起坐在藍色巨獸背上。起先我純粹是徵召他來當俄語翻譯，但薩沙還具備了其他特質，讓探險隊如獲至寶。他長得身強體壯，戶外經驗豐富，因而能在探險中扮演多種角色。他留著一頭金色鬈髮，永遠面帶笑容，熱情奔

放，這有助於維持整個團隊的士氣，同時確保與俄羅斯同事間溝通無礙。

薩沙念大學時也習得了物理學基本知識，並且求知若渴。我們一同坐在車頂時，他趁機問了我很多問題，關於像是我最初是如何想出當年算是非常前衛的準晶概念，以及為什麼我認為當下尋找一件天然樣本如此重要。

隔天早上，我們再度上路後不久，更麻煩的機械問題便接踵而至。前一天，橘色卡車因為柴油問題而行駛得萬分辛苦。第二天，輪到藍色卡車遭逢噩運。有條巨大的坦克履帶脫離了鏈輪，情形就像腳踏車鏈條從鏈齒上脫出一樣。把腳踏車翻過來重新連接鏈條很容易。**但這部怪物該怎麼辦？**

馬可夫斯基對這種緊急狀況早有準備，他的卡車下方突然冒出了一根粗厚圓木。他拿出一把斧頭，砍下一大截圓木，再把它劈成四等分。他把劈開的木頭塞進鏈輪與脫開履帶之間的空隙。

維克多鑽進藍色卡車，慢慢地向前推進，借助齒輪的作用，把相對較小的木頭拉進履帶周圍，整個團隊都看呆了。木頭幾乎轉了整整一圈，最後斷裂！這時履帶忽然與鏈輪重新連接，木頭已被壓得粉碎。

過程中最嚇人的一幕，莫過於馬可夫斯基赤手空拳把手伸進運轉中的機械。他得在維克多開車前進時一直扶住木頭把它塞好。好幾次擔心他恐怕會失去整隻手臂，或至少幾根手指。但是對這兩位駕駛來說，這件工作就像更換一只車胎一樣尋常。在我們整個行車過程中，他們將會一再重複這項作業好幾次，每一次都同樣駭人。

到了第二天下午，我們終於可以看到遠方的科里亞克山脈，也就是里斯特芬尼妥伊支流的發源地。那是我們的最終目的地。但很

明顯，按照我們緩慢穿越苔原的速度，在當天結束前，我們甚至連山脈邊緣都到不了。

中午時分，我們路過一個天然氣基地，那是為輔助俄羅斯採礦作業而建造。我們希望能在這裡洗個澡，然後在該公司的自助餐廳享用午餐。但我們運氣不好。偏遠地區的新鮮食品供應不足，該公司經理說，他們所有備用食物全部都已冷凍起來，以延長保存期。我們被打發走了。不過經理答應，在我們回程時會補足食物，但我們要記得提前打電話告知來訪時間。

我忍不住笑了起來。看來即便到了窮山惡水，你還是得事先預約。

繼續行駛了好幾公里，我們來到一處廢棄的鑽井站，如下圖，它看來似乎與我們剛剛離開的現代化設施截然不同。這裡的破敗景

象，讓我和威爾想起電影《瘋狂麥斯》（Mad Max）中預示未來人類面臨大災難的場景，裡面有生鏽的油井鐵塔，還有散置四處的舊汽車與油桶殘骸。不過這個小站只是看上去已經荒廢。它仍然被充當加油站，維克多已經張羅了幾桶柴油作為燃料補充。

我們收拾好油桶繼續前進後，維克多與馬可夫斯基又接二連三陷入困境。首先是遇見一道裂縫，然後是採石場留下的大坑，又或是萬般難以穿越的茂密植被帶。每一次我們遇到障礙物，都必須掉頭開回起點，然後再往另一個方向前進。

我們繼續來來回回開了幾個小時，就像被困在迷宮裡一樣，直到最後天色明顯變暗，我們仍舊一籌莫展。那時，維克多與馬可夫斯基的精神與體力都已不濟，我們只好回到《瘋狂麥斯》的破敗總部過夜。我們第二天的車程結束了。由於諸多的機械和方向問題，我們已經整整落後進度一天。

奧莉亞匆匆準備好晚餐，我們在《瘋狂麥斯》客棧一個拖車裡用餐，這時維克多急忙跑進拖車告訴我們另一個壞消息。他剛剛檢查了他裝在卡車後面的兩個新油桶，發現它們都有瑕疵，而且還在漏油。

要是我們當時繼續驅車前往科里亞克山脈，肯定會讓眾人陷入絕境，因為一路上油會不知不覺地漏光。我們很可能喪失全部燃料供給，最後困在荒野之中。更糟的情況是，漏油的油桶可能會在卡車上引發爆炸。因此，這令人沮喪的延宕其實讓我們因禍得福。

「也許大家應該感謝我帶來的好運，」我向威爾開玩笑。「在過河儀式中，我倒了那麼多伏特加獻給眾神，也許現在已經有了回報！」威爾只是翻了下白眼，所有家長都看得懂這種表情，不管他們是否在鳥不生蛋的苔原上露營。

仔細更換了漏油的油桶後，我們在第二天早晨啟程，不久便找到一條直通科里亞克山麓的路線。履帶下溼黏的苔原變成了堅硬的塵土與石子路，於是我們開始火速前進，如果每小時十五公里的速度稱得上火速的話。

我們繼續爬坡進入山麓，隨即遇見第一批四條腿的原住民。那是兩隻在遠處打量我們的堪察加棕熊，可以看出是一隻母熊與一隻幼熊。即使隔著很長一段距離，也看得出牠們體型碩大無朋。柴油引擎的聲音非常吵，所以熊隔著山谷也能聽見我們，那隻幼熊相當好奇，牠用後腿站起來，想看得更清楚。我很慶幸自己坐在卡車裡，而不是走在野地中，因為大家都知道，堪察加母熊就跟其他所有熊類一樣，為了保護幼雄，牠們可會大開殺戒。

最後母熊哄著熊崽離開了，當牠們一起跑走時，牠們的速度與爆發力讓我嘆為觀止。堪察加棕熊奔跑時速可高達三十五英里，比我們卡車快多了。母熊和熊崽始終維持著高速的步伐移動，直到消失了蹤影。

萬一我們不幸在近距離遇上一隻堪察加棕熊，想要逃脫熊掌根本是白費力氣。我心想。

安德羅尼克斯是我們探險隊中最有經驗的野外專家之一，曾在許多北美灰熊出沒的地區進行田野地質調查。所以我們從阿納底出發前，我請他給隊上其他人上了一堂「遇熊安全守則」課。安德羅尼克斯講得簡單扼要：

守則一：近距離遭遇堪察加棕熊時，不管你做什麼都沒用。你八成死定了。

守則二：盡量避免接近堪察加棕熊。守則三會講解達成守則二的好辦法。

守則三：保持三人或三人以上一組行動，無論走到哪裡都要大聲喧譁。熊的視力很差，牠們會把一起移動並發出噪音的一群人，感知成有一隻比牠們大很多的野獸。假設這時牠們還有其他能夠覓食的去處，牠們多半會選擇離開。

　　我們進一步向科里亞克山脈推進，周遭景物已出現巨大變化，那裡的山坡呈現棕色，幾乎完全荒蕪（見下方圖示）。安德羅尼克斯解釋，這是富含橄欖石與橄欖岩的風化層（mantle rock）。他說，這和加州的某些山區類似，高濃度的鎳導致土壤毒化。樹木和茂密植被無法在此存活。這種帶有異域風情、超現實的環境，幾乎讓我意志動搖，開始覺得安德羅尼克斯所主張的佛羅倫斯樣本生成於地球的理論終究可能是真的。

　　我們在深入山麓時，經歷了一連串驚心動魄的渡河行動（見彩色插頁，圖片九）。車行至河岸時，會驟然下降至少二十英尺，這

比我們迄今為止在路上遭遇過的任何地形都更加險惡。雖然這種突如其來的陡坡難不倒我們的巨獸，但維克多開始叫我們當心，要我們在翻山越嶺時抓緊車身。

在過去幾天，我一直坐在維克多旁邊的前排座位，對他的駕駛技術深深著迷，我會試著猜測他是否會為了避開前方車轍或其他障礙物，而轉向這邊或那邊。到現在，我已經熟悉他所有的防禦性駕駛技巧。所以，當我們開下山坡到達一處陡峭河岸後，他突然切換到高速檔的動作，讓我大吃一驚。

我們前方聳立著一片高大林木。維克猛踩油門，以時速十五公里最高速向它們直直衝去，我倒抽一口冷氣。

「維克多，路在哪裡？」我大喊，我們筆直向前衝刺。我的聲調肯定說明了一切，因為維克多沒等翻譯開口。他譏諷地看了我一眼，好像在說：「路？哪來的路？」就這樣，他直接闖進了森林。

樹木就像一片片薄紙板一樣東倒西歪。當我轉身檢查災情時，發現我原來以為無法穿透的樹群其實相當柔韌。它們一棵棵地在我們後面重新豎直腰桿，就好像關上了一道彈簧門。顯然，這些樹都相當年輕，樹幹極富彈性，所以幾乎毫無損傷。

接下來，我們短暫停在一個看來古怪的山谷裡，以便奧莉亞採一些野生蘑菇當食材。探險隊員已關在卡車裡好幾小時，很高興有機會在一片長著異常巨大蘑菇的野地裡伸展四肢，有些蘑菇的直徑足足寬達十英寸。下頁圖中是尤多夫斯卡婭，她和奧莉亞帶頭進行這項工作。

我和安德羅尼克斯一直在研究地圖和當前的GPS定位。我們的結論是，我們目前的進展不太理想。所以我做了一個非常不討喜的決定，縮短採蘑菇歷險記的時間，這樣我們才能回到那條不存在

的「路」上。我們繼續向前進發，隨後我們來到浩瀚的哈泰爾卡河，它是科里亞克山脈最深也最寬的河流。

我永遠不會忘記接下來的那一刻。當我們接近河邊，平時靜默無聲的克里亞契可從後座傾身向前，用俄語對我說了一些話。

薩沙翻譯：「克里亞契可說，我們過不過得了哈泰爾卡河還很難講。河水深度因年而異，隨著季節也有變化。」

什麼？他愛說笑吧？

我回想起過去六個月來的所有計畫會議。我們討論過政府許可、食物和燃油補給、天候狀況，還有熊。但在這所有的會議中，我們從未討論我們將要克服的地形，和它可能造成的阻礙。別人告訴我有道路可通往目的地。到頭來根本沒路，而現在又出現一條很寬的河擋在我們前面。

為什麼現在我們都已到了河邊，才跟我講這些事？我心中一片錯愕。

薩沙繼續翻譯，這次是維克多說話。

「這車子當初是設計成可在水面漂浮。」他說。「只不過……嗯，只不過沒人試過開著它漂過一條像哈泰爾卡這麼寬的河流，而且還載著這麼多人和這麼多負重。」

我心想，還真是會挑時間來告訴我這些事。直到那一刻，我才知道我們可能需要漂過數百公尺寬、深度不詳的河流，才能抵達目的地。我之前一直擔心能否趕在午夜前安頓下來宿營。現在我擔心的，是哈泰爾卡河可能會讓我們根本到不了那裡。

到底怎麼搞的，我們策劃了這麼久，竟然從來沒談過這問題？我邊想邊搖頭。

我們停在哈泰爾卡河床邊，大家下車，然後維克多和馬可夫斯基駕著橘色卡車前去探路。在這空檔，我們其餘人趁機享用了一頓稍晚的午餐。奧莉亞準備的這頓飯用了她新鮮採摘的蘑菇，一時之間香氣四溢，探險隊員士氣大振。所以，我把過河的顧慮留給自己，讓隊員們享用午餐，他們大多數人都還不曉得前方的險境。但我想大家很快就會發現了。

兩位駕駛回來了，他們宣布已經找出穿過哈泰爾卡河最淺的一條路線。於是我們收拾好裝備，爬回兩隻巨獸，準備進行這項沉重實驗。

我們衝進河裡，我不知道接下來會發生什麼事。河水的浮力給人一種奇怪的感覺，因為它會不時接管我們的巨型車輛，讓巨獸變得像是漂浮在浴缸裡的玩具一樣。水流把我們從河床上拉進水中，先是把我們橫著帶往下游，然後才讓我們回歸原來方向。在接下來的十分鐘裡，兩隻巨獸一會兒驅動，一會兒漂浮，一會兒驅動，就這樣，一路漂過了河。

總算，兩輛車都抵達河的另一邊。我們從水中駛上河岸時，我鬆了一口氣。

下一個驚喜會是什麼？我心想。克里亞契可還忘了告訴我什麼？

　　我們繼續前進，藍色卡車再次衝到了橘色卡車前面。幾年前，維克多曾參與一次採礦探險來到這個地區，因此他熟門熟路。所以當他看見一排長相怪異的白楊樹時，便曉得我們已經快要到達我們的預定營地。他轉向沿著一排白楊樹開下去，直到前方突然冒出一片空地與河岸。

　　此地便是伊歐姆勞特瓦安河，是哈泰爾卡河的一條支流，我們將沿著河邊紮營。維克多快速掠過水面，開到河床上後踩下煞車。

　　我爬出卡車，看看手表：晚上八點。這趟車程連續四天趕路，每次行車十六小時，挫折不斷，全程令人難以消受，現在，我們終於抵達目的地。大家都歡呼起來，向維克多致意。

　　我們毫不浪費時間。還沒等到橘色卡車的同伴抵達，我們便留下維克多照顧營地，然後展開一趟短途勘察。克里亞契可帶路，我們沿著伊歐姆勞特瓦安河的邊上行走，不久我們遇上與另一條小溪的交匯處，那便是狹窄的里斯特芬尼妥伊支流。由於該處叢生植被過於密集，我們無法溯溪而上沿著里斯特芬尼妥伊支流繼續走下

去。不過克里亞契可告訴我們，明天我們會改走另一條路前往挖掘現場。

我真高興終於到了，遙想我和霍利斯特一起查看這地區地圖時心力交瘁的光景，當時曾如何夢想著我們能組織一支專家團隊前來探索。現在真的發生了，我正帶領著那支團隊。儘管克里亞契可說要走另一條路，我心裡卻迫不及待地想直接跨越擋在前面的茂密植被繼續前進，馬上展開挖掘。我的心情就像一個被告知還不許拆開生日禮物的孩子一樣。

在我們漫步返回新營地的路上，克里亞契可要每個人都仔細看看熊在小路上留下的十四英寸長足跡。堪察加棕熊就在附近徘徊，受到河裡豐富的魚源吸引而來。這個警告來得恰是時候，我們必須採取一切可能預防措施以避免遇上牠們。

我們從里斯特芬尼妥伊支流折返後，探險隊其他隊員都已抵達。我們只花了一點時間便卸下裝備，撐起第一座帳篷，還搭了一座掛有蚊帳的晚餐營帳。

大多數隊員分配到的帳篷，只有容納一到兩個人睡覺的空間。但克里亞契可很體貼地為我和威爾選了一個大出許多的帳篷，高度幾乎可讓我們兩人在裡面站立。它有雙扇出入的門，附帶暖爐，謝天謝地，還有滅蟲器。克里亞契可甚至從近旁發電機牽了一條電線到帳篷裡，這樣我們就能給電腦充電了。他曉得，我可稱得上是不折不扣的宅男，因此他似乎千方百計地想讓我有個愉快的首次露營體驗。我很感激他對我的特別照顧。我也要感謝我兒子願意接受這令人難為情的豪華住宿安排，雖說他是經驗豐富的露營者，早已習慣了惡劣環境。

營地距離伊歐姆勞特瓦安河只有幾百英尺，近得足以讓我們在

帳篷裡聽見潺潺河水。遠方則有科里亞克山脈環繞，那是里斯特芬尼妥伊支流的源頭。我們紮營的地方並不起眼，看上去很自然。那裡地勢平坦，四處長滿灌木嫩芽。河對岸的灌木叢和植被長得比較高，有些高達二十英尺。這地方對我來說既奇怪又陌生，但倒是不會讓我害怕。

威爾和我在第一個晚上花了些時間整理帳篷，並討論隔天的計畫。與過去四天卡車後頭的擁擠環境相比，帳篷裡的空間除了用來放我們的睡袋都還綽綽有餘，我也睡得很好。

第二天早上，我們的探險正式展開。我們艱辛跋涉至挖掘現場，想試試能否重現一九七〇年克里亞契可的成功經驗。出發前，我先確定自己戴上了克里亞契可的蚊帳帽，因為我再也不想發生我初次接觸苔原時近乎窒息的狀況。我和威爾帶來了足夠裝備一整支軍隊的避蚊胺（DEET），但這種液體似乎反而更吸引蚊子，就好像我們給自己塗上了可口的糖果。我們的所有俄羅斯隊友，以及安德羅尼克斯，都已習慣了這種環境，他們絕少使用網帽或驅蟲劑。

我們徒步走了五十分鐘，在這過程裡我們大肆發出噪音宣示我們的到來以便嚇走棕熊，然後抵達了小溪（彩色插頁，圖十三）。克里亞契可想都沒想，便將手指向拉辛論文中描述的神祕藍綠色黏土。真是令人大開眼界。他漫不經心地把手伸進泥巴挖出一把黏土，然後把它搓成一顆泥球，傳給探險隊員們觀賞。黏土球被壓得緊實，黏土的質感就像口香糖或橡皮泥。

手中第一次捧著藍綠色黏土球，這時我心裡有種難以言表的激動。我能想像賓迪必定也有相同感受。這是我們此刻已極為接近天然準晶起源的確鑿證據，過去兩年裡我們朝思暮想，它在我們生命和意識中占有如此重要的地位。

克里亞契可的話語聲打斷我的神遊狀態。「我們還沒到，」薩沙翻譯。雖然是同樣的藍綠色黏土，但尚未到達確切的相同位置。在接下來將近一個小時，我們跟著克里亞契可在小溪間上上下下、左彎右拐，如此這般走了半公里。

　　實際上，克里亞契可正在尋找一個他一直沒提到的特定地標，一個大約五十英尺高的岩石尖頂。搜尋花去了不少時間，他終於發現目標的那一刻，看來明顯鬆了一口氣，毫不猶豫地走向尖頂。

　　克里亞契可站在距離岩石尖頂大約一千英尺的地方停下腳步，朝著里斯特芬尼妥伊支流岸邊宣布，這裡就是他發現佛羅倫斯樣本的地方。

　　儘管已過了三十二年，克里亞契可仍然力抗我所諮詢者的冷嘲熱諷，成功把我們帶回到他最初的挖掘點。這是他對自己深感自豪的一刻，也是我永遠不會忘記的一刻。賓迪和我合影留念，我們雙手緊握高舉出勝利姿勢（彩色插頁，圖十四），這是很久以前出現在我夢裡的情景，早在我知道克里亞契可的存在之前，抑或是知曉我們將一起踏上這段旅程之前。如果我說，第一個早晨的情況遠比我所期待好得多的話，似乎還是太過輕描淡寫。

　　我們把克里亞契可找到的地點命名為「起源點」，這代表它將是我們展開挖掘與採集樣本工作的起點，我們一心盼望雷電能夠再次擊中同樣目標，讓我們從這起點再發現一件天然準晶。

　　我們跋涉返回營地後，發現在伊歐姆勞特瓦安河邊紮營還有意想不到的好處。正當我們忙著和克里亞契可一起尋找挖掘點時，我們的駕駛維克多與馬可夫斯基已經跨河架設了長達一百英尺的漁網。時值鮭魚夏天產卵季節，所以他們只花了幾個小時便捕到足夠供整支探險隊食用的鮭魚。然而，大量的鮭魚也坐實了我們對於附

近有餓熊出沒的懷疑。

在當天晚餐，奧莉亞便可供應剛捕獲的鮭魚以及新鮮魚子醬。那是堪察加半島很常見的橙色魚子醬。所有人都食指大動，尤其是安德羅尼克斯，他宣稱這次探險已經為地質考察工作確立了新規格。我以前從來都不是魚子醬粉絲，但是立刻改弦更張。

魚子醬，尤其是鮭魚魚子醬，很快就會變質，所以通常會用鹽和防腐劑處理，以增長保鮮期。在那之前，我只嘗過那種超鹹的魚子醬。簡單說，平時買到的罐裝保存魚子醬，和那天在伊歐姆勞特瓦安河邊晚餐時吃到的魚子醬，簡直有著天壤之別。

當我環顧一整桌美味食物時，心中油然升起對奧莉亞為我們所做一切努力的衷心感激。她不但天生熱情好客，也極有生意頭腦。奧莉亞身為律師，曾與我們的俄羅斯同事聯手合作，加快了從政府當局取得許可的複雜作業程序。她也幫忙組織規劃，為我們確保了交通工具，同時安排我們在阿納底停留期間的食宿。此刻，她又身兼廚師，以另一種實際貢獻來協助鼓舞並激勵所有人。

我把團隊分成三個小組：分別是沿著溪流工作的挖掘組與淘洗組，以及探索該地區並繪製當地地質圖的製圖組。唯一沒有分配具體任務的人是我。我賦予自己「遊蕩者」的工作，這樣我就能在各小組間來回察看，協助解決問題，確保我們能盡可能有效地合作（見彩色插頁，圖十五～十八）。

隔天，我決定花部分時間參與麥克菲爾森、安德羅尼克斯及艾迪的製圖組活動。他們從起源點壕溝附近展開工作，迅速循著里斯特芬尼妥伊支流而上，記下沿途的岩石露頭（outcrop）。接著，他們慢慢地溯溪向下折返，有系統地記錄這些岩石露頭的位置和地質特徵。我們以這種有條不紊的方式沿小溪往下走了幾個小時後，便

可見到遠方淘洗組人員生起的火光與蒸汽。

　　我們回到起源點時，看得出來正負責挖掘的威爾，和正在進行淘洗工作的賓迪與克里亞契可合作得相當融洽。威爾會從河岸挖出一定分量的藍綠色黏土來填滿一個大罐子。然後賓迪倒入冒著蒸汽的滾水，讓混合物在烈火上煮沸。沸騰的水使黏土變得比較不沾手，然後他們便可把手伸入水中捏碎黏土，直到它變得像粗砂一般。

　　黃金淘洗大師克里亞契可，則帶著粗砂罐到里斯特芬尼妥伊支流旁，把大罐放在冰涼山泉中快速搖晃。外行人會以為克里亞契可的快速搖晃是在篩洗罐子裡的所有東西。但其實他正在小心分離出最緻密的顆粒，因為他知道我們要找的物質比大多數陸地物質都細

緻。一旦克里亞契可覺得差不多了，便會把罐裡剩下的東西倒進一只寬闊的V型木盤裡，然後再把它放進水流中反覆搖晃，以便進一步分離出更細微的顆粒。克里亞契可不時會把臉湊近木盤，查看獨特或帶有光澤的小點。經過又一輪的反覆搖晃之後，他通常可獲得一把堆滿手掌的物質，他會再把這些物質放進一只小碗，再重複整個過程。等到克里亞契可覺得滿意了，就會把小

碗裡的物質倒進一只小金屬杯，然後展開最後一輪搖晃篩洗，最後剩下的那一點點物質就會送到賓迪手裡，賓迪則會把水煮乾。到最後，最終產物便是令人期待的乾燥粉末狀礦物分離物質。

最後一個步驟，是賓迪把乾燥物質倒入一個塑膠袋，上面標示一個數字，以及日期與來源地。如此勞力密集的過程會一直、一直、一直重複到探險活動的最後一天，以便盡可能取得最多樣本物質，供日後測試。

除了我們的製圖組、挖掘組和淘洗組之外，尤多夫斯卡婭、德斯勒和薩沙組成了一個獨立作業小組，他們在溪流上下游找尋更多藍綠色黏土的所在位置。他們也帶來樣本給賓迪與克里亞契可進行煮沸與淘洗。

查看所有小組的作業後，我回到帳篷，翻開我的日誌開始寫筆記。當天結束工作時，威爾、賓迪和克里亞契可從溪邊返回。威爾掀開帳篷門，要我把攝影機遞給他。我注意到他臉上的笑容令人玩味，但他只說我應該出去看他拍賓迪。這個要求好像滿奇怪的，但是我照辦。賓迪正站在用餐帳篷前，麥克菲爾森、德斯勒、安德羅尼克斯和艾迪正在那邊喝茶聊天。這時我注意到賓迪和威爾一樣，也掛著一抹有趣的微笑。

威爾設定好攝影機並按下錄影按鈕後，對賓迪放聲大喊，讓大家都能聽見：

「賓迪，說說今天發生了什麼事？」

「我在其中一塊黏土中發現了一枚顆粒，」賓迪說，「它帶有與矽酸鹽相連的發亮金屬。我認為這裡面很可能有準晶。」

我驚訝得說不出話來。**賓迪此話當真？我們真有可能在野外的頭一天就取得成功？**我有點不知所措，但我衝上前去給他一個大大

擁抱。

　　賓迪告訴我這是團隊合作的成果。當時他、威爾和克里亞契可一直專心在起源點挖掘及淘洗，尤多夫斯卡婭和薩沙則沿著河床尋找其他有希望的挖掘點。過了不久，尤多夫斯卡婭回到起源點，告知他們溪流對岸某處有個我們事後稱為「綠色黏土牆」的地方。威爾立即停下手邊工作，穿過小溪走到薩沙正在等候的位置。他們兩人合力挖了一桶綠黏土，帶回來給賓迪和克里亞契可處理。

　　賓迪快速掃視著篩出的顆粒，突然發現有東西引起他的注意。他發現附著在黑色礦物上的金屬小點所構成的奇特顆粒。賓迪馬上拿給克里亞契可和威爾看，他倆也都注意到那閃閃發亮的金屬。

　　這似乎是好兆頭，但是大家心知肚明，只要我們還在野地裡，就無法確切判斷賓迪是否發現了一塊隕石，更別說隕石裡是否藏有微小的準晶。我們得仰賴老家實驗室裡先進的顯微鏡。但經驗告訴

我，賓迪有副火眼金睛。所以也許，真的是也許，他說中了，我心裡是這麼想的。

晚餐過後，我們取來克里亞契可隨身攜帶的簡陋地質顯微鏡，試著檢查賓迪的顆粒。在我看來它很有希望，但安德羅尼克斯和麥克菲爾森深表懷疑。他們十分確定地說它只是鉻鐵礦，是一種常見的地球礦物。眾人展開了一場友好辯論，為時大約一個小時，然而真相要等到我們回家後對樣本進行適當研究才能揭曉。儘管我們還無法確定結果，但這項潛在發現有助於在後續旅程中激發團隊士氣。

終於，大家都去睡覺了，只有我和威爾例外。威爾正忙著整理他今天拍的照片與短片，而我呢，則仍念念不忘我們首日在野外的種種活動場景，遲遲無法從激動中放鬆。我走出帳篷呼吸新鮮空氣，漫步至河邊，從那裡我可清楚看見附近幾英里外的景色。我看著低窪處的霧氣悄悄爬過河谷。一輪無瑕弦月自霧裡升起，映照在宛若水晶般清澈深藍的絕美夜空。這是大自然最精緻的容顏，我喊威爾出來拍張照片（彩色插頁，圖十九）。

我們一起站在河岸邊良久。我們兩人都從沒見過如此奇境，這地方美得令人顫慄，讓我倆深深著迷。

第十九章

百分之九十九

　　翌日清早，我和威爾昨夜所沉醉的遠方霧氣已轉變成淒風苦雨。氣溫驟降到接近冰點，大家趁著吃早餐時，輪流擠在廚房火爐旁取暖。

　　天氣惡劣迫使我們暫停了挖掘與淘洗作業。這時我們的製圖組正準備前往附近一座山峰，展開他們的第一次長途探勘，我靜靜看著他們，心中滿是不安。

　　安德羅尼克斯負責帶隊。他身為結構地質學家，計劃此行前去探測並鑑定山峰地帶的岩石，這些岩石或可用來判斷是否存在超級地函柱或異常地質現象的任何證據，從而為我們的樣本找出它們產自地球的解釋。另一方面，他們也將檢查這些岩石上是否有微裂痕，那就代表可能曾經發生過大型隕石撞擊。山腳上厚厚的植被覆蓋了大部分岩石，只有少數岩石露頭冒出。最後安德羅尼克斯決定帶著麥克菲爾森和艾迪爬上附近一座山峰，那裡有一些比較容易取得的裸露岩石。

　　這本來就是件繁重的任務，所以我能理解為什麼製圖組不願受到惡劣天候牽制。但是我仍為他們執意行動而擔心，萬一他們遇上嚴重麻煩，我們真的鞭長莫及。當然，我們備有基本的急救用品。

但是我們無法處理任何嚴重傷患。我們的應急計畫是用衛星電話求救。然而，我的腦海中不斷浮現各種最壞狀況。

如果暴風雨加劇怎麼辦？萬一我們收不到衛星訊號怎麼辦？天氣這麼糟，假如救援直升機停飛，緊急救援小組無法趕來怎麼辦？

正如我所擔心的，當製圖組登上近旁一處山頂時，風暴已經愈演愈烈。他們不得不折返，而他們返回營地的路途更是寸步難行。在冰冷的傾盆大雨中，他們三人小心翼翼從山巔往下走，必須時時全神貫注踏穩每一步。他們走下山後還得辛苦穿越綿延數英畝的泥濘腐土，又要一邊對抗濃密潮溼的灌木叢，灌木叢某些部分已長到齊腰高度，裡面到處都是蚊子。

他們最終安全回到營地，沒人受傷，但每個人渾身溼透，明顯筋疲力盡。他們換上乾衣服後，安德羅尼克斯和艾迪看來仍然老神在在。但麥克菲爾森就另當別論了，他已習慣待在室內實驗室中工作。自他二十七年前加入自然歷史博物館成為內勤人員以來，就幾乎沒再做過地質田調。此外，麥克菲爾森也是其中最年長的組員，身體狀況並不是特別好。不到半小時，他不由自主地顫抖起來。

尤多夫斯卡婭和奧莉亞立刻發覺他已出現失溫徵兆，馬上採取行動。她們讓他坐下，幫他裹上毛毯，開始給他喝熱茶和湯，還有伏特加，這可是俄國人用來醫治百病的神藥。他們正在施行**被動復溫**（passive rewarming）療法，我心想。**我們能夠做的頂多也就這樣了。**毫無疑問，麥克菲爾森已意識到自己正處於危險狀態，因為他看上去非常驚恐，每當女士們試著幫他時，他就亂發脾氣。**煩躁——正是症狀之一，我心裡有數。拒絕幫助也是，這只會讓一切變得難上加難。**

隊員們聚在一起，看著眼前正在發生的駭人場面。我內心感到

無助。**如果這樣沒效怎麼辦？**麥克菲爾森其實很幸運，儘管他抱怨連連，我們這兩位俄羅斯同伴還是繼續溫柔安撫，並堅定地盡可能讓他保持平靜。這十五分鐘感覺起來相當漫長，麥克菲爾森終於漸漸不再顫抖，臉上也慢慢恢復血色。尤多夫斯卡婭與奧莉亞的迅速介入，避免了麥克菲爾森的失溫狀況惡化，但他得要休息很長時間，才能完全恢復元氣。

謝天謝地，還好這件事發生時，他已經返回營地，而不是發生在半途，我如釋重負地想著。

逃過了一場災難，組員們紛紛散去，我走回帳篷，坐下來把當天發生的事情記錄在日誌裡。麥克菲爾森會沒事的，我如此總結。但我得重新思考他在探險隊的工作角色。

砰咚！我埋首於筆記時，突然被一聲巨響打斷。又怎麼了？聲音聽來離我帳篷近得危險。

砰咚！第二次轟鳴後，我曉得了，那是槍聲，這讓我立即想起營地裡的唯一武器，一枝改裝的AK－47步槍，我們的俄羅斯駕駛隨身帶著，用以防禦可能突襲的棕熊。然而，堪察加棕熊的毛皮很厚，會讓小型武器的威力大打折扣。

堪察加棕熊是巨大可怕的動物。體型最大的公熊可重達近七百公斤，是一頭如假包換的龐大猛獸。堪察加棕熊用後腿站立時的高度足足超過三公尺，牠們經常採用這種姿勢來強化牠們敏銳的嗅覺。在夏秋兩季，熊會本能地吃下大量卡路里，以儲存足夠脂肪度過漫長冬眠。

在我們遠征的三年前，位於我們所處位置以南一個大型設施曾發生一起致命的熊群襲擊事件。那年夏天，鮭魚盜獵者嚴重枯竭了該地區魚源，三十頭餓瘋的熊圍攻一個採礦營地覓食。數百名地質

學家和礦工驚慌失措地四散奔逃。但是熊群輕易追上其中兩名人員，凶殘地殺害並吃掉他們。

我們在營地周圍發現熊新留下的足跡，所以我們知道附近有熊出沒，牠們在伊歐姆勞特瓦安河中狼吞虎嚥地吃著魚。因此，假如我聽到的槍響確實是對著一隻熊射擊的話，我一點也不會意外。

我馬上衝到外面，只見每個人，包括威爾，全都湊在我帳篷後方大約五十英尺處。沒有人四處躲避尋求掩護，大家看起來都很輕鬆，所以我很快便判斷目前並沒有威脅。我問威爾出了什麼事，他告訴我維克多和馬可夫斯基正在練習打靶。駕駛們平時會把那枝卡拉什尼科夫步槍裝上大口徑子彈，用來防禦熊的襲擊。現在他們使用小口徑子彈，在河岸附近擺放了空伏特加酒瓶作為槍靶。

我留心看著其他隊員輪流拿起步槍練習射擊。維克多想讓每個人都練習打中目標，包括我在內。我想盡辦法推託，解釋我從沒用過任何一種槍枝，更別說像是卡拉什尼科夫步槍如此威力強大的武器。

「不行，」維克多笑著堅持說道。「毫無例外。」每個人都得射擊三發子彈。

他把步槍遞給我，我惶恐地看著它。在平時，我絕不想和這樣的武器有任何瓜葛，但現在的情況讓我覺得別無選擇。於是，我把卡拉什尼科夫步槍舉到肩膀位置開始瞄準。我從來沒擊發過任何武器，所以犯了一個菜鳥錯誤，我旋轉槍管靠向臉，以便更容易瞄準目標。射擊結果讓隊員們紛紛竊笑，我的頭兩發根本連接近目標都談不上。大家一片譁然。

維克多幫我裝上第三發子彈，也是最後一發，然後用俄語小聲對薩沙說了些什麼。「你應該調整你的握姿，」薩沙翻譯。「你必

須讓步槍的準星朝上，筆直透過準星來瞄準目標。」

我無言地點點頭，知道這個建議根本沒用。問題和我拿槍的姿勢無關。問題在於我的眼力不佳，看不清楚任何目標。但也沒必要解釋了。現在，我只想趕快結束這段令人丟臉的演出。

我瞄準瓶子的大致方位，開了最後一槍。這一次，整個團隊爆發出比剛才更多笑聲。我退後一步，難為情地交回步槍。

幾個小時後，我在帳篷裡和威爾聊天時談到了打靶練習。我跟他說，不好意思，事實證明我完全無法當神射手，讓他感到難堪了。他困惑地看著我說：「你在講什麼啊？你最後一槍命中目標了啊！」

我聽了大吃一驚。我射出最後一發子彈後，隊員們並不是在嘲笑我。他們是在為我歡呼。

這不可能，我不自覺地笑起來了。要是我真的擊中了目標，那根本就是瞎貓撞上死耗子。事實上，我根本就像個瞎子，甚至看不見目標已被擊碎。但我很樂意享有炫耀的資格。我曾在堪察加半島成功使用一枝卡拉什尼科夫步槍擊中目標，這可是其他理論物理學家都比不上的成就。

麥克菲爾森一整天都在休息，調養體力。我很高興看到他恢復得很不錯，已能起身和大家一起吃晚飯，儘管他看起來仍然很累，很疲憊。隨著夜幕降臨，我注意到麥克菲爾森，他平時個性爭強好勝，這時似乎有些落寞。我感覺他可能擔心自己接下來在製圖組的任務，於是我決定幫他放鬆心情。

「別再長途跋涉了，」我語氣堅定地對他說。「我們還有其他很多重要的任務需要你在營地附近支援。」

感謝老天，這是我們在工作相處中難得幾次麥克菲爾森沒有試

圖反駁我的決定。事實上，他鬆了口氣並欣然同意。不用說，我當然還沒想出他的下一個任務是什麼。我首先需要確保他完全康復。

隔日早晨天空清澈，所以我們可以按照計畫行動（見彩色插頁，圖二十～二十三）。我和威爾、薩沙在起源點合力挖出一道新壕溝。一九七九年克里亞契可初次來到此地，當時只有河床的最邊上被挖土機鏟平。在那之後的許多年間，俄羅斯淘金者又從河岸邊挖去了十幾碼到二十碼的泥土。對我們來說這就如同順水推舟，因為這代表我們不必再挖太多泥土便能抵達山腳下，我們知道藍綠色黏土就埋在那裡。我們的目標是黏土，因為它牽涉到克里亞契可最初的發現。

挖掘工作進行得相當吃力，尤其是在又重又黏的藍綠色黏土中。還不到一個小時，我們所有正常鏟子全都用壞了。從那時起，我們在里斯特芬尼妥伊支流的挖掘工作，便開始透過破損的鏟子、小鐵鍬，以及我們的雙手來完成。

克里亞契可選擇到離我們不遠的下游處另一個位置開工。那裡仍然維持著原貌，不像起源點這兒曾遭到採礦活動蹂躪。我們全員投入工作大約一個小時後，克里亞契可突然興奮地用俄語向我們呼喊。薩沙翻譯道：「他要我們去看看他發現了什麼。」

我們往下游走了五十公尺左右，克里亞契可在那指給我們看他在水邊挖的洞。我們三人看著他赤裸雙手伸進洞內，掏出一坨厚厚泥球。過了一會兒，泥球開始變硬，克里亞契可朝我們會心一瞥。我們盯著他的手，他把泥球像復活節彩蛋一樣敲開，露出藏在裡頭的獎品。是藍綠色黏土！我們為克里亞契可的最新發現歡呼時，他咧嘴笑了。這項發現讓我們立刻重新安排當天接下來的行程。

威爾和薩沙撤離起源點，把接下來數小時時間全都花在克里亞

契可的新挖掘點上。我們打算繼續在該地點挖掘，所以他們在洞口周圍築起一堵厚實的黏土牆，防止河水流進洞內。威爾似乎特別認真篤定地想在此盡量多挖些黏土。次頁圖為該地點的照片，那地方後來被稱為「威爾坑」，以紀念他全心全意地投入。

那天下午，威爾沒有休息，也沒有和其餘隊員一起回營地吃午飯，而是待在原地，啃著他塞進背包的乾糧。儘管他獨自在小溪邊工作，但我曉得我們已知的那群在附近遊蕩的熊並不會威脅到他。當伊歐姆勞特瓦安河下游有大量鮭魚游動時，熊群對相對狹窄的里斯特芬尼妥伊支流水域不會感興趣。

然而，在戶外進食比威爾預想的複雜許多，因為這意味著要設法對付被他的呼氣吸引而來的蚊群。惱羞成怒的威爾最後在他臉部

下方綁了一條大花布手帕。但即便如此，他每次試著把食物送進嘴巴時，都不得不順便吃進滿嘴蚊子當開胃菜。

那天下午稍晚時，我們遇上了第一個重大科學挑戰。麥克菲爾森和賓迪走到挖掘現場研究一些樣本，經過再三檢查，他們做出一個令人吃驚的結論。

「我們可能完全搞錯了方向。」麥克菲爾森如此向我解釋。「藍綠色黏土可能與尋找更多的樣本沒太大關係。」他們的發現讓人大感詫異，並將對後續的探險活動產生重大影響。

自從展開研究以來，過去兩年裡，我們一直在推測黏土的重要性。我和賓迪最初是在拉辛及其合著者發表的一篇宣布發現鋁鋅銅礦石和銅鋁石的科學論文中，了解到它的存在。

藍綠色黏土對於隕石樣本的發現，到底有多麼重要？我們一直

想不透。

最初，在還沒有透過儀器證明佛羅倫斯樣本是一塊隕石之前，我們一直猜測鋁銅合金和藍綠色黏土是否可能是從天然基岩（更確切地說，是蛇紋石）上共同形成的。但隨著我們的研究進展，我們了解到佛羅倫斯樣本來自地外，這時有些人開始懷疑藍綠色黏土是否在保護隕石中的鋁免受氧化方面發揮了作用。無論如何，我們的研究都假設藍綠色黏土與佛羅倫斯樣本直接相關。所以，我們才決定將搜尋主力集中在可能找到藍綠色黏土的地方。

麥克菲爾森和賓迪查看過威爾坑中的黏土，它是由非常細密的顆粒組成，散布於藍綠相間的夾層中。這與克里亞契可發現佛羅倫斯樣本的黏土一致。因此，根據我們的假設，我們曾期待能發現在這黏土中夾雜著許多細小隕石礦物顆粒。但結果令人扼腕，等到麥克菲爾森和賓迪開始檢視這些物質，他們在藍綠層中都沒有發現任何類型的金屬或隕石矽酸鹽物質。

我意識到這是一項重大的科學調查結果。它不僅讓我們對自己的一個基本科學假設產生疑問，而且還將對未來行動方針造成直接衝擊。

或許我們把搜索範圍局限在含有藍綠色黏土的溪流沿岸是個錯誤。

當天晚上吃飯時間，我們和其餘隊員討論了這個問題。安德羅尼克斯擁有結構地質學的專家學識，他提出一些極有價值的深入見解。安德羅尼克斯對該地區做了幾天的測繪之後，開始相信藍綠色黏土是由最初沉積在山上更深處的沉積物所組成。這些黏土被一條大約七千年前在該地區融化的冰河帶到下游，這也說明藍綠色黏土為何沿著里斯特芬尼妥伊支流兩岸分布。

安德羅尼克斯和艾迪在附近山區（如下圖所示）僅進行了幾次測繪活動，就能如此迅速地收集到如此大量資訊，令我大為讚賞。

　　安德羅尼克斯指出，他仍處於調查的最初階段，還有許多不同的可能性有待評估。但假設佛羅倫斯樣本真如我和賓迪、麥克菲爾森相信的，曾是隕石的一部分，那麼他起碼可以想像出兩種可能性來解釋它是如何嵌入神祕藍綠色黏土中的。

　　在第一種情況下，隕石在距今六千七百年前到八千年前之間進入地球大氣層。而當時藍綠色黏土要麼就還在上游，或是後來被冰河融水帶往下游沉積。如果情況如此，當隕石到達時，順流而下的黏土仍然暴露於空氣中。假如這顆隕石跟許多隕石一樣，在進入地球大氣層時在半空中爆炸，它的碎片會立即卡進暴露在外的藍綠色黏土中，直到今天仍嵌在其中。

在第二種情況下，隕石可能在不到六千七百年前幾乎完好無損地降落在上游。如果是這樣的話，經過數千年的風化作用，它會慢慢腐蝕並裂解成碎屑。其中一些碎屑可能滯留在上游的小塊藍綠色黏土中，最後隕石碎屑與黏土可能一起被帶到下游。不過，大部分碎屑可能會落在別種黏土中，或與別種黏土一起順流而下。假如是這種情況的話，碎屑可能存在於過去六千七百年來沉積的任何類型黏土中。

安德羅尼克斯建議，考慮到這兩種可能情況，我們應該繼續搜尋藍綠色黏土。但我們也應擴大範圍，在較後期沉積在里斯特芬尼妥伊支流附近的其他種類黏土中進行搜索。

可是，如果我們不能用藍綠色黏土作為指引，我們要怎麼決定該探索其他哪些地點呢？我自問。我們可能正處於大海撈針的困境

邊緣，就像批評我們探險的人所預測的那樣。

我決定我們的最佳選項，是在搜索過程中做些新的調整。我們不能僅依據是否出現藍綠色黏土來選擇挖掘地點，姑且說，我們要把網布置得更大，在挖掘之前先進行一系列初步測試。我們將先從多個地點取得樣本，並檢查淘洗出來的物質中是否含有較具希望的顆粒。

前頁的照片顯示薩沙、威爾和麥克菲爾森正準備在一個新地點開工，該地點後來取名為「湖坑」。我們會以發現結果，來決定一個即便不存在藍綠色黏土的地點是否值得進一步關注。

這代表我們必須權宜設置一間田野實驗室，每天篩檢成千上萬的顆粒。我們先前並未預料到這種情形，所以沒有帶上合宜裝備。我們唯一的選擇，是設法克難使用克里亞契可那台陽春的可攜式光學顯微鏡。

麥克菲爾森和賓迪顯然是帶領實驗室工作的最佳人選。但我和他們一起共事過幾年，我知道把他們放在一塊兒很可能是自找麻煩。麥克菲爾森處事態度較為專橫，常常不相信別人的判斷。賓迪天生性情開朗，但很明顯受夠了麥克菲爾森國際級專家的高姿態及嚴苛標準。不幸的是，我別無選擇，只能期望兩人和平相處。

比起麥克菲爾森和賓迪所慣用的最先進設備，克里亞契可的顯微鏡相對簡陋，當然也絕對不足以準確鑑定礦物成分。但我們希望能好好利用它，從溪床上發現的較常見顆粒中，分辨出極不尋常的樣本。

麥克菲爾森和賓迪的任務，是辨識出可能和克里亞契可一九七九年首次探險時所發現樣本相似的顆粒。這意味著他們將尋找兩組看來毫不相干的顆粒。第一組採樣要像聖彼得堡的種型那樣，具有

閃亮的金屬外觀。第二組則是一種深色暗沉的類隕石物質，就像我們從中發現準晶的那件佛羅倫斯樣本。

另外，麥克菲爾森和賓迪還要找出不符合這兩種描述、但是礦物含量充分反映該地點地質狀況的顆粒。這些資訊將會交給安德羅尼克斯，這對他研究該地區地質歷史的工作很有幫助。

在很大程度上，要感謝麥克菲爾森和賓迪每晚都能提供詳細的實驗報告，使得野外作業變得更有效率。在接下來五天，整個團隊卯足全力，盡可能取樣、處理、淘洗更多的黏土。

麥克菲爾森和賓迪的例行實驗室作業相當精采，有時我會停下來觀看。每天都會送來五到十個裝有淘洗後物質的大塑膠袋供他們檢查。袋子上標記有袋號、地點和物質採樣日期。賓迪會選一個袋子，把袋子上所有資訊都記錄在他的筆記本裡。然後，他會小心地從袋中舀出幾勺物質，倒進一個小圓盤中。每一勺通常都含有幾百粒或更多的顆粒。賓迪用顯微鏡觀察這些顆粒時，會拿把鑷子把它們逐一分開。

每當賓迪發現一顆外觀看來像隕石，或看似含有任何不尋常成分的「有趣」顆粒，他就會把它移到一旁。然後，麥克菲爾森會用顯微鏡檢查賓迪相中的顆粒，做出自己的結論。如果他們兩人都認為某個顆粒很「有趣」，麥克菲爾森就會把相機對準顯微鏡的接目鏡拍下照片。偶爾，克里亞契可會到克難實驗室裡瞧瞧，給些他的意見。賓迪將「有趣的」顆粒編號，然後放進一支特製的小瓶裡。

工作小組第一天在綠色黏土牆發現的樣本符合「有趣」的標準。賓迪馬上將它挑了出來。現在，它被標記為「第五號顆粒」，因為它是克難實驗室所經手的第五枚「有趣」顆粒。

一旦檢查過整盤物質，挑剩的顆粒會被擱置一旁，接著又會從

袋中再舀一勺物質放進盤中檢查。這是一項勞心勞力的工作。麥克菲爾森和賓迪每天檢查五到十個袋子。每個袋子都裝有上萬枚顆粒。

等到整袋物質都篩選完畢，當中絕大部分顆粒，也就是「無趣」的顆粒，會被小心地倒回袋內加以密封，這樣就可將它們帶回家進行更廣泛的研究。一個袋子被徹底梳理過後，下一個袋子也將重複同樣繁瑣的程序。就這樣一袋接一袋。一袋接一袋。周而復始。

麥克菲爾森和賓迪的工作情形大大超出我的預期。儘管起初我有些擔心，但他倆的性格配合得天衣無縫。看來在一個密切互動的環境中為一個共同目標而努力，能夠激發出他們最好的一面。

有一次，我參觀克難實驗室的時候，賓迪正在檢查一些「有趣」顆粒，這些顆粒來自起源點上游的「湖坑」。我看著賓迪透過顯微鏡專注凝視，忽然間他臉上露出燦爛笑容。

「你一定要看看這個！」他激動地說。「我們找到一個十二面體！」

一個正十二面體有十二個相同的面，每個面的形狀都是完美的五邊形。在過去幾十年間，我們已得知，人工合成準晶時，偶爾會形成琢面排列呈十二面體的單一顆粒。因此，找到一件相似於實驗室中突發產生、具有十二個外部琢面的天然準晶，將是一項重大突破。

麥克菲爾森聞言馬上衝了過去，接著便確認賓迪說得沒錯，他告訴我們在顯微鏡下可清楚看見一個半銅半銀的十二面體形狀顆粒。當然，外部形狀不見得與原子的內部排列擁有相同的對稱性，反之亦然。但是，麥克菲爾森看到一個有著閃亮金屬外觀的十二面

體後，他現在也認為我們剛剛發現了一件具有多重琢面的天然準晶。

然而，輪到我看顯微鏡時，我不由得放聲大笑。我很快就看出我們正在觀察大自然的一齣惡作劇。

我認出這件樣本是黃鐵礦家族的一員。黃鐵礦家族中還包括傻瓜黃金，新手經常誤把它當作真的黃金，因為顏色與形狀都相似。儘管黃鐵礦的原子以立方體對稱的晶體形式排列，但其家族成員的一個奇怪特性是，它們生成的琢面，有時會排列出「扭曲」的十二面體形狀。我喜歡稱它們為「傻瓜準晶」，因為該十二面體的每個琢面都呈現五邊形，讓人誤以為他們發現了一件準晶。但只要仔細觀察便會發現那並非完美的五邊形。各個不同琢面的邊長都不一樣。繞射圖會顯示出其原子結構為立方狀。但假如你還不曉得這些罩門，你就很可能受到愚弄。我很快就能察覺箇中異同，是因為我自從一九八〇年代第一次開始尋找真實準晶以來，已收集到各式各樣的傻瓜準晶。

我們三人一起笑著互相挖苦說，我們在里斯特芬尼妥伊支流發現了一件冒牌準晶。我真的很希望我們能找到一件真貨。我心裡想，不管怎樣，既然實驗室能夠合成一件完美的十二面體，那麼我們就能期待**也能**在大自然中找到它，這要求其實並不過分。

二〇一一年八月三日：

噠－噠。噠－噠。雨滴持續啪噠敲擊帳篷，把我從隔天早晨睡夢中喚醒。氣溫又一次急遽下降，我急忙翻身起床，裹上我最保暖的外套。

我走過奧莉亞的俄羅斯藍貓雄鹿身旁。牠身披厚厚的雙層毛皮大衣，彷彿對天氣變化毫無所感。就像大多數早晨一樣，牠儼如領主般，在營地中大搖大擺來回巡視。威爾總說雄鹿表現得像隻狗，而不是貓。顯然，就算是熊，可能也搞不定靈活敏捷的牠。

當天早上，奧莉亞已準備好又一頓豐盛早餐等著我們，有新鮮魚子醬、果醬和熱騰騰的俄羅斯布利尼薄餅。她供應的每一頓豐盛飯菜，不僅幫助我們在工作上撐下去，也幫助我們抵禦日益寒冷的天候。

製圖組的安德羅尼克斯和艾迪，再一次無懼即將來臨的亞北極風暴，準備在最後一次遠行中探索遠方的一座山，從那裡可以俯瞰環繞里斯特芬尼妥伊支流的凌亂岩石群。

我們其餘人計劃分頭在不同地點展開最後一天的田調工作。賓迪和克里亞契可將聚焦專注於他們認為希望最大的挖掘地點。尤多夫斯卡婭、德斯勒和薩沙會到下游較遠處進行相同工作，也會到我們稱為「下游綠色黏土牆」的位置。不過，和我們其餘人的任務不同之處在於，他們不只尋找隕石樣本，也會尋找貴重礦石的蹤跡。

我和威爾決定再到每個挖掘點採集最後一輪樣本，同時，也要到我們從來沒能探索過的其他幾個地點採集一些樣本。

為了確保毫無缺憾，我要威爾爬上起源點附近一座五十英尺高的岩石尖頂，採集一份黏土樣本。至於我為何多此一舉，我也給不出合理解釋。我腦海中冒出的這個奇怪念頭，來自我記得小時候看過的一部胡鬧喜劇《瘋狂世界》（*It's a Mad, Mad, Mad, Mad World*）。

在這部電影裡，一群瘋狂丑角互相競爭，找尋傳說中藏在一個巨大「W」字母下的寶藏。在劇中的某個橋段，他們貪婪而惶惑不

安地繞著圈子追逐奔馳，每個人都希望趕在別人之前找到「Ｗ」標誌。

電影中沒有一個角色能夠先靜下來綜觀全局。但觀眾卻可清楚看到，他們一直都在中心區域同一座小山坡上來回跑著，我們姑且稱之為起源點旁的尖頂，那裡的四棵棕櫚樹各自彎曲成不同角度。觀眾很容易就會發覺電影角色視而不見的這些樹，形成了一個巨大的「Ｗ」。他們所尋找的寶藏一直近在眼前。

我們這趟探險一直以這座隆起的尖頂為參考點。直到最後一天下午，我們都還沒花點時間渡過小溪，到尖頂上頭採集一件樣本。**誰曉得呢？**我心想。

隨著早晨時光慢慢流逝，雨愈下愈大，氣溫開始下降到攝氏四度左右，接著繼續下降到將近攝氏零度，已快接近冰點。那時大家都已返回營地，只有安德羅尼克斯和艾迪還不見人影。他們一吃完早餐就出發展開最後一次勘察活動，至今仍然下落不明。在他們動身前，我堅持讓他們帶上突擊步槍防身。

他們對低溫做好禦寒準備了嗎？他們的路途上會有熊嗎？時間一小時一小時過去，而他們仍不見蹤影，我愈來愈擔心。

安德羅尼克斯和艾迪終於在大約下午某個時點返回營地。兩人都已淋成了落湯雞，但除此之外毫髮無傷，並且很滿意自己的收穫。他們回來後，我心裡深深感覺如釋重擔。此刻，田野調查的最後一天終於宣告結束，最重要的是，每個人都平安撐了過來。事實上，大家看來都很高興。

兩個星期以來頭一次，我終於能讓自己放鬆下來了。包括威爾在內，我不確定任何人能否完全理解我一直在嘗試克服的恐懼。在出發前，我從同事那裡聽聞不少令人毛骨悚然的故事，都是些關於

田調時發生的可怕事件，其中包括致命意外，這一切全都像千斤重擔般壓在我心頭。

倘若我們探險期間出了任何差池，讓任何人受了重傷，那麼過錯完全都在發起並組織這場旅程的我身上。是我把這支訓練有素、全力以赴的專家隊伍置於險境，雖說我事先就明白成功的機會微乎其微。我不知道萬一有人遭受了危及生命的傷害，我該如何面對這種罪惡感。謝天謝地，我終於可以把這些煩惱拋諸腦後了。

當天傍晚，我們的俄羅斯東道主為我們在荒野中最後一晚準備了一場特別難忘的大餐。我們在帳篷外享用晚宴，大家圍著一堆篝火一起吃喝。當時才八月三日，然而短暫的夏季已然急轉直入秋天。大家都在最保暖的外套下多穿了好幾層厚重冬衣。

那天晚上，每個人都興高采烈，眾人紛紛舉杯慶賀這次冒險。在這整趟旅程中，伏特加的供應始終源源不絕，此時我們的俄羅斯同伴決定頒發一項「喝得最像俄國人的外國人」獎。麥克菲爾森和安德羅尼克斯榮獲此一最高殊榮，兩人都獲頒一件前蘇聯時期的紀念品——飾有錘子與鐮刀的扁瓶。看到這件刻有前社會主義標誌、如今卻成了資本主義時代紀念品的禮物，令人覺得很突兀。往事滄桑，萬般感慨！

維克多點燃了緊急照明彈，做出令人眼花繚亂的煙火表演，夜晚在一片絢麗燦爛的光影中收尾。他遞給我一把熾烈燃亮的火炬，我在一張團體合照裡高舉火炬，慶祝我們在荒野中取得勝利（照片副本在彩色插頁中，圖二十四）。接下來是一連串個人拍照時間，之後大家齊聚篝火旁，迎接一個漫長而喧鬧的伏特加及歡唱之夜。

我回到帳篷，在日誌本上記錄心得：

無論以哪種標準來看，這都是一次非常成功的探險。每位隊員都過得舒適愉快，即便其中最易怒的人也一樣。正因如此，每個人都超乎尋常地努力工作。他們讓我印象深刻。這跟霍利斯特向我描述的大多數地質旅行不同，他說有些人相當努力、有些人則會偷懶，到最後只剩下一個人為整個營地操勞，但是在這裡，每個人工作時都極為認真。奧莉亞、維克多和馬可夫斯基為確保營地食物美味可口、盡可能讓大家過得舒適，做了巨大貢獻，除了我之外，或許沒人感受到高度壓力。大家都能得到自我發揮的空間，雄鹿也不例外。就算我們什麼都沒找到，我們也會曉得，我們曾在此盡心盡力。

二〇一一年八月四日：

　　徹夜狂歡過後，有些人可能會在第二天早上感到頭暈腦脹。但每個人都在早上六點起床，好迅速踏上返回阿納底的旅程。我們收拾好所有物品，裝進兩隻巨獸，我們知道這將是一次漫長緩慢的重返文明之旅。我們將試圖以每小時六英里的極限速度逃離快速惡化的天候。

　　我們上路後還不到半小時，便開始發現堪察加棕熊，牠們通常避免與人類接觸（見彩色插頁，圖十一）。我們密切注視著三隻龐大動物，並注意是否還有更多。我們曾被警告，如果我們看到一小群熊，可能意味著附近有更多的熊潛伏。

　　在我們上路的頭幾個小時裡，不時還會看見熊的蹤跡，有一回，一隻特別好奇的熊走到離我們笨重車輛不到數百英尺的地方，

不久後便離開了。我們在車裡很安全，沒有遭遇過危險。但是這隻熊離我實在夠近，使我充分體認到牠潛在的威力，並為我們從未與牠們當中任何一隻發生衝突而慶幸。

截至當時，我們都還以為自己傻乎乎地多帶了手套和好幾層禦寒衣物。但隨著我們離開科里亞克山脈時氣溫持續下降，我們已全副武裝穿戴上所有帶來的禦寒裝備。沒有人抱怨天氣愈來愈冷，尤其是我，因為這使得過去十二天來讓我痛苦不堪的可惡蚊群突然消失。最後，我終於可以摘下那頂罩有防護網的帽子。終於，我可以不必一再地塗抹避蚊胺。終於，這一段探險**終於**結束了。一整天我滿腦子都為此而歡頌。

隨著我們繼續前行，我看著新的天氣系統開始降臨在群山之間。成群雲朵從一座山峰飄到另一座，在每處山頂蘸上一層白雪。我素來著迷於觀雲，而科里亞克山脈變化莫測的雲層消長，更是出人意料地值得玩味。假如在這次旅行前我看到一幅描繪科里亞克山間雲霧的寫實畫作，我會假設它純粹出於藝術家的虛構想像。就我個人而言，這裡的雲朵與經常隨之出現的絢麗彩虹，是一種鼓舞人心的自然奇景。這就像觀賞一場正在進行、不斷變化的演出，分合聚散的雲朵形成我從未見過的壯麗姿容。我開始多愁善感起來，我知道我會想念在此欣賞它們每天在空中展開的曼舞。

車行第二天，我們已離開科里亞克山脈，重新進入苔原。我又一次被自然之美所吸引，並有些感傷地留意到，我們先前經過此地時，那些看似嘲笑著我們的苔原笑花已不再歡笑。許多脆弱的白色叢生植物已被冷冽寒風吹走，只剩下光禿禿的花莖屹立不倒。我看著那片遼闊荒野上的禿莖在風中顫抖，想像它們正用僅存的每一根纖維向我們揮手告別。

當日下午晚些時候，天空突然出現一道裂口，下起傾盆大雨，原本就已緩慢的行駛更是成了牛步蝸行。一時間，道路變得溼濘不堪，橘色巨獸陷入一道深深的凹陷裡，維克多不得不繞回去幫馬可夫斯基把車拖出來。在最後兩天的車行中，他們兩人輪流幫對方爬出泥濘。現在雨勢愈來愈大，我開始舉棋不定，心想我們是否應該繼續按計畫趕路。在能見度極低的苔原上駕車穿越泥濘的車轍可能相當危險，我們極可能整夜困在一個溼漉漉的泥坑裡。

情況變得萬分緊迫之際，我們看到前方出現一座天然氣補給站。那便是我們在第一段旅程中試圖停留、但沒成功的那個站點。維克多和馬可夫斯基駕駛著巨獸在泥濘和雨水中掙扎出一條路，緩緩向站點移動，途中又被迫停下一次來搶修履帶。當我們更靠近站點時，威爾看見其中有座建築上標示著數字「0」，所以他封此地為「零站」，不過它的官方名稱是「西湖油氣田」（Western Lakes Gas Field）。

等到我們駛近站點，我開始為最壞的狀況操心。我們沒能照他們曾要求的，預先打電話告知我們會來，因為暴雨損壞了我們的衛星電話。上一回，他們把我們拒之門外。而此刻，我們眼看就要在豪雨中滅頂，急需協助。

我們蹣跚前行，終於抵達主建物，我咬緊牙關，心中狐疑當對方再見到我們這批不速之客時，會有什麼反應。奧莉亞認為我們應該嘗試與對方協調。她領著我和德斯勒走進天然氣站，或許因為我們兩人看來都狼狽不堪，想必經理一定會抱以同情。她帶我們來到前台，詢問天然氣站是否可提供食物，並讓我們留下過夜。經理一開始說可以，但過了一會兒又警告說，他沒有決定天然氣站能否幫助我們的最高權限。他告訴我們，廚房與寢室的主管才是真正的決

策者，這時他臉上透露出某種程度的畏懼。

當這位令人畏懼的主管終於現身，我們才發現她原來是位嬌小甜美的圓臉女士，她歡迎我們的興奮程度，幾乎等同我們因受到歡迎而興奮的程度。她介紹自己叫蕾納西科（Lenechke），並馬上叫來助理帶我們前去安頓過夜。我原以為她或許會在設施裡找塊空地，讓我們睡在地板上。但相反地，我們被招待住進一間間舒適的雙人房，裡面有暖氣、個人淋浴間、冷熱自來水，最重要的，是廁所裡沒有蚊子。

隊員們一股腦湧進各自的房間，大家簡直不敢相信我們運氣這麼好。等到大夥都洗完澡後，蕾納西科的廚房已經為我們準備好一頓熱騰騰的美食，供我們盡情享用。雖然我們離阿納底還有一百二十公里遠，但在那天晚上，每個人都覺得我們好像已經返回文明。

我們第二天早上醒來時，堪察加多變的氣候又變了。暴雨已停歇。但是當我們走出戶外，已可見到綿延於眼前的科里亞克山脈從上到下全部覆蓋於白雪中。八月五日，這裡已完全進入寒冬，這意味著幸好我們及時趕出。

我讓大家回想幾個月前在一次討論中，克里亞契可曾對我們的楚科特卡之行提出最初的建議。當時他告訴我們，在七月的第三週以前去到該地都是毫無意義的，因為土地與河流結凍太硬，難以挖掘。一點也沒錯，而儘管我們根據他的建議，到了七月下旬才展開旅程，我們在里斯特芬尼妥伊支流時，仍必須跟冰冷的土壤與溪水奮戰。

克里亞契可也警告過，我們必須一過了八月第一週就離開科里亞克山脈，否則天氣會變得太冷。再一次，他的預言又應驗了。我再一次深深感激我們這位了不起的俄羅斯同伴。

　　我原本寄望能以最快速度完成剩下的旅程返回阿納底，但是連夜大雨讓此成為懸念。苔原已成了溼濘泥沼，想讓維克多與馬可夫斯基快速行進，即便不是不可能，也將是極為困難。我記得當我第一次爬上他們其中一輛龐然大車時，內心有多麼驚慌。當時這些巨獸給我堅不可摧的印象。但現在我知道，它們在窮山惡水間是多麼地脆弱。在阿納底最終映入眼簾之前，我們還得再熬過緩慢、小心翼翼的十二小時車程。

　　等到我們看見遠方的小鎮時，群山之上出現一道燦爛彩虹，似乎為我們艱辛旅程最後的幾里路畫下些許神奇的句點。我坐在藍色巨獸上我固定的前座位置，凝視前方的美麗景色，深深吸了一口氣。我們驅車進城，安然無恙地結束了這趟旅程中的荒野之行，這時我深深感受到解脫的滋味。

二〇一一年八月七日，阿納底：

隔天早上吃完早餐後，我們馬上開始工作，大家聚集在一起進行一次緊湊的科學會議，回顧我們此行發現的所有事物。安德羅尼克斯首先簡報了他與艾迪在里斯特芬尼妥伊支流周圍谷地與山嶺，發現的各種不同類型岩石及岩層的許多細節。他們能夠取得如此可觀的成就，著實讓我欽佩。

安德羅尼克斯在演講結束時，陳述了他的主要結論。

首先，他可確切證實，發現佛羅倫斯樣本的藍綠色黏土，是八千年前上一個冰河期結束前後，盤據該地區的某條冰河留下的冰磧土。此外，該地區並不存在符合超級地函柱或火山口那樣，將地下深處物質帶到地表的不尋常地質活動跡象。總之，根據實地觀察結果，除了隕石理論之外，所有其他替代說法現在都已不成立。

安德羅尼克斯從一開始就對隕石理論持懷疑態度，在做出任何確定結論之前，他的立場向來嚴謹。因此，當他無法找出推翻我們理論的合理替代方案時，這項事實對我意義重大。我環顧室內眾人，看到每個人都在點頭表示同意。的確是隕石。

在邀請安德羅尼克斯加入探險隊之前，我個人並不認識他，我主要仰賴他的前普林斯頓指導教授霍利斯特的推薦。如今我已和他在田野中共事了兩個星期，我開始認定安德羅尼克斯是一位出色的科學家，他才華橫溢，擅於為各式各樣的現象想像出合理的地質場景。當初決定請他加入我們團隊，讓我們現在獲得不可計數的加倍報酬。

安德羅尼克斯完成簡報後，就輪到麥克菲爾森和賓迪報告我們的挖掘、淘洗與實驗室的工作成果。我們已經將他們所拍攝的

最「有趣」顆粒的所有影像下載到一台iPad上，大家在會議室裡傳閱這台iPad，於是所有人都有機會仔細觀察這些影像。這些顆粒的數字從一號開始標記，一直標到一百二十號，大小則從不到一公厘，到數公厘不等。

在接下來兩個小時，麥克菲爾森逐一審視這些顆粒，討論每個顆粒可能具備的意義。相較於安德羅尼克斯簡報後帶給大家的樂觀氣氛，麥克菲爾森花了整整兩小時不厭其煩地詳盡講述一百二十件樣本影像的枝微末節，讓每個人更加認清現實。

麥克菲爾森的報告結論是，在他看來，田調中發現的所有顆粒全部都跟佛羅倫斯的原始樣本不一樣。

會議室裡一片靜默。我很清楚麥克菲爾森發表聲明時，往往會傾向悲觀，或至少態度保守。可以說，他待人處世的方式相當直率。團隊中沒人會對他的報告感到驚訝，因為大家都不相信我們有機會發現更多隕石顆粒。但即便如此，這般開門見山地被告知壞消息，還是讓人很難受。會議室裡的氣氛驟然盪到谷底。

我呼籲大家不妨來打個賭：*機率為何？我們從里斯特芬尼妥伊支流帶走的所有物質中，哪怕只有一件天然準晶的可能性有多大？*

我帶著大家談起自己的分析。首先我們已篩選出一百二十件最有希望的有趣顆粒，這讓我們能夠發現它們似乎都不是我們要找的東西，然而我們還有整整六十二袋淘選出的顆粒，我估算存在0.01%的成功機率。機率不到萬分之一。大家七嘴八舌紛紛提出更悲觀的數字。

只有賓迪例外。賓迪說，他離開佛羅倫斯參加探險時，他估計我們成功的幾率是0.1%，即千分之一。但現在，他決定加碼。他願意豪賭一場，壓注我們有高達1%的成功機會，也就是一百件中有

一件會中獎。讓賓迪信心大增的原因非常明確。他把希望寄託在第五號顆粒，那是他在我們田調第一天挑選出來的樣本。

我很欣賞賓迪的樂觀態度，但我們都曉得不可能單憑肉眼，或透過克里亞契可低倍率顯微鏡取得的影像來確切鑑定樣本。我們也都知道，安德羅尼克斯和麥克菲爾森這兩位專家已對第五號顆粒表示懷疑。他們非常確定它甚至連隕石碎片都不是，更別說是含有天然準晶的顆粒了。

聽了各方的壓注之後，我意識到，就算我們採納賓迪對成功機率達1%的樂觀解釋，每個人都同意，我們至少有99%的機率會一無所獲。對此，大家心裡都已再清楚不過。

第二天早上，我們進行打包，準備搭機返國。我們最大的擔憂就是能否把所有樣本帶離俄國。安德羅尼克斯及其他美國地質學家曾告訴我一些可怕故事，他們說，咄咄逼人的俄羅斯海關官員如何在機場沒收了樣本。即使我們成功克服這道障礙，美國海關也將是下一個挑戰。把土壤帶進美國是違法的。從技術上來說，我們攜帶的是「分離」物質，並非土壤。這些袋子裡的顆粒應當完全合法，因為它們都已經過淘洗與煮沸處理，但我們不敢指望美國海關人員認可這些差異。不管怎麼說，他們很可能決定扣押我們的物質。

我們定好一個計畫，讓我們能有最大機會帶著樣本通過海關。我們的隊員會分別走五條不同路線回家。於是，我們把來自挖掘點的六十二個袋子分成五組。每一條海關通關路線，我們都配置一組。而且我們要確保每一組至少都有來自十二個挖掘點其中一個袋子。如此安排，即便五組中的四組都被海關人員沒收，僅存的第五組仍足以代表所有收集到的物質。威爾和我一起走，所以我們帶上一組。安德羅尼克斯、麥克菲爾森、艾迪及賓迪則會帶著另外四

組。我們都計劃把樣本袋放進託運行李中。

隔日，我們百感交集地告別了俄羅斯支援人員——奧莉亞、維克多和馬可夫斯基。就連奧莉亞那隻難以捉摸的貓「雄鹿」也趕來道別。雖說牠已完全接受馴養，但在荒野中照樣過得春風得意，真是隻不尋常的動物。威爾在這趟旅程中已變得非常喜歡雄鹿，尤其對牠平日的行蹤極感好奇。我讓他倆最後一次聚在一塊兒，直到我們該上路為止。

奧莉亞送了我們每人一支塘鵝（Pelikan）造型的鑰匙鏈，塘鵝是一種耳朵大大、肚子圓滾滾的生物，當地楚科奇人視為好運象徵。她說她希望這能為我們帶來好運，讓我們回家之後能發現一件天然準晶。至今我仍繼續使用這支塘鵝鑰匙鏈，它時時勾起我對所曾遇過最善良的一群人的美好回憶。

大家最後一次互道珍重再見，接著，我們出發前往機場挑戰第一道關卡。海關官員要我們把行李集中在一個地方接受檢查，隨即便帶著我們的所有行李、護照和文件一起消失。兩小時後，檢查人員終於回來了，宣布我們可以登上雅庫蒂亞航空飛往莫斯科的飛機。我們不曉得他們對我們的行李或裡頭的樣本袋做了些什麼事。我們只能相信他們已把所有東西都搬上了飛機。

一抵達莫斯科，我們就滿心期待地等在行李輸送帶出口，每當有我們的行李從滑道上滑下來時，我們都會歡呼雀躍。到最後，所有行李都出來了，我們大大鬆了一口氣。截至目前，我們還沒遺失任何東西。

緊接著，探險隊員們不得不匆匆分手，各自趕去搭乘中轉航班。賓迪登上飛往義大利的班機，麥克菲爾森轉往華盛頓特區，艾迪則飛向北卡羅來納州。薩沙的妻子和孩子們在機場安檢出口迎接

他。在他遠征期間，他的家人一直等在莫斯科，順便造訪他的莫斯科老家。大夥深情地彼此擁抱告別後，我們的俄羅斯同伴尤多夫斯卡婭、克里亞契可和德斯勒也啟程返家了。

我和威爾以前都沒來過莫斯科，所以我們事先已安排在莫斯科多停留幾天，來遊覽這座城市。幾天後我們回到莫斯科機場準備飛回美國時，已沒人再詢問我們塞在行李箱中裝有樣本的塑膠袋的事。所以，我們也覺得不需要主動申報任何資訊。我們的班機飛抵美國時，我們也順利通過了美國海關，沒人問到我們帶的這些物質。

不久，其餘各組回報說，他們也都通過海關沒被阻攔。沒人遭到質疑，也沒任何物質被沒收。我們周密的分散樣本以便分散風險的計畫看來是杞人憂天，但我覺小心駛得萬年船，這項安排並沒有錯。

所有樣本袋都將寄送到佛羅倫斯讓賓迪檢查。他在田調時，已經用顯微鏡看過大部分物質。現在，他將重頭開始整理數百萬顆個別顆粒，尋找天然準晶，但這次他有電子顯微鏡助他一臂之力。

即便站在最樂觀的角度，整個團隊也都認為發現天然準晶的機率極其渺茫。大家已認定我們最終失敗的機率高達99%。

依我看來，實際上，失敗的機率更可能接近100%。我並不後悔踏上這趟神奇旅程，但我不想自欺欺人。我的看法是，成功的機率介於無窮小與零之間。

鴻運當頭

　　我記得很清楚，有一天早上，我們在田調時的克難實驗室裡，賓迪開玩笑地問我和麥克菲爾森，如果他能鑑定出一件天然準晶的話，應當如何獎賞。我們的葡萄酒行家麥克菲爾森立刻答道：

　　「一瓶昂貴的瑪歌酒莊紅酒應該夠好了，而保羅呢，」他賊賊地看著我說，「應該負責買單。」

　　說到這裡，我們三人不禁哄堂大笑。其實對我來講，找到一件天然準晶，可要比一整箱瑪歌酒莊紅酒值錢太多了。然而當時我們都覺得，我根本沒啥機會償付這筆賭金。就連我們探險隊裡最樂觀的人賓迪，也認為我們的勝算趨近於零。

　　我們得等到探險結束才能進行像樣的測試，賓迪回到佛羅倫斯後，便能使用恰當的設備來檢查我們的樣本。

二〇一一年八月二十日，佛羅倫斯：

　　賓迪首先從裝有我們那一百二十件「有趣顆粒」的小瓶開始仔細檢查，雖說麥克菲爾森已宣判這些顆粒與佛羅倫斯樣本毫無共同之處。儘管麥克菲爾森已有此番聲明，賓迪仍然把這些樣本當成寶

貝看待，將它們裝進一只特製小瓶，然後穩妥地塞進襯衫口袋，小心翼翼把它們從堪察加半島一路帶回家。

說來不巧，等賓迪返回佛羅倫斯後，才發現出了一個大紕漏。我們在營地最後一天準備開拔歸返時，這一百二十件「有趣」顆粒都已準備就緒，然而就在那同一天，我們遭到一場突如其來的暴雨重創。暴雨挾帶強風不斷吹垮賓迪工作的帳篷。結果，有些顆粒還來不及安全封裝進小瓶便遺失或損毀了。

賓迪告訴我這壞消息時，我頓時感到胸口一悶。**那些都是我們期待最高的樣本啊！**但賓迪很快接著說，依他看來，那些遺失和損毀的顆粒都不是頂重要。其餘像是他最喜愛的「第五號顆粒」仍然平安無恙。

聽他這麼一說，我心裡雖好過一些，但我現在開始擔心他即將面對的工作量。其他隊員都已回到家了，他們很快就會寄給賓迪我們當初為安全通過海關而分開攜帶的幾十袋樣本。我擔心賓迪將無法負荷僅憑一人或一間實驗室所能承受的大量樣本物質。賓迪警告過我，數以百萬計的顆粒可能要花他好幾個月來研究，這還要看他能預訂到多少電子顯微鏡的使用時間。

我跟他說，你慢慢來，想花多少時間都沒關係。假如我們走運，碰巧發現一枚隕石顆粒，那我們一定要詳加記錄，小心照應。

賓迪完全曉得該從哪裡展開研究：他心愛的第五號顆粒。當賓

迪開始用實驗室的高倍率光學顯微鏡檢視這件樣本，他才發覺自己與麥克菲爾森在田調時所拍的照片太過馬虎。樣本最有趣的一邊，上面有著許多嵌在黑色物質中的微小金屬顆粒，但是當時卻都剛好背對相機鏡頭。事實上，賓迪對第五號顆粒研究得愈是深入，就愈是對這件樣本的高度潛力感到興奮。

賓迪想出一個新法子，能夠不破壞樣本來斷定金屬性質。他在掃描電子顯微鏡下撐起顆粒，讓它傾斜成一定角度，這樣電子束便會集中在金屬顆粒上，避開周遭的矽酸鹽礦物。

賓迪能夠使用最棒的高科技設備誠屬幸事。但壞消息是，最棒的高科技設備總是異常嬌貴，常常需要維修。還沒等到賓迪完成分析，他大學的掃描電子顯微鏡就壞掉了，而且這一修就是好幾星期。我曉得我這位義大利同事性子急，所以我多少有點預感，他會想辦法立刻解決。

二〇一一年八月二十五日，佛羅倫斯：

果然沒等多久，賓迪就找出解決方法。距離我們離開阿納底才不過兩星期，賓迪便寄來一封空前重大的電子郵件，主旨欄寫著：

　　瑪歌酒莊嗎……？我告訴你，沒錯。

我不必再讀下去，就已知道他說的是第五號顆粒。電郵內容如下：

　　在顯微鏡下，我不停轉動顆粒樣本，這時其中有顆小金

屬粒從樣本上脫落（別擔心，上面還連著很多顆粒）。那是一顆寬約六十微米的微小金屬粒。它是純金屬，沒有任何附帶物。我用丙酮把它洗乾淨後，用膠水把它蘸在一支玻璃棒上，進行繞射分析（目前我只能做這項分析；你也曉得，我們家的SEM設備暫時故障）。現在報告結果……

賓迪先是賣個關子，這可不像他的作風。不過接著他就在訊息最後來了個電子式的**驚呼**：

……我看見了**五重對稱**。

我馬上點開電郵附件中的X光繞射影像。當影像出現時，我在椅子上傾身向前，感覺我的眼珠幾乎奪眶而出。眼前這簡單得要命的圖像富含深義。這是真的嗎？我心想。這看來太完美了，讓人不敢相信。

這張影像展現不容質疑的證據，證明第五號顆粒中的原子，排列出只有在準晶中才有的不可能五重對稱。而且這個案例與佛羅倫斯樣本不同，不存在任何待解謎團，我們完全清楚樣本是誰發現的，以及是在何時何地發現。它的起源絕對毫無疑慮，因為我們親眼見證它的發現。

我大可高興地放聲歡呼。我大可衝出我普林斯頓的辦公室，告訴所有人我看到了剛剛見到的事物。我大可發電郵給霍利斯特與探險隊成員。我大可打電話給威爾告知此一天大消息。我會的，但不是現在。我想緩一緩，好讓自己完全浸淫在這個歷史性的一刻。我從沒料想這會發生。大家也都沒想到過。然而，影像就在我眼前。

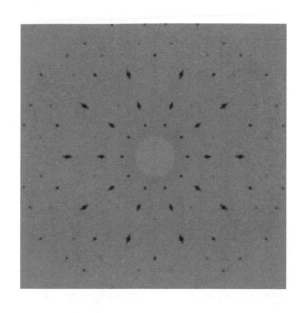

這是我的一次深刻情感體驗和人生里程碑。

　　我坐在原位，眼睛盯著影像，心裡想著探險隊的每一位傑出成員，在展開旅程之前，他們當中大多數人對我來說完全陌生。他們甘之如飴地自願投入自己的時間、精力，放下舒服日子，加入我們這場不切實際的探險。安德羅尼克斯。德斯勒。尤多夫斯卡婭。薩沙·科斯汀。艾迪。還有，那位幾十年前首次發現第一件鋁鋅銅礦石樣本，從而開啟這一切盛事序幕的克里亞契可。

　　我想到賓迪，過去四年裡，我倆幾乎天天交流。麥克菲爾森，兩年半前我在史密森尼自然歷史博物館大門台階上第一次見到他。以及裸著身子、呱呱落地時我初次遇見的威爾，我的兒子，當時他明顯比我矮很多。

　　我醒悟到，第五號顆粒是在綠色黏土牆發現的，這得感謝尤多夫斯卡婭的建議；由威爾與薩沙挖出；克里亞契可仔細淘洗；賓迪

在現場辨識出來；在現場的克里亞契可、賓迪、威爾共同確認；安德羅尼克斯與麥克菲爾森在克難實驗室中仔細檢查；接著，由探險隊全體成員審視。今天這項成功，是來自各方不同成員，大家眾志成城的明證。

回想當初，我著實深感驚訝，因為他們每個人都願意長途跋涉至里斯特芬尼妥伊支流，哪怕該地區如此不適人居又無比遙遠，特別是大家全都對這趟旅程心中存疑，認為極可能以失敗收場。更不可思議的是，每個人都在旅程中每分每秒全力以赴，從來沒有半途抱怨或質疑過自己的付出是否值得。而今，我和賓迪非常欣慰能夠告知他們所有人，大家的奉獻剛剛已獲得五倍回報。

霍利斯特在這項成就中同樣居功厥偉。他雖無法參加探險，但就在二〇〇九年一月我和姚楠從佛羅倫斯樣本微小顆粒首次發現具有五重對稱的電子繞射圖後不久，我們第一次見了面，打從那時起，他一直都在我的天然準晶探索中扮演關鍵角色。霍利斯特是我的導師，指導我規劃及準備這場遠征，與我分享他傑出職涯中汲取的寶貴洞見，並提供忠告。我已能想見當他聽到這好消息時，臉上綻放的燦爛笑容。

我想到了我們的捐款者戴夫，他資助我們進行探險。當我預告他這場探險最終可能一無所獲，而成本還增加超過兩倍時，他表現得格外大方。戴夫二話不說便加倍資助我們。我開始預想，我要如何讓戴夫曉得他的饋贈即將迎來巨大且意想不到的科學紅利。

對這長達數十載故事做出巨大貢獻的人不勝枚舉，其中包括故事開端的列文。我和他一起共事的經驗彷彿就在昨天，而事實上，我們兩人首次提出準晶理論至今，時間已經過了將近三十年。那時我們在理論上證明物質原子結構具有五重對稱的可能，後來實驗室

證實了該論點。由此引領我與列文及索科拉爾共同開發出新型物質的三維模型。此刻，差不多已過了三十個年頭，我們終於能夠證明大自然早在數十億年前便已生成第一件天然準晶，徹底打敗了我們所有人。

我想起加州理工學院的斯托爾，他在關鍵時刻給予我繼續前進所需的動力，並為我引見另外兩位英雄，艾勒和關雲斌。普林斯頓的德菲斯激勵我相信自己的直覺，追尋天然準晶，同時也把他的得意門生陸述義介紹給我。這項發現所帶來的驚人結果，將會讓他們所有人都感到無比激動與歡欣。此外，潘洛斯和尼爾森一定也會有同樣反應，他們兩位啟發我最初的想法，促使我一路走到今天。

如果不是理查・艾爾本（Richard Alben）最初帶我走進原子結構研究領域，或是欠缺普萊文・喬哈里（Praveen Chaudhari）引發我對此一領域的興趣，這一切都不會發生。當然，最重要的，是費曼一開始就讓我深深愛上物理。

事實上，還有數百位世界各地的科學家，他們貢獻優秀的理論及實驗才華，協助在物理學中建立了一個新的分科，他們人數眾多，難以逐一列出。

我該如何感謝所有人呢？我左思右想。

我腦海中幾乎同時閃過千頭萬緒。終於，我逼自己從桌旁起身，走入大廳。我想先來杯咖啡，或許在我試著撰寫第一輪公告前，咖啡能幫我醒腦。

然而，當我回來坐下後，我再一次震懾於電腦螢幕上驚人的X光繞射圖。我緩緩地長啜一口咖啡，感覺自己又一頭栽入另一場感恩遐想中。我們所找到的是一種比地球本身更加古老，且充滿可能的物質。

第二十一章

奇蹟之人

二〇一一年十月五日，華盛頓特區：

「我認得這個，」影像出現在螢幕時，麥克菲爾森驕傲說道，「*阿顏德隕石！*」

我笑了，曉得麥克菲爾森尋我開心的同時也在自我解嘲。歷史正在重演，然而這回有了愉快轉折。幾年前，麥克菲爾森曾用同樣的顯微鏡檢查過一幅類似圖案，但當時他火冒三丈且語帶輕蔑。

當年激怒他的圖案來自賓迪在一只標有「鋁鋅銅礦石」小瓶裡發現的粉狀物質，那是賓迪從他前同事的祕密實驗室中找到的。這讓麥克菲爾森認定小瓶中錯放了著名的阿顏德隕石物質，並怪罪「若非存心捉弄，就是太過任性的上帝」製造了這場混亂。

事過境遷兩年半，發生了很多事情。賓迪再次寄給麥克菲爾森一件樣本進行審視，但這次麥克菲爾森毫不懷疑樣本的真偽。畢竟，他也是探險隊一員，這件樣本是大夥一起從堪察加取回的。

所以麥克菲爾森不再憤怒了，他相當開心地發現新樣本與阿顏德隕石有著極為相似之處。他完全認同我們的天然準晶如此令人難以置信，竟是一塊類似阿顏德隕石的碎片。他秀在螢幕上給我看

的，又是另一個驚人的新證據。

　　我們正在觀察第一二一號顆粒的橫截面，這是賓迪回國後鑑定出來的第二件極有希望的候選樣本。我馬不停蹄地連開三小時車程，從普林斯頓趕到華盛頓找麥克菲爾森，當時他正對著樣本拍下第一張高解析度影像。

　　對沒有受過專業訓練的人來說，第一二一號顆粒看來不過是一大塊泥土，周圍環繞著細小沙礫。但是這整片其貌不揚的土塊及所有周圍物質，卻蘊藏著有關太陽系誕生的重要資訊。

　　「這是一件『隕石球粒』（chondrule），」麥克菲爾森說，「是某顆球狀隕石最古老的部分，可追溯到四十五億多年前。」光是這句評語，便足以告訴我們這樣本真實無誤。「圍繞隕石球粒的附加物質稱為『細基質』（matrix），」麥克菲爾森解釋道，「通常由某些獨特的礦物組成。」

　　隕石球粒和細基質，是碳質球粒隕石的兩種主要成分。阿顏德隕石中也被發現含有同樣的微小物質。因此，我們在這個新顆粒中觀察到與阿顏德隕石雷同的特徵，意義上實在非同小可。

　　麥克菲爾森為了證明他的論點，神采奕奕地探究起第一二一號顆粒。他用他的電子顯微鏡量測隕石球粒和細基質各個不同部位的化學成分。隕石球粒中混合的礦物錯綜複雜。麥克菲爾森在每次量測前，都會根據他對阿顏德隕石的廣泛研究經驗先猜一下成分。而他每次都能猜對。

　　「不管是誰，都會把這幅影像看成是典型的阿顏德隕石，」他如此斷言。

　　就在那時，他小組中一位較資淺的科學家剛好經過他辦公室門口，停下來瞥了一眼螢幕上的影像。麥克菲爾森問她認不認得這個

影像。「不就是阿顏德嘛，」她回答，好像覺得這真是個笨問題。話一說完她就走開了，麥克菲爾森和我得意地相顧而笑。

　　經過更仔細的檢查，麥克菲爾森在第一二一號顆粒上發現一些他從未在阿顏德隕石中看過的重要物質：細微白色碎屑。我們眼前的這件隕石球粒中，有兩片碎屑分別位於大約四點鐘及六點鐘方向，如下圖所示。

　　由於隕石球粒本體已在樣本製備過程中被切成兩半，所以該影像意味著，當這件矽酸鹽構成的隕石球粒於四十五億多年前形成時，這些物質碎屑便已嵌入其中。這代表白色碎屑大概也有超過四十五億年的歷史。

　　麥克菲爾森用他的電子微探儀檢查這些神祕白色碎屑的化學成

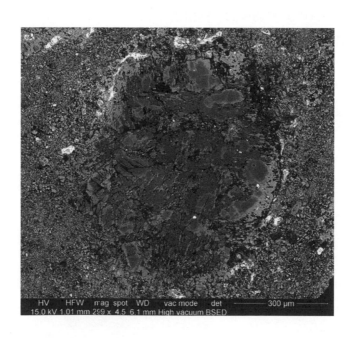

分時，他更是樂得手舞足蹈。

「這些碎屑是銅鋁石！」麥克菲爾森興奮地宣布。我們兩人面面相覷，高興之餘，又感欣慰。「真不敢相信！」我放聲高喊。

銅鋁石和鋁鋅銅礦石，都是從博物館初始樣本中發現的金屬合金成分，當初包括麥克菲爾森在內的所有人都認為它們是造假。找到深藏於隕石球粒中的銅鋁石碎屑，亦即隕石最古老的部分，是迄今為止最斬釘截鐵的證據，證明該隕石的鋁銅合金形成於四十五億年前的太空中，當時我們的太陽系還處於嬰兒期。

二〇一一年十月～十一月，佛羅倫斯：

我向團隊全體成員宣布第一二一號顆粒的好消息時，大夥熱烈的讚揚與祝賀如潮水般湧向賓迪，連我們的匿名贊助人戴夫也不例外。所有人都開始認為賓迪確實是「L'Uomo dei Miracoli」，也就是我所暱稱的**奇蹟之人**。

新發現接踵而來。**奇蹟之人**在第一二二號顆粒上再下一城。我定期向團隊成員發布有關賓迪工作進展的公告。而此刻，在短短六星期內，我已準備發布第三次公告，又有了另一項更新：

> 看來超難令人相信，自第二號公告後只過了十天，我們又有重要消息要發布：從科里亞克山脈取得的第三枚顆粒中發現了二十面體石，這次是來自不同地點：威爾坑。

我在報告中強調，此刻正在締造科學歷史的三枚隕石顆粒，分別是在里斯特芬尼妥伊支流沿岸三個不同地點發現的。尤多夫斯卡

婭和薩沙在綠色黏土牆發現了第五號顆粒；帶有隕石球粒、令麥克菲爾森著迷的顆粒，來自下游綠色黏土牆；而剛剛又從中發現二十面體石的第一二二號顆粒，則是在威爾坑中找到。在上述發現中只有最後一個地點，威爾坑，才存在藍綠色黏土。

這些樣本來自分布在方圓數百公尺內地質條件各不相同的地點，此一事實意味深遠。這代表除了來自存在藍綠色黏土地點的袋子，我們在所有挖掘點取得樣本的所有袋子，都可能潛藏著隕石物質。這也說明安德羅尼克斯當時建議我們擴大搜索範圍至其他地點，實為真知灼見。我再次醒悟，安德羅尼克斯真的是我們團隊中極為重要的一員。如果沒有他，我們可能永遠找不到這麼多充滿希望的樣本。

我認為賓迪的這許多發現，對每一位在探險過程中孜孜不倦、勤奮工作的人來說，都絕對會是令人欣慰的佳音，他們對抗著幾近凍結的黏土，在我們用壞了所有鏟子後，他們往往僅憑赤手空拳就在寒冷冰水中工作。

十天後，我又發出一份公告，敘述**奇蹟之人**締造的又一項奇蹟。同樣來自威爾坑的第一二三號顆粒，意義十分重大，因為它含有目前所見直接連接到隕石的最大一枚二十面體石顆粒。

這項發現的重要性絲毫不容置疑。展開探險前，霍利斯特和麥克菲爾森唸叨著我們沒能找到無可辯駁的證據，證明佛羅倫斯樣本中的準晶連接到隕石礦物。他們說，我們必須握有這項證據，才能幫助證明我們所聲稱準晶乃天然形成的案例。現在，有了第一二三號顆粒，我們總算能夠拿出一大塊萬分確切的證據。

在對頁圖中，二十面體石準晶位於右上角的物質裡。它連接著下方的矽酸鹽，兩者相互齧合。

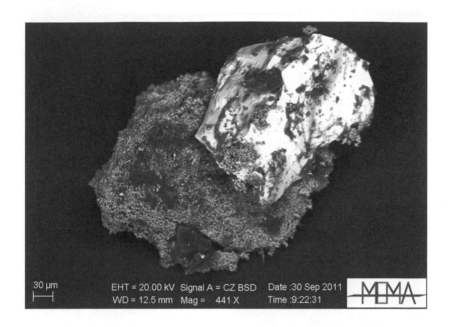

30 μm

EHT = 20.00 kV Signal A = CZ BSD Date :30 Sep 2011
WD = 12.5 mm Mag =   441 X Time :9:22:31

　　賓迪繼續分析袋中物質，接二連三地創造更多奇蹟。不久，他
又鑑定出另外三枚顆粒——出自威爾坑的第一二四號，以及從起源
點溝渠找到的第一二五號與第一二六號——它們似乎全都是隕石。
賓迪令人難以置信的一連串發現，如今已讓他坐實了**奇蹟之人**此一
頭銜！

二〇一二年二月，帕薩迪納：

　　賓迪發現的顆粒都已送到加州理工學院，請艾勒和關雲斌用
NanoSIMS儀器分析。

　　到目前為止，根據我們先前對佛羅倫斯樣本的測試，我們的主

要假設是，鋁銅合金形成於太空中，成為碳質球粒隕石的一部分，並隨之抵達地球。但我們仍不斷尋找與之相左的資訊。只要我們能夠找到一件附著在一般地球礦物上的二十面體石，那麼這單一的例外就足以迫使我們重新思考我們的整個理論。而我們對二十面體石的地外起源的一切理解都將受人質疑。因此，用NanoSIMS對勘察加的每一件樣本中所發現的矽酸鹽反覆進行氧同位素測試，著實至關緊要。

賓迪正快馬加鞭地進行分析工作，我也因而習慣了收到快速、準確的研究結果。然而，將注意力轉移到加州理工學院的質譜儀後，就像是被迫駛進了慢車道。這種設備極為搶手，排隊等著接受分析的重要研究堆積如山，因此總要在幾個月前預訂。此外，它還常常故障待修。所以我們又得先度過漫長的六個月，才能開始收到第一批報告。

結果終於開始陸續出爐，它們切實證明了這些矽酸鹽與佛羅倫斯樣本具有完全相同的氧同位素比值，換言之，同樣具備典型CV3碳質球粒隕石的相同特徵。

艾勒曾是當初警告我別展開探險行動的地質學家之一。他說，我們這趟堪察加探險，能夠找到更多隕石樣本的機會基本上為零。不過，最優秀的科學家永遠熱愛驚喜與發現意想不到的新事物的感覺。所以，儘管艾勒最初存疑，又或許正因如此，他非常興奮地寄來這些好消息，也大方承認了他的誤判。

二〇一二年三月，德州休士頓：

加州理工學院完成量測後一個月，麥克菲爾森在一年一度的月

球及行星科學會議（LPSC）上，與世界各地其他隕石專家分享我們的非凡成果。探險隊員們一致相信麥克菲爾森將是我們的最佳代言人。他在LPSC學界享有盛名，且廣受眾人尊敬。

麥克菲爾森帶著我們在探險前後所收集的一切非凡證據赴會。他跟命名委員會的人碰面，強而有力地證明我們已發現一次新的隕石撞擊。要讓隕石界中其他人士相信我們的發現無可爭議，首先得獲得委員會的官方認可。但是想得到這項認可，往往得經過一場苦戰。該委員會是出了名地極端保守與超級挑剔。

想必麥克菲爾森把整個委員會徹底搞定了，因為命名委員會立即接受了他的提案，承認這些顆粒來自隕石。他們還同意將該隕石正式命名為我們建議的名稱：哈泰爾卡，以紀念我們乘坐兩隻巨獸半漂半開、好不容易才渡過的那條河流。

五個月後，麥克菲爾森負責執筆撰述第一篇關於探險成果的科學論文，該論文於二〇一三年八月二日發表於威望卓著的《隕石學與行星科學》期刊（*Meteoritics & Planetary Science，MAPS*）。這篇論文統合了探險隊所有成員，以及霍利斯特、艾勒和關雲斌的寶貴貢獻。這場探險結束後，若干成員已分別轉往其他機構。目前我們整個團隊分散世界各地，從佛羅倫斯、波士頓、莫斯科、華盛頓特區、休斯頓、西拉法葉、帕薩迪納、約翰尼斯堡，到普林斯頓。

由於我們的樣本中發現了不尋常的鋁銅合金，我們預計會招致相當可觀的質疑聲浪。麥克菲爾森為確保我們刊登在《隕石學與行星科學》期刊的論文絕對無懈可擊，下足了功夫。論文中附帶大量影像，行文鞭辟入裡，並且窮源竟委地納入對發現樣本的原始黏土層的描述，以及對每件樣本中取得之礦物成分和同位素濃度所曾做過的詳細定量測試數據。

這篇標題為〈哈泰爾卡，俄羅斯東部科里亞克山脈中新發現的CV3隕石〉的論文，證實了一顆新隕石的存在，並為包括第一件已知天然準晶二十面體石在內的若干鋁銅金屬礦物，提供了自然起源的證據。

隕石學界毫無疑義地接受了我們所主張樣本中的矽酸鹽來自隕石的結論。對任何人來說，氧同位素測試就是再明確不過的鐵證。然而，不出所料，對某些人而言，就是難以接受哈泰爾卡隕石中發現的二十面體石與其他鋁銅礦物存在自然起源的說法。就跟其他學門的地質學家一樣，隕石專家始終被教導具有二十面體對稱的礦物不可能存在。對於我們所報導的怪異金屬鋁合金，他們的態度同樣如此。他們以前從未在隕石中見過這般物質。麥克菲爾森的月球及行星科學會議簡報，以及《隕石學與行星科學》期刊論文，標誌了關於準晶與金屬合金的議論還將持續多年的起點。

儘管我們在科學論文中彙集了大量證據，仍有一些隕石科學家出聲質疑我們的結論。我們從來沒有因為他們懷疑我們的說法，批評過他們當中任何人。畢竟，我和賓迪在二〇〇九年向霍利斯特與麥克菲爾森提出我們的最初發現時，他們剛開始也有過同樣反應。

只要給我們一點機會展示我們透徹的測試結果，大部分的疑慮都會逐漸釋去。至於那些看來從未花點時間了解所有證據細節的人，則會認為我們的結論不可能。他們情願堅持自己的觀點，認為準晶以及含有金屬鋁的合金，無論是在地球也好，在外太空也罷，完全不可能自然形成。

在我們的論文發表三年後，科學界中某些人士仍然為此爭論不休。於是，麥克菲爾森這位出色的辯論家決定主動出擊，參加更多的公開討論。他製作了一份大型演示海報，在二〇一五年的月球及

行星科學年會上發表演說，有一萬名科學家參與該次會議。麥克菲爾森在大會中站在海報旁，親自說明自他二〇一二年首場簡報以來，我們收集到的所有證據的重要細節。

為了讓證據更易於普及大眾，研究團隊準備了一份講義，隨著麥克菲爾森的海報講演一同發放，上面列舉出常見問題及回答。麥克菲爾森通常會在一場摩肩擦踵的典型盛會上挑戰任何質疑者，問他們是否拿得出合理的替代說法，足可駁斥我們為證明天然準晶與金屬合金存在而收集的所有證據。

唯一曾試圖回應麥克菲爾森挑戰的人，是一組俄羅斯地質學家，他們在聽說我們的成功之後，也自行嘗試前往堪察加進行探險。他們為了替這場遠征做準備，曾和我們的俄羅斯同伴克里亞契可見過面。即便如此，他們的里斯特芬尼妥伊支流之旅還是以徹底失敗告終。他們從未在任何淘洗過的物質中，發現任何一粒隕石、準晶，或鋁銅合金。

這支俄羅斯小組沒有檢討自己的方法，反而發表一篇論文回擊麥克菲爾森的挑戰，他們無視堆積如山的文獻，卻斷言我們的發現是個失誤。他們聲稱，我們樣本中的金屬合金一定是合成的，絕非天然。他們散布這樣的想法，指稱我們的樣本是黃金礦工意外產生的，說是礦工們淘洗黏土找尋黃金時引爆了炸藥。這支俄羅斯隊伍說，爆炸力道可能炸碎了近旁某些含有鋁合金的工具、管道，或其他不明的採礦設備。然後，爆炸的衝擊波可能將這些金屬物質碎屑高速噴灑嵌進附近的岩石中。他們認為，同時存在於岩石中的，還包括CV3碳質球粒隕石殘骸，而就和著名的阿顏德隕石一樣，該隕石最初並不含任何金屬合金。他們的結論是，爆炸導致了人造金屬與古代隕石意外融合，產生了我們的樣本。

這項推論想像力十足，但禁不起進一步檢驗。

首先，所謂黃金礦工所使用的工具，必須具備正確的化學成分，足以解釋我們樣本中發現的準晶或鋁銅合金。然而，這支俄羅斯隊伍無法提出任何一件這種金屬工具。事實上，我在調查鋁銅合金的應用情況時，曾發現以這種成分合成的金屬都非常脆弱易碎，根本不適用於任何實際用途。其實業界常見的鋁銅合金應用，不外是在鋁中添加極少比例的銅，或在銅中添加極少比例的鋁。但是哈泰爾卡隕石中發現的合金，上述金屬的比例卻高達50:50或60:40，而現今並不存在如此比例的工業應用品，道理很簡單：它們會一下就碎掉。

第二，倘若爆炸一說為真，我們理應能夠找到與普通地球礦物融合的金屬合金。里斯特芬尼妥伊支流地區的地球礦物數量，可比隕石物質多出了何止千百萬倍。實際上，甚至早在這群俄國人提出他們的爆炸說法之前，我們便已有系統地尋找這種悖例來檢驗自己的隕石論點。但我們從來沒找到過一件悖例，這支俄羅斯隊伍也沒有。一件都沒有。

第三，俄國人的爆炸推論無法解釋賓迪在佛羅倫斯樣本中所發現整個包裹在重矽石中的準晶顆粒。重矽石這種矽酸鹽物質，只能在超高壓力下產生。而炸藥爆炸衝擊波推動的金屬碎片，絕對不可能產生如此高的壓力。

由於重矽石不可能藉由爆炸生成，那麼，按照這支俄羅斯隊伍的邏輯，這枚重矽石勢必在爆炸之前就已是隕石的一部分。而這時，俄國人所謂的人工合成金屬鋁合金，透過爆炸鑽進了隕石中。但果真如此的話，依照俄國人的講法，合成合金貫穿了隕石，應該會在早已成為隕石一部分的重矽石上留下一個大洞，然而，這樣的

證據完全不存在。

第四，爆炸一說無法解釋為什麼我們有些顆粒是在深埋於地表下方原始黏土中被發現，這些黏土顯然安然無恙存在地下長達數千年。任何炸藥爆炸都不可能將附近工具的金屬碎片往下游推送數百公尺遠，還穿透黏土地床中這麼多層沉積物，尤其不可能沒在該地區留下其他許多明顯破壞痕跡。

最後，我們從這支俄羅斯小組的說法中挑出的這許多弱點及其他不足之處，明確顯示我們的自然起源立論是多麼地強而有力，這也反映出任何替代性合理解釋都極難自圓其說。

我們團隊更希望這些俄羅斯科學家能夠成功發現更多的隕石樣本，從而提供更多科學數據。但我始終認為，我們這場成功的探險恐怕很難在任何其他團隊中再現，因為他們沒法複製我們最重要的一項成功要素：我們探險隊的所有夥伴。

別人也可以像我們一樣做挖掘及淘洗作業，但他們絕對沒有像威爾那般勤奮細心的挖掘者，也不會有像克里亞契可那樣經驗豐富、技術嫻熟的淘洗者。他們絕對沒有比麥克菲爾森更夠格的隕石專家。他們永遠別指望能夠匹敵克里亞契可、尤多夫斯卡婭和德斯勒數十年來在堪察加和其他地區的天然礦石研究經驗。他們將不再需要自備測繪小組來研究該地區的地質歷史，因為在尤多夫斯卡婭和薩沙的協助下，安德羅尼克斯與艾迪已為他們完成了所有艱苦工作。而或許最重要的是，他們再也找不到像賓迪那般學識淵博、才華洋溢的人，來為探險全力加持，並義無反顧地奉獻。

我最為自豪的，是我們團隊一直保持極高的科學標準，自始至終不斷挑戰自己的結論，以免過度自信或粗心大意。在這一點上，霍利斯特一直是我們全體的表率。相較於其他任何個人或團隊，我

們向來都是對自身成果最嚴厲的批評者。我們反覆再三地相互質疑並挑戰，以確保絕不疏漏任何細節，或理論上的其他可能性。

在探險過後的這幾個年頭，我們嚴謹篤實地審視所有關於我們的樣本可能如何生成於地球自然力量、或工業、或採礦活動意外等各式各樣可能的說法，並將之一一排除。但我們仍然時時感受到某種揮之不去、如夢魘般的可能性：**我們可不可能是一場精心策劃的詭計中的受害者呢？**

NanoSIMS氧同位素測量證實樣本中的矽酸鹽來自CV3碳質球粒隕石，足可追溯至太陽系的誕生。但NanoSIMS不能用於檢測金屬合金，因為合金之中並不含氧。

可不可能有某個狡猾傢伙，把類似阿顏德的真實隕石物質與合成的鋁銅合金混合，讓它暴露在結合高壓及高溫的環境之中，然後製出我們取得的樣本？

在我們探討這種撲朔迷離的情境時，所面對的第一個問題，同樣便是讓俄國隊爆炸一說根本站不住腳的疑點。世上並不存在成分與我們在哈泰爾卡樣本中所發現鋁銅成分組合相同的金屬。這些合金真的太易碎了，不具備任何工業或商業用途。所以造假者只能自行合成如此特異的金屬組合，而且還要從純鋁和銅開始做起。他們必須趕在一九七九年克里亞契可從里斯特芬尼妥伊支流取得第一批樣本前，便進行這項作業。當然，那個特定時間點也有問題，因為在那之後還要再過好幾年，我和列文才設想出準晶的可能性，實驗室也才發現了它們。也就是說，這代表當時還不存在創造具有如此特殊化學成分金屬合金的動機。但假設不管怎樣，造假者就是這麼做了，並將它們與真正的隕石礦物混合，那麼，他還不得不大費周章，帶著他的惡作劇成果前往偏遠的科里亞克山脈間一條沒沒無聞

的小溪，並將它們深埋於厚厚的黏土層中，而且完全不確定最後是否會有人發現它們。

雖說這一切設想簡直太過荒唐，但我們還是做了一場腦力激盪，看看我們能否設計出一套程序來創造出我們觀察過的某種顆粒，而且偽造過程必須完全不啟人疑竇。儘管我們努力嘗試，但我們當中沒人能提出任何一種接近可行的方案。

不過，我們倒還真想出了一個我們自導自演的新鮮點子，聽來就像《星際爭霸戰》（*Star Trek*）的電影情節。

試想有顆普通的碳質球粒隕石撞上了一艘外星人駕駛的太空船，結果產生了哈泰爾卡隕石。你還可接著想像，哈泰爾卡隕石中前所未見的鋁銅金屬組合，可能便是那艘太空船的殘骸。這一直是我們用來幻想及開玩笑的有趣說法，尤其是它意味著我們的準晶可能正是其他行星上存在生命的終極證明。

這當然全都是玩笑話。然而，這好笑的外星太空船理論儘管聽來瘋狂，但說實話，要反證這項理論卻遠比任何我們所曾探討過、並成功加以檢測與反駁的更合理可能性，都要來得更難。

而假如外星人理論是個笑話，那麼我們的天然準晶如何以及何時形成的真正祕密又是什麼呢？

第二十二章

自然之謎

從堪察加回來後還不到一年，我們團隊所取得的新證據數量可
說鋪天蓋地。我們已排除了一切合理懷疑，證明早在人類實驗室製
出準晶以前，大自然便已生成準晶，此外，也證明了我們在堪察加
發現的樣本來自地外。它們是外太空來的訪客。

我們原可見好就收，並宣告勝利，然後繼續轉向其他研究。但
我和賓迪體內的基因都不容許我們就此罷手。我們那股好奇心就像
颶風掃過身體，比以往任何時候都更加強烈，驅使我們全心全意探
究：我們的隕石源自**何處**？**何時**形成？以及它究竟是**如何產生的**？
所有這些問題都沒辦法簡單回答。我們唯一能夠做的，就是窮究一
切。全方位展開研究。

無所不用其極。自從在一件遺世許久的博物館樣本中發現第一
件天然準晶以來，這句話一直被我奉為至理箴言。我們遠征歸來
後，這種全力以赴的行事方式，其恰當性更甚以往。

從我們取自堪察加的天然樣本中翻找一切蛛絲馬跡。設計能夠
複製外太空極端環境的實驗，以便用人造合金來驗證我們的理論。
找出新方法來尋找哈泰爾卡隕石的原始起源。收集並調查類似哈泰
爾卡的其他隕石，從中找尋天然準晶或其他公認「禁忌」的金屬鋁

合金。最後，想辦法如何才能同時進行所有這許多工作，因為沒人事先曉得這其中任何一項工作可能要花上多長時間，或者說，這許多想法中有哪一個最終會帶來豐碩成果。

因此，自二〇一二年起，我們展開超乎尋常多樣化的研究，期間進行過新穎的實驗，偶爾也做了些頗具風險的試驗。我們集結了新的科學家團隊，他們個個擁有一身高度專業的知識與本領，他們被招募來協助我們繼續探索。這段路走來十分艱辛，我們也經歷過痛苦失敗。然而最讓我讚賞的，是我們竟能在如此短暫的時間內，獲得非凡進展與驚人洞見。

鋁蠕蟲與礦物梯

我們先從第一二五號顆粒著手。在我們從里斯特芬尼妥伊支流尋獲的所有顆粒中，這項例證擁有介於含氧矽酸鹽和鋁鋅銅礦石間一段最長也最清晰的接面，而鋁鋅銅礦石這種晶狀鋁銅合金，也是我們樣本中含量最豐富的金屬。研究接面附近的紋理，對於試圖理解創造出這種不尋常礦物組合的強大力量來說，理當是頗具希望的研究方向。

我們團隊最早的一位成員霍利斯特，是領導這項調查的最佳人選。我和他的合作始於二〇〇九年一月，就在我們最初發現一件天然準晶之後幾天。他以擅於根據岩石結構及其成分來摸索出岩石的歷史而知名，這正是我們需要的一種分析。我們展開堪察加探險時，霍利斯特也在當月從普林斯頓正式退休，不過他堅決說他一點也不想退出這個專案。他喜歡站在開創性研究的最前線迎接挑戰。

我們第一位新團隊成員是林錢尼（譯注：Chaney Lin，音

譯），他在二〇一一年秋季進入普林斯頓大學，與我一起研究理論物理。當他接觸到天然準晶所散發的神祕與謎團，他就變得無法自拔了。就跟我們其他人一樣。

錢尼先從一個暑期專案開始出發，目標是在我們從堪察加帶回的幾十袋物質中找到新的隕石樣本。賓迪已對這數十萬枚顆粒進行過整整兩輪檢查，現在是該換一雙新眼睛來幫忙了。錢尼的長期目標是成為一名理論物理學家，所涉及的是更多的數學，而不是顯微鏡。因此，在他能夠檢查任何顆粒、釐清正確化學成分之前，他得先學會如何使用電子顯微鏡，這本身就是一門細緻的學問。

在普林斯頓影像中心主任姚楠的指導下，錢尼很快就進入狀況，成為校園裡最棒的電子顯微鏡技師之一。他既有耐心，又有技巧，能夠從我們的微小物質中擷取精確而有意義的資訊。在錢尼的暑期專案結束時，他和另一名研究生已對所有物質完成了第三輪檢查。他們又發現了兩件隕石樣本，這是個值得慶賀的偉大時刻。

錢尼決定在接下來進行他理論物理學業的同時，繼續留在我們的調查專案中工作。他在美國東岸紐約大學度過四年大學生涯。但因為錢尼從小在洛杉磯長大，已習慣表現出你常會在加州人身上發現的那種悠閒舉止。他擁有許多正面特質，能夠敞開心胸接受批評而不會情緒化。他總是先面帶善解人意的微笑聽完我的評語，然後才做出深思熟慮且富有創意的回應。我認定他會成為霍利斯特的理想徒弟，霍利斯特在校園中是位口碑極佳、但要求嚴格的導師。

我把錢尼（見對頁圖左）介紹給霍利斯特，你瞧，他們兩人一拍即合！他們從第一二五號顆粒上矽酸鹽和鋁鋅銅礦石間的接面處開始，徹底分析每一丁點成分。

錢尼很快就取得了他的第一個重大科學突破。他使用電子微探

儀研究第一二五號顆粒，判定鋁鋅銅礦石金屬上的蠕蟲紋路幾乎全由純鋁構成，這絕對是在任何礦物中從未見過的東西。發現這種不可能的物質，連同不可能的金屬鋁合金，大大加深了哈泰爾卡隕石的神祕色彩。錢尼以一貫的低調方式向我和霍利斯特展示這項純鋁證據。從他眉開眼笑的神色中不難看出，他對自己這項發現感到相當自豪。

霍利斯特對錢尼發現的這幅影像（見下頁圖），提出他老練的行家觀點。他指出，白色鋁鋅銅礦石（一等分銅和兩等分純鋁的混合物）區塊間規則出現深色蠕蟲狀鋁線條紋理，是金屬顆粒在某種情況下完全熔化後又迅速冷卻的確鑿跡象。

霍利斯特說，如果當初熔液是一等分銅加上略多於兩等分純鋁的混合物，那麼便會在冷卻緊接著凝固之後，自然分離出粗厚的鋁鋅銅礦石條塊，多餘的鋁則形成細長的蠕蟲線條，而這正是我們在第一二五號顆粒中所見到的現象。

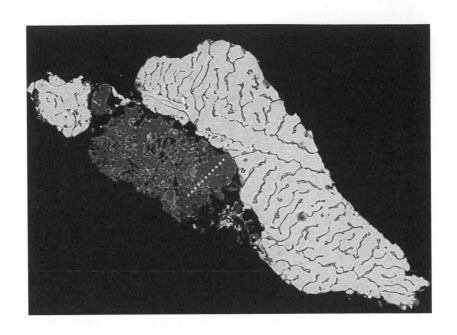

　　用電子顯微鏡研究金屬－矽酸鹽接面另一側較暗本體處的矽酸鹽物質，就麻煩多了。錢尼和霍利斯特第一次用掃描式電子顯微鏡觀察，並用電子微探儀檢驗其化學性質時，發現了一種不尋常的成分與結構，難以輕易識別。在霍利斯特指導下，錢尼連續工作了數週，嘗試以各式各樣的創新技巧想解開這道謎題，但都不管用。

　　到頭來他們兩人判定，問題出在那僅有數顆原子間距的微小空間內的物質成分極為龐雜。微探儀所能瞄準並回報物質平均成分的最微小範圍，都還遠比這小小空間大得多，因而造成細微尺度間差異模糊化的效應。我們勢必得找另一種實驗方法，以便釐清在極窄間距內出現的成分變化。

　　我們首先咨詢了賓迪與姚楠，然後計劃採用一種稱為「聚焦離子束」（focused ion beam，FIB）的特殊設備。這是種如同外科手術

般的危險操作，我們到目前為止還沒用這種設備切割過任何其他顆粒。聚焦離子束會從樣本上令人費解的區域切割出一片超薄剖面，然後用穿透式電子顯微鏡研究該切片。穿透式電子顯微鏡與顯微鏡不同，它的功能更強大，足以測量極窄間距範圍中的成分差異。

為了執行聚焦離子束操作並進行所需測量，得花上整整六個月的時間。我們要仰仗姚楠的看家本領來製備樣本。首先，他和錢尼、霍利斯特及我一起仔細研討現狀。接下來，他煞費苦心地在微小樣本上某預定位置放上一條極窄的白金片。你可在前一幅插圖中的白色虛線得知該位置所在。姚楠使用的這條白金片總寬度，還不及人類髮絲粗細的百分之一。

樣本隨後被送往南卡羅來納州日立高科技公司（Hitachi High Technologies），交給聚焦離子束專家賈米爾・克拉克（Jamil Clarke）。他會瞄準樣本發射一道強烈離子束，這道離子束會轟掉姚楠所置放微小白金片的周遭樣本物質。白金的厚度足以抵擋離子束，因此可確保位於白金片正下方的物質薄片完好無缺。

離子束在白金片四周製造出凹陷。在那凹陷處，有一面細如蛛絲的隕石物質薄片，宛如這微小彈坑中僅存的一片纖弱蝶翼。接著，克拉克小心翼翼地將此一緻密切片從樣本其餘部分剝離，然後連同所有剩下物質送還給我們。

我們拆封時，簡直難以察覺那近乎透明的切片。我心想，萬一這時有人打個噴嚏，恐怕樣本就不見了。當我們終於能用穿透式電子顯微鏡檢查它時，立即醒悟為什麼微探儀完全無法清楚辨識出它的成分與結構。它並非單一礦物組成的均勻層次，相反地，它看起來就像一團錯綜複雜的超微觀大雜燴。**這個**真相打開了通往另一系列重要發現的大門。

這件切片最初是由碳質球粒隕石中球粒外部常見的細基質通常包含的矽酸鹽物質組成。但是有個顯著區別。此一案例的影像顯示，矽酸鹽物質曾經熔化，然後又迅速冷卻。感覺上，故事全貌已然逐漸浮現，因為這與我們在顆粒另一端所發現的蠕蟲狀鋁線條一致，那裡的情形也同樣顯示顆粒曾經熔化，然後又迅速冷卻。

由於矽酸鹽的冷卻發生得如此之快，穿透式電子顯微鏡所揭露的超微觀大雜燴，恰是在那倏忽頃刻間捕捉到的粗暴古老過程之翦影。熔液在未曾融化的殘餘物間形成川流，緊接著紛紛快速固化成宛若階梯的紋理（如下圖所示）。

階梯上的白色梯板由非晶質二氧化矽組成，是一種玻璃狀物質。而更可觀的，則是階梯上的深色梯板乃由一種叫作「阿倫氏石」（ahrensite）的罕見礦物組成。就跟我們另一件樣本中發現的重

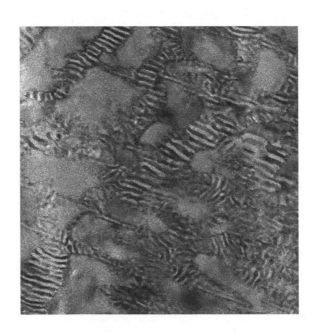

矽石一樣，阿倫氏石只有在超高壓力下才能形成。錢尼和霍利斯特斷定當時壓力必須至少是地球上正常大氣壓力的五萬倍，而溫度則起碼要高達攝氏一千一百度，才能熔化鋁和銅。

除了聚焦離子束薄片，當我們繼續研究第一二五號顆粒中的其餘矽酸鹽時，我們發現其組成礦物排列的形狀，讓人聯想起我和麥克菲爾森在探險返家後不久一起審視過的顆粒中的鬆散細基質。但這一次的不同之處在於，細基質礦物顆粒在遭到粉碎後形成密集團塊，這正是人們所預期當這顆隕石在太空中高速撞擊另一顆小行星後所能想到的結果。撞擊產生的衝擊波，會擠壓鬆散的細基質物質，將之壓縮成我們在顯微鏡下看到的形狀。同時在某些溫度及壓力特別高的部位，細基質會熔化。隨著我們發現了由阿倫氏石和二氧化矽組成的階梯，並觀察到粉碎後的細基質物質，我們現在已掌握明確的定量證據，證明哈泰爾卡隕石曾經歷過一次現今為止在CV3碳質球粒隕石中所檢測到的最猛烈撞擊。

至今，我們所了解到的一切都更進一步證實哈泰爾卡隕石確實非比尋常。比起之前，我和賓迪也愈來愈有幹勁，我們已準備好繼續挑戰下一批待解難題。

四十五億年前，當哈泰爾卡隕石在剛誕生的太陽星雲中開始形成時，這些天然準晶是否就已經是它的一部分？還是說，它們是後來經由碰撞而產生的？

霍利斯特倡議第二種論點，即天然準晶是在一次強烈撞擊後形成。他認為鋁和銅更有可能事先便與較典型的球狀隕石礦物發生化學鍵結。他推論，由於撞擊引起的高壓和高溫讓某些礦物熔化，釋放它們的原子，因而形成了準晶與兩種「不可能」的結晶狀鋁銅合金，也就是在樣本中發現的鋁鋅銅礦石和銅鋁石。

另一方面，麥克菲爾森主張的論點，則是準晶與鋁銅合金早在一開始就已存在。他相信純鋁和銅更可能是在太陽系早期直接從太陽星雲氣體中凝聚而成，此後一直都是哈泰爾卡隕石的一部分。

我們要如何區分這兩種理論，目前還不是很清楚。我和賓迪必須另外構思一種不同的實驗。**但該怎麼做呢？**我們心裡琢磨著。

失落太空

我那套無所不用其極的哲學，偶爾會惹出麻煩。

錢尼和霍利斯特繼續在第一二五號顆粒中尋找更多線索，我和賓迪同時也在尋找一種研究樣本的新方法。我們急於找到不會破壞樣本的新測試法。探險帶回來的樣本是非常有限的資源，所以我們希望盡可能省著點用，好讓這些物質能用於更多輪測試。

電子顯微鏡分析所需的樣本製備過程開始讓我們心痛。我們首先必須將樣本嵌入一只填滿熱環氧樹脂的特製固定盒中；一直等到冷卻；然後切開包覆樹脂的材料，露出一面可供研究的平滑剖面。

固化的環氧樹脂有助於在切片過程中維持樣本的完整性，但也帶來一個我們樣本材料特有的問題。環氧樹脂的熱力往往會裂解金屬與矽酸鹽間的連接面。而我們的樣本又特別脆弱，因為鋁銅合金與矽酸鹽之間的熱膨脹速率不同。我們打算研究這些物質間的連接情形，因此需要盡可能讓它們維持原樣。

X光斷層造影是令人期待的替代方案，基本上它就是對礦物進行的電腦斷層掃描。這項測試可辨識出樣本中的礦物，並產生非常有用的三維造影成像。這在人類醫學診斷上已經是成熟技術，但對礦物研究來說仍是十分新穎的科技。儘管它的影像無法提供我們在

聚焦離子束實驗中達到的高解析度,也不像我們所使用的電子微探儀那般精確。然而,它擁有一個重大優勢:不需用到具有破壞性的熱環氧樹脂,也不用進行切片。

我和賓迪都讀過有關這項新興科技的資訊,我們決定先安排一次試用性實驗。賓迪想辦法找到一台低解析度的機器來試用。於是,他測試了一件尚未包覆過環氧樹脂樣本的一小部分。結果看來值得期待,所以我協調好準備在德州大學高解析度X光電腦斷層造影中心進行更多精確掃描,那裡有幾台全世界最好的機器。我需要做的,是提供實驗室一些未被環氧樹脂汙染的乾淨樣本。

這時,還沒經過環氧樹脂處理的顆粒,僅剩下賓迪在佛羅倫斯研究的其中兩件樣本。於是那便成了準備送到德州的顆粒。賓迪按照他過去五年來每次寄樣本給我的同樣方式,小心翼翼包裝好這兩件樣本,分別是第一二四號顆粒和第一二六號顆粒。如同往常一般,他親自帶著內部塞有防護填料的盒子到佛羅倫斯的航空速遞(Air Express)辦公室,將盒子寄到普林斯頓給我。

然後,就再沒有任何下聞了。那是我們最後一次見到東西。我們這些無價的微小顆粒,就這樣在航空速遞手裡消失得無影無蹤。

我真的被徹底打敗了。真的是,只能說我驚惶無主到了極點。我們的探險隊戰勝了大自然之不測,跋山涉水數千英里到俄羅斯最東邊的盡頭,穿過苔原,橫越波濤洶湧的哈泰爾卡河,逃過堪察加的龐大棕熊,與凶猛的蚊群惡鬥,赤裸雙手在冰冷的水中挖出好幾噸幾近結凍的黏土,從暴風雨中搏命掙扎返回文明,將我們篩選出來的物質帶出俄羅斯,嘔心瀝血從數百萬枚顆粒中揀選出來的兩件最寶貴樣本,最後竟然被幾個無能的藏鏡人給搞丟了。

在接下來的幾個月裡,賓迪忙著找航空速遞公司算帳時,我幾

近瘋狂地不斷查看我的郵箱。

包裹到底有沒有運出義大利？它是滯留在海關、行李招領處，還是卡在貨運卡車後面？那電腦追蹤系統又是怎麼回事呢？

賓迪愈來愈焦急，他試圖尋求航運公司協助，他告訴對方這些顆粒是多麼超乎尋常地稀有，我們是如何極其艱難地尋獲它們，而它們在科學研究上，以及我們對物質基本性質的理解上，是多麼地重要。

時間慢慢流逝，賓迪愈來愈痛心。然而，義大利航空速遞公司卻對這次事件不理不睬。他們從未花時間研究我們的包裹究竟出了什麼事。更惡劣的是，航空速遞的工作人員似乎根本漠不關心。

一年前，麥克菲爾森用快遞寄給我幾件史密森尼博物館的稀有樣本時，我曾質疑使用快遞是否明智。但他只笑了笑，告訴我地質學界中每個人都使用某家快遞寄東西，就連運送最珍貴的礦物時也一樣。我從加州理工學院的艾勒那兒也得到同樣回答。每個人都說我太疑神疑鬼了。

但這次航空速遞捅出了大簍子。突然間，再也沒人笑得出來。

從那以後，我拒絕委託任何貨運服務寄送我們的哈泰爾卡樣本。我絕不再用快遞寄送任何物品，即使是寄到義大利給賓迪的國際包裹也不例外。我堅持所有東西都必須由專人親自送達，如果我沒空，那就會找剛好往返於義大利、加州、華盛頓特區或普林斯頓的學生或同事幫忙遞送。

很不幸，這些遺失的樣本也是我們**最後僅存**的幾件尚未用環氧樹脂處理過的樣本，所以我們再也沒法進行X光斷層造影測試，這種三維成像實驗曾有機會為我們的研究開拓一片全新視野。無論從今往後，這都是一大憾事。不過我們仍打算使用這項技術對更多的

隕石進行篩選，以求找到更多的金屬鋁合金和準晶。

壓力之下的準晶

我們不得不面對現實，接受有兩件——**兩件！**——我們最寶貴的樣本遺失的事實。我們盡可能試著振作起來繼續前進，重新聚焦專注尋找新的方法，來判斷哈泰爾卡隕石及其天然準晶如何形成。

來自第一二五號顆粒的證據，以及早先的研究表明，哈泰爾卡隕石在太空中曾經歷過高速碰撞，而且那次撞擊產生了超高壓。這指出了一個重要問題：深藏於隕石中的準晶，特別還是一件二十面體石，遭遇到超過地球表面大氣壓力五萬倍的極端壓力後仍能倖存？我們究竟能否做此假設？

如果答案是否定的話，我們便知道麥克菲爾森的論點有誤，二十面體石絕不可能在太陽系誕生之初便已是哈泰爾卡隕石的一部分，因為它無法在後來哈泰爾卡隕石橫越太空時遭遇的高速撞擊中倖存下來。相反地，我們會曉得，它必定生成於哈泰爾卡隕石所經歷的最後一次大撞擊之後某段時間內，那時壓力已大幅下降，而這也是霍利斯特的論點。

該問題觸及我們的研究核心。準晶的穩定性和使其原子聚合在一起的原子間力，對凝態物理學家及材料科學家來說，是重要的基本問題。穩定性測試已經在較低的壓力或溫度下進行過，但從來沒人從事過哈泰爾卡隕石所涉及的高壓及高溫組合的測試。然而，我在幾十年前曾與列文、索科拉爾用硬紙板和塑膠片構建模型，展現出準晶的原子間力在原則上能夠存在，從而確保它們處在極端環境時的穩定性。

這一次，我們不必再拿任何真正樣本來冒險了。這項試驗可以用人造二十面體準晶來進行。如今人工合成準晶已變得如此普遍，在在讓我想起，我已對這種物質著迷了好長一段時間。實在驚人，現在到處都找得到準晶，我可以用很便宜的價錢向化學公司買到人造版本。

但是要張羅一場高壓、高溫穩定性試驗本身，反倒更加不易。極少實驗室能夠以可靠的精確度來進行如此精密的測試。賓迪找到了華盛頓特區卡內基科學研究中心（Carnegie Institution For Science）的文森佐·斯塔諾（Vincenzo Stagno）和他的同事毛浩光（譯注：Ho-Kwang mao，音譯）及費英偉（譯注：Yingwei Fei，音譯）。

設置這項實驗要用到三個組件：一個直徑不到一英寸的微小碳化鎢「鑽石砧」（anvil cell），用於承受壓力；一個圓周近三英里的粒子加速器，可以將電子加速到高達光速的99.9999998%，然後將其彎曲進入圓形軌道，使其迸發出高強度X光束；先進的磁鐵和偵測器，用以精確地將X光束瞄準鑽石砧內的物質，並量測生成的X光繞射圖。

像這樣的加速器和偵測器，全球只有五個地方有。卡內基研究中心在芝加哥郊外的阿岡國家實驗室（Argonne National Laboratory）有一條專用的高強度X光束設備，我們在那兒進行了嘗試性實驗。正式測試則在位於日本東京西南方約二百五十英里的兵庫縣一家名為Spring-8（Super Photon ring-8 Gev，超大型放射光設施）的類似設施進行。

我們計劃用石墨加熱裝置將二十面體合成樣本圍起來，樣本是與我們哈泰爾卡隕石中發現的同型準晶，接著，將整個裝置放進碳

化鎢鑽石砧中，壓力可將盒子四壁擠壓在一塊兒，粉碎裡頭的任何物質。隨著壓力和溫度逐漸升高，電子束迸出的X光束會瞄準準晶，以便連續追蹤繞射圖的任何變化。這項精密測量耗時一年半規劃與執行，但是我們並未枉費投入的人力物力。

試驗結果斬釘截鐵且無可爭辯。二十面體石沒有轉變，即便是在比照哈泰爾卡陨石高速撞擊時經歷的極端壓力及溫度條件下，也沒出現變化。

這意味著，如同麥克菲爾森所推測，原則上，二十面體石可能在超過四十五億年前哈泰爾卡陨石誕生時便已是其一部分，隨後，它經受住陨石在太空中的所有撞擊倖存下來。即便如此，這些發現並不足以證明麥克菲爾森的理論正確。霍利斯特的另一種解釋仍然可能。我們可以想像，晶狀金屬合金與二十面體石有可能是太空中一次強烈撞擊的直接產物。二十面體石仍然可能是撞擊直接造成的結果。

惰性氣體

我們已知哈泰爾卡陨石某些部分足可追溯至四十五億年前，在那之後的某個時間點，哈泰爾卡陨石在太空中和另一顆陨石發生了猛烈碰撞。但時間為何？

為了替這問題找到答案，我們得仰賴另一組訓練有素的專家來進行另一項極為困難的實驗。賓迪帶著哈泰爾卡陨石的一些矽酸鹽小碎碴來到蘇黎世聯邦理工學院（Swiss Federal Institute of Technology），找漢納·布瑟曼（Henner Busemann）、馬蒂亞斯·梅耶（Matthias Meier）和雷內爾·威勒（Rainer Wieler），如下頁

圖中由左到右。威勒精心打造了這間實驗室，專門測量隕石中的稀有氦和氖同位素。大部分實驗是由他的門生梅耶與布瑟曼負責執行。梅耶對我們這個專案特別有興趣，自願主持這項測試。

氦與氖被稱為惰性氣體，它們是週期表最右邊一行六種元素中的兩種，無味，無色，化學反應性極低。

當隕石體穿梭於太空中，會遭到宇宙射線轟擊，那是一種行進速度趨近光速的高能次原子粒子。宇宙射線擊中岩石中的原子核，產生氦與氖同位素，其中子數與地球上常見的氦與氖原子核不同。藉由測量非典型核的百分比，他們可以推算一顆隕石體在太空宇宙射線中暴露了多長時間。

如果哈泰爾卡隕石在太空中遭遇劇烈撞擊，撞擊導致的高壓及

高溫會讓它喪失所有蓄積的氦與氖。如果它隨後繼續它的太空旅程，又會開始受到宇宙射線轟擊，創造出一群新的非典型氦與氖同位素。只要哈泰爾卡還在太空中，這整個過程就會一直持續。等到哈泰爾卡隕石抵達它的最終目的地，並成為流星墜落在地球上，地球大氣層會保護它免於遭受更多的宇宙射線轟擊。

梅耶首先會破壞樣本以提取同位素。這個實驗極為困難之處，在於他接下來必須捕捉並隔離每一個隨後出現的氦及氖原子。接著，他要測量它們的同位素濃度。

當我參觀這間瑞士實驗室時，我突然感覺，這些有著錯綜複雜、縱橫交錯管線的精密設施，看來絕對像水管工人最害怕的噩夢。樣本汽化後，產生的氣體會被設備捕獲，然後要穿過一連串特別設計的九轉十八彎，如此方可確保只有氦與氖才能成功走出迷宮存留下來。最後，微小的倖存者抵達管道末端，接受偵測器計數並分門別類。

我們花了幾年工夫來設置、執行和分析這個高度精細過程的結果。這是一場經過計算的風險，為了提取同位素，樣本一定會被銷毀。還好，這場豪賭贏得了巨大回報。蘇黎世測試揭曉了關乎哈泰爾卡隕石之歷史的微妙資訊，這些我們原本無從取得的資訊，幫助我們為隕石的太空旅程構建出時間表。

加州理工學院的NanoSIMS測試已經確定，哈泰爾卡隕石中某些礦物可以追溯至大約四十五億年前太陽系誕生之初。

接著，根據蘇黎世的同位素測試結果，在介於幾億到十億年前的某個時刻，哈泰爾卡隕石當時所屬的一顆大型小行星母體經歷了一次強烈碰撞。撞擊力道猛烈到足以迸發自太初以來宇宙射線所造成的所有氦與氖同位素。或許在這之前還發生過其他強大碰撞，然

而，基於從微小樣本中取得的同位素測量值，這是最近的一次。

終於，我們有辦法估算出碰撞時間，這次碰撞很可能產生了我們從樣本觀察到的重矽石，以及呈階梯狀的阿倫氏石與二氧化矽。

結果還表明，哈泰爾卡隕石碎片是一塊一公尺見方碎塊的一部分，這碎塊在二百萬到四百萬年前從其母體小行星上分離出來。當時發生了某種事故，有可能是和另一顆環繞太陽運行的小行星輕微擦撞，導致它脫離母體，從而展開了緩慢而曲折的地球之旅。根據安德羅尼克斯早前評估，再加上碳定年法，我們得知這塊岩石大約在七千年前進入地球大氣層。

這些神來之筆的資訊讓人大感震驚。研究結果證明，隕石撞擊地球不可能是形成重矽石和阿倫氏石的原因。基本上那次撞擊的力道不夠強大。否則，我們樣本中應該完全檢測不到任何稀有的氙或氖同位素。

這些來自公正第三方的研究結果，證實了我們一直以來的主張。若是當時撞擊地球的力道不夠強，便無法去除氙和氖同位素，也不足以產生我們樣本中發現的重矽石和阿倫氏石，那麼，如此力道也就不足以創造我們在第一二五號顆粒中觀察到的鋁合金。唯一合乎邏輯的可能性是，早在哈泰爾卡隕石進入地球大氣層**之前**，金屬合金就已經是哈泰爾卡隕石的一部分。它們是在外太空生成，並在哈泰爾卡隕石剛開始穿行太陽系期間的某個時點熔化。

這是我那**無所不用其極**哲學真實獲得回報的案例之一。當我和賓迪第一次考慮嘗試這些艱難的惰性氣體同位素實驗時，我們曾擔心必須犧牲一些稀有樣本進行一項充滿風險的測試，最後可能一無所獲。但是，我們堅定信仰我們的哲學，儘管勝算極低，我們仍奮勇向前，結果我們得到了自己想都不敢想、大量關於哈泰爾卡隕石

歷史的資訊。

命名遊戲

　　我已對我們所知關於哈泰爾卡隕石的所有資訊深感振奮，沒想到，我們的**奇蹟之人**賓迪又帶來了一連串新的驚喜。

　　此時，我們已放棄跟航空速遞公司繼續糾纏下去，並接受了第一二四號及第一二六號顆粒已經永遠消失的事實。不過賓迪有個小祕密一直沒跟我說。在他包裝樣本準備交付快遞時，有些小碎片從第一二六號顆粒上剝落，每一片大約有手指甲的厚度。顆粒主體已消失在航空速遞手中。但賓迪保存著這些小碎片，放在他實驗室的一只試管中。

　　賓迪總算有空看看剩下的碎片時，發現了一些不尋常之物。大部分其他顆粒都含有鋁和銅的金屬礦物，然而，第一二六號顆粒更含有鋁和鎳的金屬礦物。賓迪很快發現了一種晶體礦物，其中含有鋁、鎳、鐵之比例大致相等的混合物，這在自然界中前所未見。

　　賓迪精心準備了一份提案送交國際礦物學協會，作法就跟我們發現所有其他新礦物時一樣。然而，這一次，他卻刻意對我隱瞞。賓迪已私下決定用我的名字，將這種新礦物命名為「史坦哈特石」（steinhardtite）向我致敬。事前他與探險隊其他成員商量，然後他們祕密認可並同意聯名提出這項申請。就連我兒子威爾也參與了這項密謀，讓我完全處於狀況外。賓迪向國際礦物學協會提交書面申請後沒多久，史坦哈特石便正式得到官方認可。

　　賓迪告訴我這消息時，我著實深受感動。這樣的事情絕無僅有，是一項真正的榮譽，特別是對一名理論物理學家來說。而且整

件事是我的隊友們精心策劃，對我來說意義尤其重大。真要感謝他們，我就此成為永垂不朽的礦物。

現存的天然史坦哈特石的數量微不足道。下圖中依附在一根線上的微小顆粒便是它的種型樣本，目前永久收藏在佛羅倫斯賓迪的自然歷史博物館中。在我普林斯頓大學辦公桌上有個珍貴的藏寶盒，裡頭放著另一件與之相似的樣本。

第二種準晶？

後來呢，**奇蹟之人**又再次大顯神通。賓迪打算從第一二六號顆粒留下的小碎片中找出更多史坦哈特石，這時他發現了甚至更美妙

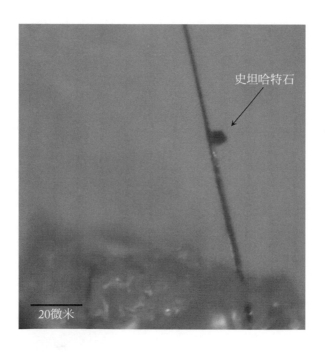

史坦哈特石

20微米

的東西——第二種天然準晶。如果到現在為止還有人不知道這個故事，他們無疑會說，在同一件樣本中找到兩種不同的天然準晶根本就不可能。但是截至當下，我們都已習慣了這樣一個事實，那便是我們所取得的一切成就簡直全部都不可能。

這第二件準晶，無論在化學還是幾何上，都與第一件天然準晶——二十面體石不同。在化學上，新發現的準晶是金屬鋁、鎳和鐵的混合物，類似史坦哈特石，但其三種元素所占百分比不同。

然而，這件新準晶最最驚人之處在於它的對稱性。就像世上存在具有不同對稱性的各種晶體一樣，我們也認知，至少在學理上，可能存在具有不同對稱性的天然準晶。但我們誰也沒想到竟然會在同一顆隕石中見到另一種具有不同對稱性的天然準晶。哈泰爾卡隕石實在是神奇得不得了。

幾年前發現的第一件天然準晶，二十面體石，可以沿著六個不同方向觀察到著名的禁忌五重對稱。現在，這第二種天然準晶只能沿著一個方向看出禁忌的對稱性。而這次是禁忌的十重對稱。

如同下頁上半部圖片所示，整個結構中滿是原子排成十邊形所組成的小環。圖示左下部分的繞射圖案確認了沿著一個方向的十重對稱。沿其他方向看到的則具週期性，有如一般晶體，圖示右下部分呈現規則間隔排列的繞射點證明了這一點。

發現一種截然不同的準晶，大大超出我和賓迪意料之外的之外。我們兩人在Skype上為我們的好運道大舉歡慶。

賓迪再次向國際礦物學協會提交一份關於新礦物的申請。委員會迅速表決通過，並採用我們建議的名稱：**十面體石**（decagonite）。

雖然十面體石是一種新礦物，但對準晶專家來說卻是一種熟悉

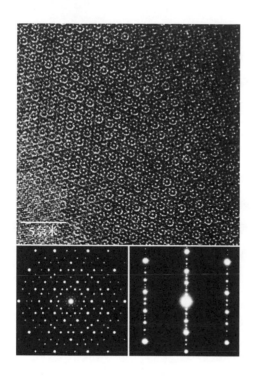

5奈米

物質。一九八九年，蔡安邦及其合作團隊繼兩年前創造世上第一件人工合成準晶實例後，又合成出一種和十面體石具有相同成分與對稱性的準晶。

　　從來沒人料想到會在大自然中發現十面體石準晶。這可是賓迪的驚人成就，這一切是從早已失落的第一二六號顆粒殘留的一小片碎碴中找到的。想想看，假如航空速遞公司沒有那麼粗心大意搞丟樣本其餘部分的話，我這位不同凡響的同事還可能發現些什麼。

神奇的第一二六A號顆粒

　　真的令人拍案叫絕！賓迪又設法從第一二六號顆粒的殘留物中變出了第三個發現。我們斷定這只小碎片非常重要，於是給它單獨取了名字。我們稱它為第一二六A號顆粒，它從裡到外滿滿都是關於哈泰爾卡隕石的新證據。

　　自展開調查以來，我們一直在尋找金屬鋁與矽酸鹽直接連接、並相互發生化學反應的樣本，而矽酸鹽通常都存在於碳質球

粒隕石中。到目前為止，我們所能找到的最佳例子，就是錢尼和霍利斯特所曾研究的第一二五號顆粒。不幸的是，該樣本的礦物連接在做環氧樹脂處理時遭到破壞。

不過，我們又從第一二六A號顆粒上得到意外驚喜，如下圖所示。

乍看之下，這似乎就像麥克菲爾森用來形容我們從賓迪電腦硬碟殘骸救出來的凌亂影像時說過的那句風涼話，換言之，又是一頓狗早餐。

同樣地，這次的影像看來也好像毫無章法。然而在顯微鏡的檢視下，它卻存在十足驚人的資訊細節。這一小塊狗早餐的調查工作，足足讓我們團隊——錢尼、霍利斯特、賓迪和我——花上兩

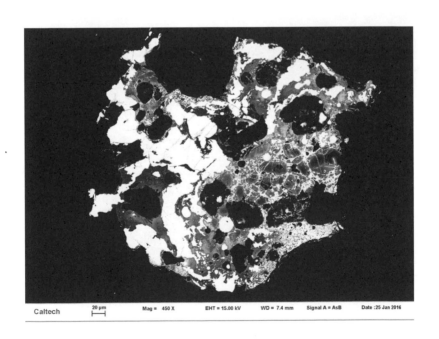

Caltech   20 μm   Mag = 450 X   EHT = 15.00 kV   WD = 7.4 mm   Signal A = AsB   Date :25 Jan 2016

年多的時間。在某些關鍵時點，我們也向探險隊同事安德羅尼克斯、麥克菲爾森尋求指導。我們最終又從加州理工學院招募了更多術業有專攻的專家加入研究團隊。

從這件樣本中，你可馬上辨識出多種金屬礦物的實例，即那些白色及淺灰色物質。深灰色物質則代表矽酸鹽與氧化物礦物。更重要的，是我們可從這幅影像中看出兩種物質間曾發生化學反應。

我們可從下面的放大圖中清楚看出這一點，我稱圖中影像為「火雞」。鳥頭和鳥喙位於圖中左上區塊，胖嘟嘟的火雞身體則在正中央。

火雞造型顯示出金屬和矽酸鹽因某次撞擊而熔化並相互反應的一塊區域，而那次撞擊興許就是蘇黎世同位素測試所鑑定出發生於數億年前的那次巨烈碰撞。沿著金屬和矽酸鹽交界處整個薄薄一

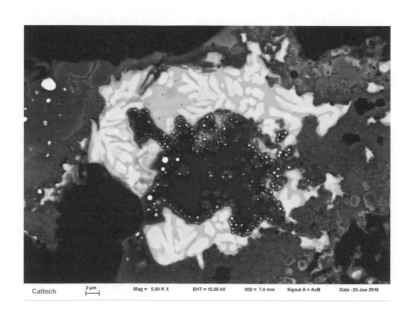

層，全都是近乎純鐵的神祕小圓珠。另外還有非金屬尖晶石晶體的一種微妙排列，那是含有鋁及鎂的氧化物。

這是我們在所有哈泰爾卡隕石樣本中，第一次看到如此礦物結構的例子。尖晶石和鐵珠，是當周遭金屬中的鋁與矽酸鹽中的氧、鎂和鐵接觸時，發生快速產熱化學反應的產物。鋁原子與鎂以及矽酸鹽中的氧結合，生成了尖晶石；從矽酸鹽中釋出的鐵凝聚後，形成了小圓珠。

但到底是什麼導致了那次化學反應？而我們又要如何才能確定？

加農炮與火雞

我想我們需要試著從實驗中找答案。月球樣本中也曾被觀察到存在鐵珠，那些樣本曾在月球表面經歷隕石撞擊。因此我心想，不曉得外太空的撞擊有沒可能是哈泰爾卡隕石中鐵珠的成因，儘管它們與月球表面物質的化學成分完全不同。

為了找個方法驗證我的想法，我在接下來的幾個月裡詢問了各種專家，他們寫過關於月球樣本中所發現鐵珠的論文。而他們又把我介紹給其他專家，然後這一群專家又再把我介紹給另一群專家——於是回到了我們習以為常的那種折損精力、曠日費時的搜查方式，而這也就是這整場探索的特點。

我和加州理工學院一位工程學教授交談時，談話中冒出了一個熟悉的名字。他跟我說他有位同事名叫保羅・艾西莫（Paul Asimow），是一位地球物理學家，曾經研究過高速撞擊時鐵珠的形成。**終於找到啦。**

我最小的兒子威爾曾就讀加州理工學院地球物理系。他在大學時就曾向我介紹過他非常敬佩的教授，保羅．艾西莫。艾西莫體格瘦削結實，精力旺盛。同時他才華橫溢，富有創意和強烈的好奇心。每當他想出一個實驗點子，行動起來快如閃電。

艾西莫（如下圖）能夠使用加州理工學院研究實驗室珍藏的一件叫作「推進劑炮」（propellant gun）的罕見設備，基本上它就相當於一門特製的加農炮。炮身長約五公尺，操作起來跟傳統加農炮一樣。這門二十毫米口徑加農炮的近端為後腔，裝有火藥及一枚厚達兩毫米的彈丸，那是由一種名為「鉭」（tantalum）的堅硬稀有

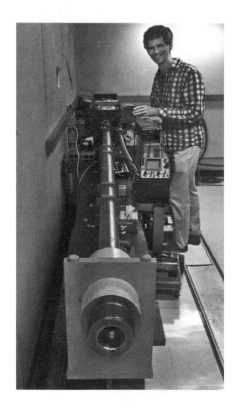

金屬製成。大炮另一頭有個特別設計的靶子，那是個寬度及深度皆為三英寸左右的不鏽鋼腔室，裡面嵌入一堆合成或天然物質。這堆物質的成分則根據所進行的實驗而異。嵌有物質堆的腔室用尼龍螺絲鎖在大炮的遠端，整個標靶單元安置在一個矩形的大「接收」盒中。

加農炮發射時，炮彈以大約三倍音速的速度飛行，所產生的衝擊波穿透標靶堆，全程費時不到百萬分之一秒。在衝擊波的最強尖峰，其衝擊壓力模擬了哈泰

爾卡隕石在太空中所經歷的壓力。衝擊力道扯斷尼龍螺絲，讓不鏽鋼腔室飛入單元後半部的矩形接收盒，隨後會被取出並拆開研究。

我寄給艾西莫的第一封電郵附帶一張圖像，展示我們火雞中的一小部分鐵珠，並問他曾否見過類似的東西。我立刻收到回覆，他很興奮，因為他之前曾用氣壓炮研究過各種**合成**金屬堆如何形成鐵珠。而我這裡有個他所曾研究現象的**天然**實例。這馬上就讓他深深著迷。

我們很快就開始討論如何找一堆可能會是蘇黎世同位素測試所斷定哈泰爾卡隕石曾遭到高速撞擊前的部分物質，用以進行測試。我們希望可從他加農炮射出鉭炮彈所粉碎的物質堆，來重現鐵珠的形成過程。

幾年前我曾想過用這大炮來實驗，但當時還搞不清楚該把哪些材料放進物質堆裡。等到我們發現第一二六A號顆粒中的鐵珠後，我們對哈泰爾卡隕石的成分有了更多了解。根據這些資訊，艾西莫設計了一個由許多不同層次的物質堆所組成標靶的測試，如下頁圖示。第一層是橄欖石，這是典型的隕石矽酸鹽，接著是合成銅鋁合金，然後是來自迪亞布洛峽谷（Canyon Diablo）的天然鐵鎳合金，最後是合成鋁青銅。所有物質緊密壓在一起，塞入不鏽鋼腔室。

大炮發射後，實驗中的撞擊部分立刻就結束了。但是從接收盒取出樣本後，我們又多花了好幾個月來仔細解析內容物，以便確定發生了什麼事。我們希望證明撞擊可以產生我們在第一二六A號顆粒中發現的鐵珠。但事後證明，那竟然還只是這次發現中最次要的部分。

撞擊產生的衝擊波穿過物質堆時，腔室邊上出現了一連串反應。結果非常驚人，沿著邊上有塊微小、環繞著鐵珠金屬的矽酸鹽

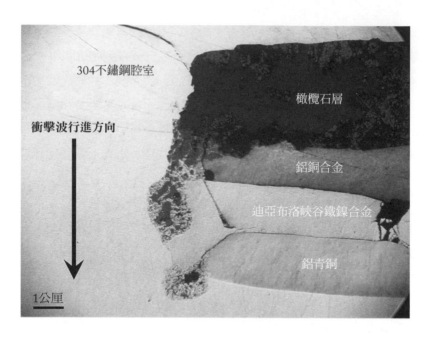

304不鏽鋼腔室

橄欖石層

衝擊波行進方向

鋁銅合金

迪亞布洛峽谷鐵鎳合金

鋁青銅

1公厘

區域，它的模樣與第一二六A號顆粒中的火雞極為相似。這證明哈泰爾卡隕石中觀察到的鐵珠，有可能是由撞擊產生的。任務完成。

　　但是，這項測試還揭露了更難以置信的事物。撞擊產生了若干二十面體準晶顆粒，其成分類似二十面體石，但又不完全相同。這個結果，就沒人預料得到了。

　　在發現準晶之後三十多年，世界各地的實驗室已創造了數十萬，甚至數百萬計的準晶。眾所周知，它們堅硬且具有彈性，但人們一直認為它們需要非常小心地在最嚴格的控制條件下製作。大炮猛烈衝擊下將所有礦物一同粉碎，與一般製作合成準晶時採用的化學組成單純且壓力低的條件大不相同。

　　我們的調查就此邁出了極其輝煌的另一步。而我們意想不到的成功，激發了艾西莫用大炮展開的一系列衝擊合成實驗。其中一項

是設計來試試看我們能否產生十面體石，也就是在我們樣本中發現的第二種天然準晶。為此，我們調整了物質堆中的礦物成分，將鎳納入其中，鎳是十面體石的成分之一。

這一次，我們又成功了。撞擊產生了一系列花朵般的排列，如下圖所示。圖中那些淺灰色的花瓣是十邊形準晶。最令人稱奇的是形成於花芯位置的明亮白色物質。說來古怪，它的成分居然與史坦哈特石相同。

撞擊實驗現在已極為成功，並開始有了特殊的進展。有時，它們會創造出準晶以及其他晶體，無論是在大自然也好，實驗室也罷，這些晶體的成分皆是前所未見。

這項成果促使我和艾西莫考慮使用氣壓槍將其他許多元素組合在一起並接受碰撞，這將是尋找新物質的一種嶄新而刺激的方式。

1微米

或許我們能找出包括強度和導電性等物理性質組合特別實用的準晶實例。或者我們會發現一些人們想都沒想過、具有另類有序原子排列的物質。

迄今最令人驚奇的準晶

這些鐵珠只不過是我們從第一二六A號顆粒中發現的許多驚喜之一。經過仔細辨識樣本中每一種礦物，並記下它們之中哪種礦物與哪種礦物相連接，我們終於能夠還原數億年前哈泰爾卡隕石遭遇那場超級強大撞擊時發生的細節。

特別是，我們正開始專注研判二十面體石及其他鋁銅礦物是否在撞擊過程中產生，還是它們早在撞擊之前便已存在。儘管我們進行了所有測試，仍然無法排除其中任何一種可能。

為了揭開此一謎底，我們必須先確定第一二六A號顆粒中是否找得到任何二十面體石。錢尼花了幾星期的時間搜遍樣本中一片片宛如島嶼般的複雜金屬區域。他找到的所有金屬礦物，幾乎毫無例外若非結晶狀哈泰爾卡隕石，便是其他富含鋁的物相。他就是找不到二十面體石。但我們並不打算放棄。

最後，我們派錢尼去帕薩迪納與礦物學家馬齊（譯注：Chi Ma，音譯）合作，對方使用的電子顯微鏡解析度比錢尼所用的更精細。馬齊很快就發現一個金屬小斑點，小到錢尼根本找不到。結果實在有夠勁爆，這項發現揭露金屬合金連接到二十面體石的一種驚人組合。

現在我們總算可以宣布，就在那同一枚顆粒的物質中，你可見到二十面體石的實例，還能見到金屬和矽酸鹽之間化學反應的證

據。我簡直樂壞了，因為我曉得這項研究結果讓我們的科學發現更加扎實。對於矽酸鹽和金屬在太空中共存並經歷過相同物理條件的論點，已不會再有任何爭議，更何況還有另一種證明我們準晶生成於太空中的直接證據。

在這新一輪的發現中，還包括三種新的晶體礦物，它們是鋁、銅和鐵的不同等分組合，從未有人在大自然中見過這些礦物。這三種礦物現在都已得到國際礦物學協會正式認可。三種新礦物分別以我普林斯頓的同事霍利斯特之名，命名為霍利斯特石（hollisterite）；以我們的俄羅斯同事克里亞契可之名，命名為克里亞契可石（kryachkoite）；以及以加州理工學院前任教務長斯托爾之名，命名為斯托爾石（stolperite），他在我們調查初期提供我們至關重要的見解和鼓勵。此外，有斯托爾的大力相挺，我才能順利與加州理工學院地球物理系幾位卓越的科學家合作。

迄今為止，從第一二六A號顆粒發現的所有新礦物中，最引人注目的是一件暫時名為「i相二號」（i-Phase II）的樣本（我們建議的正式名稱是「第五元素石」〔quintesseite〕）。下頁插圖中的箭頭指出它的所在。它是宛若花瓣般排列形成的小橢圓形，周圍環繞著其他礦物的複雜排列。我覺得第一二六A號顆粒的某個部分看來像一隻火雞，而這一件看來則像一隻吠犬。它的頭部在頂部中央，面朝右側，正張大嘴巴汪汪叫。

i相二號的發現為我們帶來了**第三件**天然準晶，而我們完全沒預料到能從哈泰爾卡阻石樣本中找到它。

暫時名為i相二號，表示它是我們發現的第二件二十面體準晶相物質。就像二十面體石一樣，這第三件天然準晶具備二十面體對稱，由同樣的三種元素組成：鋁、銅和鐵。然而，它的這三種元素

以不同等分混合，從而使其在化學和結構上截然不同。

　　經過分析二十面體石與i相二號的形狀，以及環繞周圍的礦物，霍利斯特和錢尼已能在哈泰爾卡隕石數億年前的事件簿裡剩下的留白處補上資料。他們斷定含有i相二號的微小金屬碎片曾因遭受撞擊而熔化，隨後凝固形成了吠犬圖像中見到的金屬合金複合體。這意味著i相二號絕對是在撞擊之後才形成的。而另一方面，二十面體石及其周圍金屬結構，則顯示它們絕對沒有因撞擊而熔化。這代表二十面體石必定早在撞擊之前就已存在。

　　是在撞擊之後？還是之前？怎麼二者皆有可能？

　　答案似乎是，哈泰爾卡隕石經歷的巨大衝擊產生了極度劇烈的壓力及溫度變化。在不到一公尺的數百萬分之一之間（大約相當於

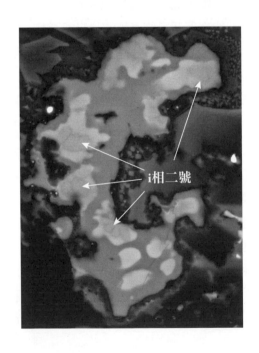

一個紅血球的直徑），某些區域的物質熔化了，某些區域則沒有熔化。結果造成哈泰爾卡隕石包含了兩種具有二十面體對稱性的不同準晶，它們由相同元素組成，但組成等分明顯不同，而且各自形成於不同時間。這是個真正令人震驚的天大發現。

另一個呼之欲出的重要意涵，是我們現在已可確定，在哈泰爾卡隕石中發現的第一件天然準晶——二十面體石，存在於撞擊之前。這讓麥克菲爾森的理論成立了，二十面體石足可追溯至四十五億年前太陽系誕生之初，並否定了霍利斯特認為它是在撞擊之後形成的看法。

從我的觀點來看，發現i相二號成為迄今為止最重要的發現還有另一層涵義。這是我自一九八四年以來所朝思暮想的，具有繼往開來之重大意義的發現，回想那一年我和我的學生列文首次發表了我們的理論證明。那時我剛開始興致勃勃地期望能在一流礦物博物館的陳列櫃中找到天然準晶。

我一直抱持著一個雙重目標。首先，我想證明準晶可以穩定地在大自然中形成，長期以來我始終如此猜測。其次，我想知道，假如發現了一件天然準晶，是否也打開了發現各種前所未見的準晶之門。

隨著i相二號的發現，我實現了夢想。對我來說，它比我們至今發現的任何其他天然準晶更加重要，因為它是第一件確定形成於大自然的準晶，時間遠在它們能在實驗室裡合成**之前**。

科學家們對於準晶獨特性質與潛在用途的理解，可說僅是蜻蜓點水。過去三十年來，實驗室已合成出一百種以上的不同組合物。然而，其化學成分卻多半近似謝特曼與蔡安邦最初發現的準晶。

缺乏多樣性的原因，在於沒有理論指導來確定哪些特定的原子

及分子組合，可以生成形態如此獨特而迷人的物質。大家通常靠著在錯誤中不斷嘗試來找出新的實例。對某種已知存在的合成準晶進行化學成分微調，是許多科學家採用的最簡易作法。

但是此般作法局限了可能性。如果你樂於發現性質更耐人尋味的準晶，不管是從實用角度，還是從科學角度出發，你都可以從不受人類干預的大自然造物中尋找，如此更能提高機率。在這一點上，我和艾西莫目前正計劃進行更多的大炮實驗。嘗試新的製作方法將是促進科學發展的另一種方式。

儘管我們已取得諸多成功，但仍然有個關於哈泰爾卡隕石的重大問題至今無解，不停引發我的好奇。

大自然經由某種神祕過程，設法形成了其中金屬鋁直接連接到富氧非金屬礦物的準晶，即便鋁對氧具有強烈親和力。而我們這件天然準晶中的鋁，由於某種我們還無法解釋的原因，並未與一旁矽酸鹽中的氧發生反應。一般來說，化學力足以使氧和鋁反應並生成剛玉（corundum），那是一種極其堅硬的氧化鋁。如果我們能夠理解這項自然過程，將能學到一種更有效的新方法來製造普通晶體，以及金屬含鋁準晶。

光子準晶

那麼，我們是否曾指出任何準晶可能具有新穎且實用的科學和工業性質？是，我們有。我們可以在電腦上模擬準晶，也可使用3D印表機創造如右圖的人工樣本。右圖中的例子，是二〇〇五年由普林斯頓的曼偉寧（譯注：Weining Man，音譯）和保羅・察金（Paul Chaikin）所構建，他們與我合作研究準晶的「光子」屬性。

光子學的研究完全能與電子學相提並論。電子學涉及到電子穿越物質的過程。光子學涉及**光波**通過物質的過程。如果我們能用光子迴路取代電子電路，將能提高傳輸速度，而電阻造成的熱損失也會降低。其中一個挑戰，是找到方法讓光子複製出如同矽、鍺及砷化鎵等半導體的效果。這些都是組成電晶體和其他電子元件的材料，用來在電腦、手機、收音機和電視中放大及傳輸訊號。

　　半導體的定義屬性是，當其電子能量控制在一定的能量帶內，則能完全阻絕電子穿透傳遞。工程師利用所謂的「電子帶間隙」來控制電子流量及所攜帶的資訊。

　　光子學中也存在類似原理。具有「光子帶間隙」的材料是可能製造出來的，它可阻絕特定能量帶範圍內的光波。最早的一個例子是光子晶體，是在二十五年前問世並開發。

　　透過照射微波穿越我們的3D列印結構，我和曼偉寧以及察金已經證明，準晶與光子晶體具有某些相同特性。準晶也具備光子帶

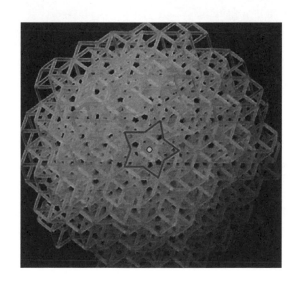

間隙。最重要的是，準晶的光子帶間隙特性優於光子晶體，因為它們具有較高的旋轉對稱性。這使得它們的光子帶間隙更趨近球形，在實際應用上更為有利。

光子準晶的例子說明了一點，由於準晶獨特的對稱性，因此其在某些應用可能比普通晶體更具優勢，前提是，我們要能找到理想的化學及對稱性組合的例子。我們有可能在實驗室的不斷失敗及嘗試中撞上好的例子，但現在，我們也能夠想像從大自然中發現有用的例子。

不可能嗎？

找出天然準晶如何形成於大自然中的答案，關鍵在於知道它們形成於**何時何處**。到目前為止，我們對第一二六號顆粒，以及第一二六A號顆粒的深入研究，只不過幫助我們在回答哈泰爾卡隕石的這些問題上走上正軌。

根據大炮實驗，以及第一二六A號顆粒的研究結果，我們得知i相二號是直接形成於數億年前發生的一次撞擊。那次撞擊，震盪、加熱並熔化了某種金屬組合，隨後又將其冷卻、固化形成了i相二號和它周圍金屬的獨特結構。

另一方面，我們也觀察到二十面體石準晶並未因撞擊而熔化。所以它絕對早就存在了，或許早在那場太空大撞擊的許久以前。這留給我們許多尚未解答的問題。它是如何，又是在何時形成的？它是太陽系中形成的第一件準晶嗎？這種情況十分常見，還是相當罕見？我們目前最中意的假設究竟是否正確——它真的形成於早期太陽星雲中嗎？星雲塵埃中是否曾有過閃電風暴，如同我們當中某些

人所推測的那樣，幫助形成了鋁銅合金？或者，這件準晶有沒有可能屬於一枚「前太陽系顆粒」的一部分，是在一個更古老的星系消亡時形成，接著它橫越太空加入了我們的太陽系？不管情況為何，當時還產生了哪些其他新鮮礦物？而這一切，對我們太陽系的演化，又有著什麼影響？

雖然我們繼續以許多不同實驗方法進行探索，但在筆者撰文至此時，大自然手中仍掌控著所有問題的答案。或許哈泰爾卡隕石中還藏有更多祕密，值得進一步研究。也或許有人會從其他隕石中找到鋁銅合金的實例，從而提供進一步的線索。

但如果你問我去哪裡可以找到打開下一扇科學之門的正確鑰匙，我會毫不客氣地說，那將會是造訪哈泰爾卡隕石的母體小行星。

就跟大多數隕石一樣，哈泰爾卡曾是一顆比它大得多的母體小行星的一部分，這顆小行星至今仍圍繞著太陽運行。在巨大撞擊發生許久之後，距今二百萬到四百萬年前的某個時刻，哈泰爾卡就像個蹣跚學步的迷路孩子似的，從母體脫落後飛馳而去。最終，它陷入了地球大氣層中，可能在半空中爆炸解體，抑或完好無損地墜落在地球表面。

假如我們能找到它的母體小行星，並在它的表面著陸，收集樣本，然後研究它們所包含所有礦物的化學成分和同位素組成，那麼哈泰爾卡的起源之謎便將揭曉。

然而，我頓時醒悟，直徑超過一個足球場長度的潛在小行星，大概有一億五千萬顆之多，它們位於小行星帶中，繞著太陽運行。如果你還想納入比這更小的小行星，那麼這份名單甚至還會更長。看來，顯然**不可能**從這龐大的小行星群中找到哈泰爾卡的母體——

就算其近親族群也難以尋覓。

　　不過，你可以問問自己：這是哪一種不可能？是第一種不可能嗎？譬如1+1=3？

　　或者，會不會是第二種不可能，也就是那種非常不像是真的，而萬一有種看似合理的方法來實現的話，則絕對值得追求的事情？

　　我想大多數人都會認為我想找到哈泰爾卡母體小行星的夢想太過瘋狂，不能認真當回事。但如果說，我對天然準晶長達三十年的探索教會了我什麼事，那就是：每當有人說某種事物不可能時，你可要留意，花些時間為自己做出獨立判斷。太空科學的發展一日千里，令人興奮。美國太空總署目前正在計劃一項小行星重新導向任務（Asteroid Redirect Mission，簡稱ARM），準備造訪一顆大型近地小行星。他們希望在二〇二〇年代某個時候，將這顆小行星移導入穩定的繞月運行軌道，並從小行星表面取得數以噸計的物質用於進一步研究。

　　哈泰爾卡的母體很可能仍在小行星帶中繞著太陽運行。我們那位執行極其關鍵的蘇黎世同位素實驗的同事，梅耶，他向我指出，含有金屬鋁銅及鋁鎳合金的碳質球粒隕石，其反射陽光的方式可能不同於典型的隕石礦物，最起碼在某些波長上有所不同。他的這番見解，可能有助於我們縮小哈泰爾卡的潛在家族成員名單。

　　這下子，這個完全遙不可及的想法似乎不再是全然不可能了。根據測試，我們已確定哈泰爾卡隕石是在距今二百萬至四百萬年前從其母體小行星上斷開。我們知道小行星通常以特定速度在太空中運行，因此有可能大致推估出其母體在小行星帶中的位置。然後，經由研究來自該區域小行星的陽光反射，我們或許能辨識出一顆與我們這落難地球的小小哈泰爾卡隕石化學成分相同的小行星。許多

不確定因素都可能打翻這盤精密計算的棋局。老實說，我們甚至還不清楚這種方法是否可行。

　　但是梅耶及我們團隊的其他成員已經嘗試過第一次調查，並且找到了一顆疑似哈泰爾卡母體的候選小行星。這是一顆名為「淫神星」（Julia 89）的小行星，位於火星與木星之間的主要小行星帶，大約每四年繞太陽運行一周。直徑約一百五十公里的淫神星與若干小行星家族成員，同樣是在幾億年前的一次碰撞中形成，這大致也是哈泰爾卡理論上所遭遇巨大撞擊的同一時間。淫神星反射的光照具有CV3球粒隕石中所能發現的光譜。

　　現在，問問自己：你能想像有朝一日有一支探險隊在淫神星登陸，然後發現哈泰爾卡隕石的祕密嗎？

　　還是說，你覺得這不可能？

謝辭

　　我的父親在我很小的時候便點燃了我對科學的好奇火種，他是最棒的說故事大師，經常抱我坐到他膝蓋上，講最精采的睡前故事給我聽。我最早的記憶可追溯到三歲時的我。有些晚上，他會娓娓道出一些巨人與龍的神話故事。然而，真正讓我著迷的，是那些在科學上奮鬥以解開自然之謎的真實故事。

　　我記得曾聽過像居禮夫人、伽利略和巴斯德等人物。出現在我睡前故事中的科學家，永遠要比任何虛構的屠龍者更令人興奮。締造發現的時刻總是高潮迭起——科學家頓時醍醐灌頂，意識到人類前所未知的真理。我父親總是深深沉浸在那種感受之中，而不會費心提及隨之而來的名聲。這些故事讓我留下不可磨滅的印象。我極度企盼有朝一日能夠感同身受。自那時起，科學便成為我的熱情所在。

　　我永遠沒機會曉得，出於什麼緣故，我父親會選擇告訴我這些關於科學家以及他們宏偉冒險的故事。他是一位律師，據我所知，他未曾受過科學訓練。他因癌症過世，當時我八歲，早在能看出他所說的故事將對我一生影響深遠之前。

　　我面對科學的整體態度深受費曼影響，當時我還只是加州理工

學院的大學生。我在加州理工學院的其他專題研究指導教授——巴里·巴里什（Barry Barish）、弗蘭克·肖利（Frank Sciulli）和湯瑪斯·勞里森（Thomas Lauritsen）——以及我在哈佛大學的博士指導教授西德尼·科爾曼（Sidney Coleman）惠我良多，使我得以在科學上有長足進步，特別是在粒子物理學和宇宙學領域。另外還有其他人在引導我走上探索物質結構的道路上扮演重要角色。艾爾本、丹尼斯·韋爾（Denis Weaire）和麥可·索普（Michael Thorpe）是我一九七三年耶魯大學暑期研究專案的導師。我在紐約約克鎮高地的IBM湯馬士·華生研究中心，度過了十幾個夏季研究時光，與喬哈里一起工作——一位沒話說的完美科學家、導師和朋友，他鼓勵我發展有關非晶狀固體以及後來準晶的構思，而當時幾乎大家都對這些主題不屑一顧。

我在賓州大學的構思期間，受益於我的資深同事吉諾·薩吉（Gino Segrè）、勞夫·阿瑪度（Ralph Amado）、湯尼·葛里多（Tony Garito）、埃里·伯恩思坦（Eli Burstein）、察金和湯姆·魯本斯基（Tom Lubensky）等人的支持。他們打從一開始便鼓勵我，哪怕準晶的想法似乎太過夢幻，恐怕難以得出成果。魯本斯基耐心地教導我凝態物理的理論原理，察金在準晶為人所知的頭幾年裡，在他的實驗室裡為我介紹許多創意性的實驗。他們成為我的導師、合作者與好友。我也有幸擁有最棒的學生，包括列文和索科拉爾，他們做出了許多關鍵貢獻。

天然準晶的探索於一九九八年正式展開時，一群具有非凡才能的新面孔成為我生命的一部分，也正是本書中所描述與列名的人們，我們在一場極難想像的偉大冒險中一同體驗準晶探索之旅的高潮，之後更展開一場持續至今的劃時代科學研究。

在所有人孜孜矻矻地全力以赴當中，我所扮演的角色始終只是個指揮，一名旁觀者，一個永遠的仰慕者。

我再怎麼強調我們的匿名贊助者戴夫的重要性也不為過，他一手資助了我們的堪察加半島科學探險。也只因為有了戴夫，我們才可能走上這趟旅程，現在才有個故事可講。

除了探險，基本上這整場探索中進行的所有研究，都是在沒有任何正式補助款支應的情況下完成。我的同事們自願投入精力、技能和實驗室設備於科學志業，動用自己的雜項資金與業餘時間。每個人都渴望突破科學藩籬，滿足自己永無止境的好奇心。

除了我在故事中明確提到的人物之外，過去四十年來，還有其他許多人以各種不同方式給予我莫大幫助，礙於篇幅，在此僅列舉並感謝其中一小部分。鑽研準晶基礎物理方面：研究生凱文‧英格森德（Kevin Ingersend）、鍾雄才（譯注：Hyeon-Chai Jeong，音譯）和米凱爾‧雷徹斯曼（Mikael Rechtsman）；資深科學家，瑪莉安‧弗羅瑞斯古（Marian Florescu）、保羅‧洪姆（Paul Horn）、史黛拉‧歐斯特隆得（Stellan Ostlund）、喬‧布恩（S. Joe Poon）、斯里蘭‧蘭瑪斯瓦米（Sriram Ramaswamy）和薩拉托爾‧德瓜多（Salatore Torquato）；光子新創事業合作夥伴喬‧科普尼克（Joe Koepnick）、露絲‧安‧穆倫（Ruth Ann Mullen）、班‧蕭（Ben Shaw）和克里斯‧索莫吉（Chris Somogyi）。天然準晶相關科學方面：學生露絲‧阿洛諾夫（Ruth Aronoff）和朱爾斯‧歐本海默（Jules Oppenheim）；資深學者約翰‧貝克特（John Beckett）、克里斯‧巴浩斯（Chris Ballhaus）、阿莫德‧艾爾‧葛勒賽（Ahmed El Goresey）、羅素‧漢雷（Russell Hemley）、胡金平（Jinping Hu）、米蓋爾‧摩索夫（Mikhail Morzovv）、傑瑞‧

波雷爾（Jerry Poirer）、保羅・羅賓森（Paul Robinson）、喬治・羅斯曼（George Rossman）和保羅・史普萊（Paul Spry）。募集財務支援方面提供指導及協助：普林斯頓大學校長克里斯・艾斯格魯伯（Chris Eisgruber）、湯瑪士・羅登貝里（Thomas Roddenberry）和詹姆斯・葉（James Yeh）。在地質學和探險準備上提供寶貴建議：威弗理・布萊恩（Wilfrid Bryan）。在探險之前、期間和之後提供行政及電腦支援：夏琳・波爾賽克（Charlene Borsack）、黛比・查普曼（Debbie Chapman）、蘿拉・迪威（Laura Deevey）、賓諾德・古普塔（Vinod Gupta）、安琪拉・路易斯（Angela Q. Lewis）、馬丁・契辛斯基（Martin Kicinski）和柴可夫斯可亞。我的俄語家教：大衛・弗里德爾（David Freedel）。

毫無疑問，這裡講述的準晶故事僅是一個更龐大國際科學努力的一小段插曲。這本書是從我個人角度敘述，並非從客觀的第三人角度所寫的主題紀錄。世界各地還有其他許多富有創意的科學家、數學家和工程師，他們為理解準晶做出了重大貢獻，其中許多人的名字並未提及，包括我的莫逆之交。將所有人名全部列出並不實際，也沒有意義。但他們每一位都在創造一個新科學領域的過程中發揮了關鍵作用，我在此表達衷心感激與欽佩。

我的兒子威爾也是鼓舞著我的特別來源。作為他的父親，我實難表達當我觀察他在堪察加之行中展現出的智慧、成熟、幽默、耐心和勇氣，所感受到的驕傲。他大有理由為我感到擔憂，但他從未顯露。相反地，他成為一名堅定的夥伴、顧問、同行科學家、攝影師、老師、不知疲倦的工作人員，和深情的兒子。他確實是個激勵人心之人。

如果不是我的一位無價摯友凱薩琳・麥克埃切恩（Kathryn

McEachern）鼎力相助，這個故事永遠無法成書。我萬分感激麥克埃切恩自願發揮才華，透過她對細節的不懈關注、細緻編輯、對完美主義的堅持，以及她極佳幽默感與無限想像力的總和，協助我講述這個複雜故事。

　　我要感謝我的普林斯頓同事，傳奇作家約翰‧麥克菲（John McPhee），他向我分享並提供關於寫作與故事結構的寶貴建議，並感謝霍利斯特和我的兒子威爾，為我審閱了故事手稿。我也要感謝我的著作經紀人約翰‧布羅克曼（John Brockman）和卡廷卡‧馬特森（Katinka Matson），他們向我引薦Simon & Schuster出版的出色團隊，其中包括我的編輯喬納森‧考克斯（Jonathan Cox），他以靈活的態度與智慧，不厭其煩地支持並指導我完成許多輪修訂。非常感謝我的封面設計師艾利森‧福摩（Alison Forner）、我的製作編輯凱薩琳‧希古奇（Kathryn Higuchi）、我的文案編輯法蘭克‧切斯（Frank Chase）、我的設計師露絲‧李梅（Ruth Lee-Mei）、我的法律顧問費里斯‧賈維特（Felice Javit）和我的公關伊莉莎白‧蓋依（Elizabeth Gay）。感謝科斯汀、麥克菲爾森、安德羅尼克斯、馬齊、賓迪、霍利斯特、列文、蔡安邦、陸述義、姚楠，和我兒子威爾提供圖片，以及瑞克‧索登（Rick Soden）為模型拍攝照片，並彙整所有照片檔以供出版。

　　最後，但同樣重要的，我要謝謝我的家人、朋友及科學合作者與我分享他們的關愛、支持與才華。這本書是對那許多人的禮讚。

圖片出處

內頁黑白插圖

P26：by dix! Digital Prepress

P28：by dix! Digital Prepress

P29：by dix! Digital Prepress

P31：by dix! Digital Prepress

P31：by dix! Digital Prepress

P35：by dix! Digital Prepress

P37：作者提供

P41：by dix! Digital Prepress

P44（左）：by dix! Digital Prepress

P44（右）：索登提供

P45：索登提供

P48：列文提供

P49：by dix! Digital Prepress

P52（左）：by dix! Digital Prepress

P52（右）：by dix! Digital Prepress

P53（上）：作者提供

P53（下）：作者提供

P56（上）：作者提供

P56（下）：Edmund Harriss提供；潘洛斯木拼磚由Edmund Harriss所製，Image and Tiles © Edmund Harriss

P58：作者提供

P60：作者提供

P62：by dix! Digital Prepress

P65：by dix! Digital Prepress

P65：作者提供

P66：作者提供

P68（左）：by dix! Digital Prepress

P68（右）：by dix! Digital Prepress

P69：作者提供

P74：索登提供

P75：作者提供

P77：作者提供

P78：作者提供

P81（左）：蔡安邦提供

P81（右）：作者提供

P82（左）：from Wikimedia Commons, by Vassil

P82（右）：from Wikimedia Commons, by Materialscientist

P85（上）：by dix! Digital Prepress

P85（下）：by dix! Digital Prepress

P90：作者提供

P96（上）：索登提供，*New York Times*, January 8, 1985

P96（下）：索登提供，*New York Times*, July 30, 1985

P98：作者提供

P116：蔡安邦提供

P123（左）：作者提供

P123（右）：姚楠提供

P124：作者提供

P125：賓迪、史坦哈特、姚楠，以及陸述義提供，*Science*, Vol. 324, 1306-1309, June 5, 2009

P131：麥克菲爾森提供

P139：姚楠提供

P143：姚楠提供

P144：姚楠提供

P145：姚楠提供

P147（左）：姚楠提供

P147（右）：姚楠提供

P150（左）：蔡安邦提供

P150（右）：賓迪提供

P151：霍利斯特提供

P165：from L.V. Razin, N.S. Rudashevskij, N.V. Vyalsov, *Zapiski Vses.Mineral. Obshch.*, Vol. 114, 90 (1985).

P167：by Paul J. Pugliese

P187：賓迪、史坦哈特、姚楠，以及陸述義提供，*Science*, Vol. 324, 1306-1309, June 5, 2009

P196：賓迪提供

P199：賓迪提供

P203：from L.V. Razin, N.S. Rudashevskij, N.V. Vyalsov, *Zapiski Vses.Mineral. Obshch.*, Vol. 114, 90 (1985).

P217：賓迪提供

P224：by dix! Digital Prepress

P227：作者提供

P231：威廉・史坦哈特提供

P248：威廉・史坦哈特提供

P251：威廉・史坦哈特提供

P255：麥克菲爾森提供

P258：威廉・史坦哈特提供

P260：科斯汀提供

P262：威廉・史坦哈特與索登提供

P267：科斯汀提供

P269：威廉・史坦哈特提供

P277：麥克菲爾森提供

P278：科斯汀提供

P280：科斯汀提供

P281：作者提供

P293：作者提供

P300：賓迪提供

P303：賓迪提供

P308：麥克菲爾森提供

P311：賓迪提供

P323：林錢尼提供

P324：姚楠提供

P326：作者提供

P334：courtesy of Henner Busemann, ETH Zurich

P338：賓迪提供

P340：賓迪提供

P341：馬齊提供

P342：馬齊提供

P344：艾西莫與索登提供

P346：艾西莫提供

P347：馬齊提供

P350：馬齊提供

P353：作者提供

插頁彩圖

1：作者提供

2：索登提供

3：陸述義提供

4：陸述義與作者提供

5：賓迪提供

6：賓迪提供

7：賓迪提供

8：威廉・史坦哈特提供

9：威廉・史坦哈特提供

10：作者提供

11：威廉・史坦哈特提供

12：威廉・史坦哈特提供

13：作者提供

14：威廉・史坦哈特提供

15：威廉・史坦哈特提供

16：威廉・史坦哈特提供

17：科斯汀提供

18：威廉・史坦哈特提供

19：威廉・史坦哈特提供

20：科斯汀提供

21：科斯汀提供

22：作者提供

23：科斯汀提供

24：威廉・史坦哈特提供

國家圖書館出版品預行編目資料

第二種不可能：天然準晶的非凡探索 / 保羅・史坦哈特（Paul J. Steinhardt）著；丁超譯. -- 初版. -- 臺北市：商周出版：家庭傳媒城邦分公司發行, 2019.11
　面；　公分. -- (莫若以明書房；19)
譯自：The Second kind of impossible : the extraordinary quest for a new form of matter
ISBN 978-986-477-755-6(平裝)

1.物理學 2.物質物理

339

108017848

莫若以明書房 19

第二種不可能：天然準晶的非凡探索

作　　　　者	／	保羅・史坦哈特（Paul J. Steinhardt）
譯　　　　者	／	丁超
責 任 編 輯	／	羅珮芳
版　　　　權	／	黃淑敏、林心紅、翁靜如
行 銷 業 務	／	莊英傑、周佑潔、黃崇華、李麗淳
總 編 輯	／	黃靖卉
總 經 理	／	彭之琬
事業群總經理	／	黃淑貞
發 行 人	／	何飛鵬
法 律 顧 問	／	元禾法律事務所王子文律師
出　　　　版	／	商周出版

台北市104民生東路二段141號9樓
電話：(02) 25007008　傳真：(02)25007759
E-mail:bwp.service@cite.com.tw

發　　　　行　／　英屬蓋曼群島商家庭傳媒股份有限公司城邦分公司
台北市中山區民生東路二段141號2樓
書蟲客服服務專線：02-25007718、02-25007719
24小時傳真服務：02-25001990、02-25001991
服務時間：週一至週五上午09:30-12:00；下午13:30-17:00
劃撥帳號：19863813；戶名：書蟲股份有限公司
讀者服務信箱E-mail：service@readingclub.com.tw
城邦讀書花園：www.cite.com.tw

香 港 發 行 所　／　城邦（香港）出版集團有限公司
香港灣仔駱克道193號東超商業中心1F；E-mail：hkcite@biznetvigator.com
電話：(852)25086231 傳真：(852)25789337

馬 新 發 行 所　／　城邦（馬新）出版集團【Cite (M) Sdn Bhd】
41, Jalan Radin Anum, Bandar Baru Sri Petaling,
57000 Kuala Lumpur, Malaysia.
電話：(603) 90578822 傳真：(603) 90576622
Email: cite@cite.com.my

封 面 設 計　／　日央設計
內 頁 排 版　／　陳健美
印　　　　刷　／　中原造像股份有限公司
經　　　　銷　／　聯合發行股份有限公司
地址：新北市231新店區寶橋路235巷6弄6號2樓
電話：(02)2917-8022　　傳真：(02)2911-0053

■2019年11月28日初版
定價500元

Printed in Taiwan

城邦讀書花園
www.cite.com.tw

請沿虛線對摺，謝謝！

| 書號：BA8019 | 書名：第二種不可能 | 編碼： |

 商周出版

讀者回函卡

感謝您購買我們出版的書籍！請費心填寫此回函卡，我們將不定期寄上城邦集團最新的出版訊息。

不定期好禮相贈！
立即加入：商周出
Facebook 粉絲團

姓名：_____ 性別：□男 □女

生日：西元_____年_____月_____日

地址：_____

聯絡電話：_____ 傳真：_____

E-mail：

學歷：□ 1. 小學 □ 2. 國中 □ 3. 高中 □ 4. 大學 □ 5. 研究所以上

職業：□ 1. 學生 □ 2. 軍公教 □ 3. 服務 □ 4. 金融 □ 5. 製造 □ 6. 資訊

□ 7. 傳播 □ 8. 自由業 □ 9. 農漁牧 □ 10. 家管 □ 11. 退休

□ 12. 其他_____

您從何種方式得知本書消息？

□ 1. 書店 □ 2. 網路 □ 3. 報紙 □ 4. 雜誌 □ 5. 廣播 □ 6. 電視

□ 7. 親友推薦 □ 8. 其他_____

您通常以何種方式購書？

□ 1. 書店 □ 2. 網路 □ 3. 傳真訂購 □ 4. 郵局劃撥 □ 5. 其他_____

您喜歡閱讀那些類別的書籍？

□ 1. 財經商業 □ 2. 自然科學 □ 3. 歷史 □ 4. 法律 □ 5. 文學

□ 6. 休閒旅遊 □ 7. 小說 □ 8. 人物傳記 □ 9. 生活、勵志 □ 10. 其他

對我們的建議：_____

_____

_____